Konzernreporting mit SAP® S/4HANA Finance for Group Reporting

Peter Preuss
Martin Schmidt

Willkommen bei Espresso Tutorials!

Unser Ziel ist es, SAP-Wissen wie einen Espresso zu servieren: Auf das Wesentliche verdichtete Informationen anstelle langatmiger Kompendien – für ein effektives Lernen an konkreten Fallbeispielen. Viele unserer Bücher enthalten zusätzlich Videos, mit denen Sie Schritt für Schritt die vermittelten Inhalte nachvollziehen können. Besuchen Sie unseren YouTube-Kanal mit einer umfangreichen Auswahl frei zugänglicher Videos:

https://www.youtube.com/user/EspressoTutorials.

Kennen Sie schon unser Forum? Hier erhalten Sie stets aktuelle Informationen zu Entwicklungen der SAP-Software, Hilfe zu Ihren Fragen und die Gelegenheit, mit anderen Anwendern zu diskutieren:

http://www.fico-forum.de.

Eine Auswahl weiterer Bücher von Espresso Tutorials:

- Marc Müller: Praxishandbuch SAP®-Zahllauf – 2., erweiterte Auflage *http://5249.espresso-tutorials.com*
- Claus Wild: Praxishandbuch Cash Management in SAP® S/4HANA Finance *http://5250.espresso-tutorials.de*
- Robin Schneider: Investitionsmanagement mit SAP® inkl. Neuerungen in SAP S/4HANA – 2., erweiterte Auflage *http://5279.espresso-tutorials.de*
- Karlheinz Weber: Schnelleinstieg ins Finanzwesen (FI) mit SAP® S/4HANA *http://5339.espresso-tutorials.de*
- Michael Eckel, Nergiz Köksal: Die neue Anlagenbuchhaltung in SAP® S/4HANA *http://5390.espresso-tutorials.de*
- Robin Schneider: Praxishandbuch SAP®-Geschäftspartner (Business Partner) – Funktionen und Integration in SAP® S/4HANA – 2., erweiterte Auflage *http://5468.espresso-tutorials.de*

Bibliografische Information der Deutschen Nationalbibliothek
Die Deutsche Nationalbibliothek verzeichnet diese Publikation in der Deutschen Nationalbibliografie; detaillierte bibliografische Daten sind im Internet über https://portal.dnb.de abrufbar.

Peter Preuss, Martin Schmidt
Konzernreporting mit SAP® S/4HANA Finance for Group Reporting

ISBN: 978-3-960122-82-1

Lektorat: Petra Schweitzer

Korrektorat: Bernhard Edlmann Verlagsdienstleistungen, Raubling

Coverdesign: Philip Esch

Coverfoto: © wildpixel | ID 840664544 – istockphoto.com

Satz & Layout: Johann-Christian Hanke

1. Auflage 2021

URL: *www.espresso-tutorials.de*

Feedback:
Wir freuen uns über Fragen und Anmerkungen jeglicher Art. Bitte senden Sie diese an: *info@espresso-tutorials.com.*

Inhaltsverzeichnis

Vorwort

Mit dem vorliegenden Buch möchten wir Ihnen einen praktischen Leitfaden für die Konsolidierungslösung SAP S/4HANA Finance for Group Reporting (im Weiteren kurz: S/4HANA Group Reporting) an die Hand geben.

Einführend erhalten Sie in Kapitel 1 einen allgemeinen Überblick zu den derzeitigen Konsolidierungslösungen der SAP. In Kapitel 2 befassen wir uns mit der grundlegenden Architektur und der Systemumgebung von S/4HANA Group Reporting.

Ziel von Kapitel 3 ist es, einen ersten Einstieg in die Konsolidierungslösung zu ermöglichen. Wir beantworten unter anderem die Frage, wie man die Apps *Datenmonitor* und *Konsolidierungsmonitor* bedient, mit denen der gesamte Konsolidierungsprozess gesteuert wird, und erklären, wo Sie die Protokolle zu den einzelnen Konsolidierungsschritten (Maßnahmen) finden.

In Kapitel 4 stellen wir die zentralen Stammdaten im S/4HANA Group Reporting vor. Wie Sie den Daten- und den Konsolidierungsmonitor auf Ihre unternehmensspezifischen Anforderungen anpassen, erläutern wir in Kapitel 5.

Die Kapitel 6 bis 16 haben alle den gleichen Aufbau: Zuerst beschreiben wir die notwenigen Customizing-Einstellungen für die einzelnen Konsolidierungsschritte und zeigen dann anhand von praktischen Anwendungsbeispielen, wie diese Maßnahmen funktionieren. Kapitel 6 und 7 behandeln dabei die Übernahme der Einzelabschlussdaten in das Konsolidierungssystem. In Kapitel 8 wird beschrieben, wie Sie manuelle Belege im Group Reporting buchen können. Kapitel 9 und 10 gehen auf die Berechnung des Jahresüberschusses und die Behandlung latenter Steuern ein. Einen Einblick in die Währungsumrechnung bekommen Sie in Kapitel 11. In Kapitel 12 lernen Sie kennen, wie Sie den Buchungsstoff mit Validierungsregeln überprüfen. Kapitel 13 behandelt Reklassifikationen, mit denen man u. a. die automatischen Konzernverrechnungen abbildet. Die Besonderheiten des Saldovortrags im Group Reporting werden in Kapitel 14 erläutert. Kapitel 15 und 16 gehen auf die Spezialthemen Vorbereitung der Konsolidierungskreisänderungen und Kapitalkonsolidierung ein.

Welche Möglichkeiten es gibt, den Konzerndatenbestand im Reporting auszuwerten, ist das Thema von Kapitel 17. Das abschließende Kapitel 18 beschreibt die Matrixkonsolidierung, mit deren Hilfe Sie gleichzeitig einen legalen Konzernabschluss erstellen können sowie einen Abschluss, der die internen Berichtsanforderungen erfüllt.

Dieses Buch soll Ihnen den Einstieg in bzw. den Wechsel auf die neue Konsolidierungslösung S/4HANA Group Reporting erleichtern. Es richtet sich sowohl an Mitarbeiter im Konzernrechnungswesen als auch an IT-Berater, die die Konsolidierungslösung einführen möchten und daher wertvolle Hinweise für das Customizing benötigen. Für das Verständnis setzen wir SAP-Basiswissen sowie Grundkenntnisse der Konzernbuchhaltung voraus.

Im Text verwenden wir Hinweiskästen, um wichtige Informationen besonders hervorzuheben:

Hinweis

Hinweise bieten praktische Tipps zum Umgang mit dem jeweiligen Thema.

Die Form der Anrede

Um den Lesefluss nicht zu beeinträchtigen, verwenden wir im vorliegenden Buch bei personenbezogenen Substantiven und Pronomen zwar nur die gewohnte männliche Sprachform, meinen aber gleichermaßen Personen weiblichen und diversen Geschlechts.

Hinweis zum Urheberrecht

Zum Abschluss des Vorwortes noch ein Hinweis zum Urheberrecht: Sämtliche in diesem Buch abgedruckten Screenshots unterliegen dem Copyright der SAP SE. Alle Rechte an den Screenshots hält die SAP SE. Der Einfachheit halber haben wir im Rest des Buches darauf verzichtet, dies unter jedem Screenshot gesondert auszuweisen.

1 Konsolidierungslösungen der SAP

In diesem Kapitel bekommen Sie einen Überblick über die derzeitigen Konsolidierungslösungen der SAP und erfahren, welche dieser Lösungen zukünftig weiter unterstützt werden.

Die meisten Konzerne verwenden zur Begleitung ihres Konsolidierungsprozesses eine IT-gestützte Lösung. Mit einer solchen Anwendung können viele Arbeitsschritte automatisiert werden, was die Abschlusserstellung beschleunigt und die Zahl der Fehler, die bei der manuellen Durchführung anfallen können, reduziert.

Aufgrund von Unternehmenszukäufen und langfristigen Wartungszusagen umfasst das Produktportfolio der SAP derzeit zwölf Konsolidierungslösungen (siehe Abbildung 1.1). Da es nicht sinnvoll ist, eine derart große Anzahl an Produkten zu warten und weiterzuentwickeln, versucht das Unternehmen, das Portfolio zu reduzieren. Es kristallisieren sich im Wesentlichen vier Lösungen heraus, die die SAP längerfristig unterstützen möchte. Hierzu zählen:

- SAP BPC for BW/4HANA (einmal als Standard- und einmal als Embedded-Version)
- BCS/4HANA
- SAP S/4HANA Group Reporting

Das in diesem Buch behandelte Konsolidierungsprodukt SAP S/4HANA Group Reporting ist seit Mai 2017 als Cloud-Produkt verfügbar und wird seit September 2018 auch als Bestandteil der On-Premise-Version von SAP S/4HANA (Release 1809) angeboten.

Konsolidierungsprodukt	Produktvariante
SAP EC-CS SAP Enterprise Controlling – Consolidation System	n/a
SAP BCS SAP Business Consolidation System	SAP SEM-BCS
	SAP BW/4HANA Business-Consolidation-Add-on (BCS/4HANA)
SAP FC SAP Financial Consolidation	n/a
SAP BPC SAP Business Planning & Consolidation	SAP BPC 10.1 Netweaver – BPC Standard
	SAP BPC 10.1 Netweaver – BPC Embedded
	SAP BPC optimized for S/4HANA – BPC Standard
	SAP BPC optimized for S/4HANA – BPC Embedded
	SAP BPC MS
	SAP BPC 11 for SAP BW/4HANA – BPC Standard
	SAP BPC 11 for SAP BW/4HANA – BPC Embedded
SAP S/4HANA Finance for Group Reporting	SAP S/4HANA Finance for Group Reporting – Cloud
	SAP S/4HANA Finance for Group Reporting – On-Premise

Abbildung 1.1: Konsolidierungslösungen der SAP

Bei der Implementierung von SAP S/4HANA Group Reporting haben sich die SAP-Entwickler an den bereits existierenden Konzepten der anderen Konsolidierungslösungen orientiert. Die cloudbasierte Datenerfassung *Group Reporting Data Collection* verwendet beispielsweise Funktionalitäten von SAP FC (siehe Abschnitt 7.3). Das in Abschnitt 4.4 beschriebene *Kontierungsebenen- und Belegartenprinzip* basiert auf SAP EC-CS bzw. SAP BCS. Die Nutzung von *Positionsattributen* (siehe Abschnitt 4.3.3) und *Datenselektionen* (siehe Abschnitt 4.6) wurde von SAP BPC übernommen.

Die Erläuterungen und Abbildungen in diesem Buch beziehen sich auf die On-Premise-Version von SAP S/4HANA Group Reporting (Release 1909), da es bei dieser Produktvariante im Gegensatz zur Cloud-Lösung mehr Möglichkeiten gibt, die Software an die unternehmensspezifischen Anforderungen anzupassen (siehe markierte Konsolidierungslösung in Abbildung 1.1).

2 Architektur und Systemumgebung

In diesem Kapitel erfahren Sie, welche unterschiedlichen Systemumgebungen es im Group Reporting gibt, welche zentralen Apps für die Erstellung des Konzernabschlusses angeboten werden und wie diese grundsätzlich aufgebaut sind.

2.1 Komponenten des Group Reporting

Wenn man alle Funktionalitäten des Group-Reporting-Systems nutzen möchte, werden drei separate Systemkomponenten benötigt:

SAP S/4HANA: Wie der Name der Konsolidierungslösung schon vermuten lässt, ist SAP S/4HANA for Group Reporting integraler Bestandteil der ERP-Lösung SAP S/4HANA. Die Konsolidierungsdaten werden in der separaten Bewegungsdatentabelle (ACDOCU) im ERP-System gespeichert. Die Tabelle ACDOCC wird nur von der Konsolidierungslösung SAP BPC Embedded verwendet und daher nicht in diesem Buch behandelt.

Besonders interessant ist diese Konsolidierungslösung für Unternehmen, die zumindest schon teilweise SAP S/4HANA Finance oder ein SAP Central Finance für die Einzelabschlusserstellung der Konzerngesellschaften verwenden. Die Einzelabschlussdaten aus der Bewegungsdatentabelle *ACDOCA* können dann sehr leicht in das Group Reporting überführt werden. Diese enge Integration wird auch für das Intercompany(IC)-Matching und die Datenabstimmung (ICMR) genutzt.

SAP Group Reporting Data Collection App: Für die manuelle Erfassung der Einzelabschlussdaten stellt SAP mit Group Reporting Data Collection (GRDC) eine cloudbasierte Lösung zur Verfügung.

SAP Analytics Cloud: Für Analytics-Funktionalitäten und die Erstellung von Dashboard-Lösungen bietet sich die Anbindung der SAP Analytics

Cloud (SAC) an. Sie können die SAC aber auch nutzen, um Plandaten für die Konsolidierung zu erfassen.

In Abbildung 2.1 werden die drei Systemkomponenten übersichtlich dargestellt.

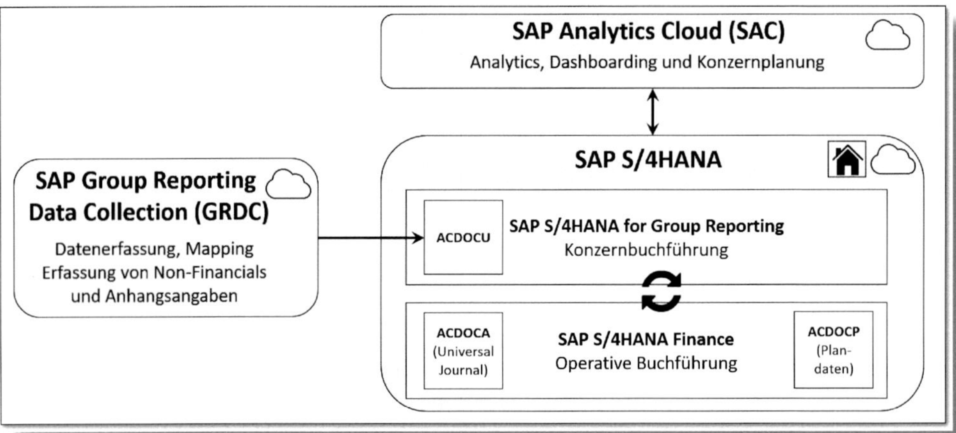

Abbildung 2.1: Systemarchitektur von SAP S/4HANA Group Reporting

2.2 Group Reporting Roadmap

Für die Cloud-Variante von SAP S/4HANA werden vier Releases pro Jahr zu festgelegten Zeitpunkten aktiv geschaltet. Jedes Release enthält immer auch Erweiterungen, die das Group Reporting betreffen. Für On-Premise-Installationen wird einmal im Jahr (in der Regel im September) ein neues Release angeboten. In diesem jährlichen Update sind alle Group-Reporting-Erweiterungen, die Bestandteil der letzten vier Cloud-Releases waren, gebündelt enthalten. Diese Vorgehensweise hat für On-Premise-Kunden den Vorteil, dass sie vor der Auslieferung eines neuen On-Premise-Release in der Cloud-Variante die neuen Funktionalitäten sehen können und diese bereits einem »Lackmustest« durch die Cloud-Kunden unterzogen wurden. Andererseits müssen Sie bei der On-Premise-Version immer ein Jahr warten, bis neue Erweiterungen zur Verfügung stehen.

Auch wenn die Funktionalitäten in den beiden Versionen direkt nach einem neuen On-Premise-Release identisch sein sollten, gibt es im Detail doch Unterschiede. So wird beispielsweise in der aktuellen Cloud-Lösung die Anbindung an SAP Analysis for MS Office noch nicht unterstützt. Diese existiert aber in der On-Premise-Version.

Über die online verfügbaren Roadmaps der SAP kann man sehen, welche Funktionalitäten für die zukünftigen Cloud- bzw. On-Premise-Releases geplant sind. Die interaktive Roadmap rufen Sie über folgende Internetseite ab: *https://www.sap.com/products/roadmaps.html*. Wenn Sie hier auf die Capability *Corporate Close* und die Produkte *S/4HANA*, *S/4HANA Cloud* und *Group Reporting Data Collection* filtern, bekommen Sie die in Abbildung 2.2 gezeigte Darstellung.

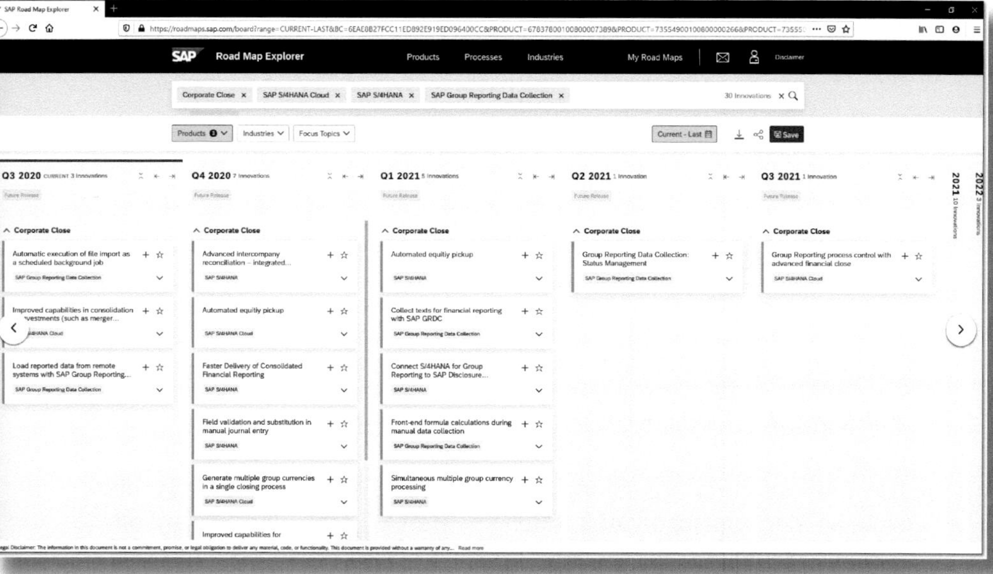

Abbildung 2.2: Roadmap für SAP S/4HANA Group Reporting

2.3 SAP Fiori Launchpad

Group-Reporting-Anwender müssen sich grundsätzlich über einen Webbrowser auf der Fiori-Benutzeroberfläche (*Fiori Launchpad*) des SAP-S/4HANA-Systems anmelden. Abhängig von der Rollenzuordnung in Ihrem Benutzerprofil sehen Sie unterschiedliche Apps, die in Business-Kataloggruppen zusammengefasst sind (siehe Abbildung 2.3).

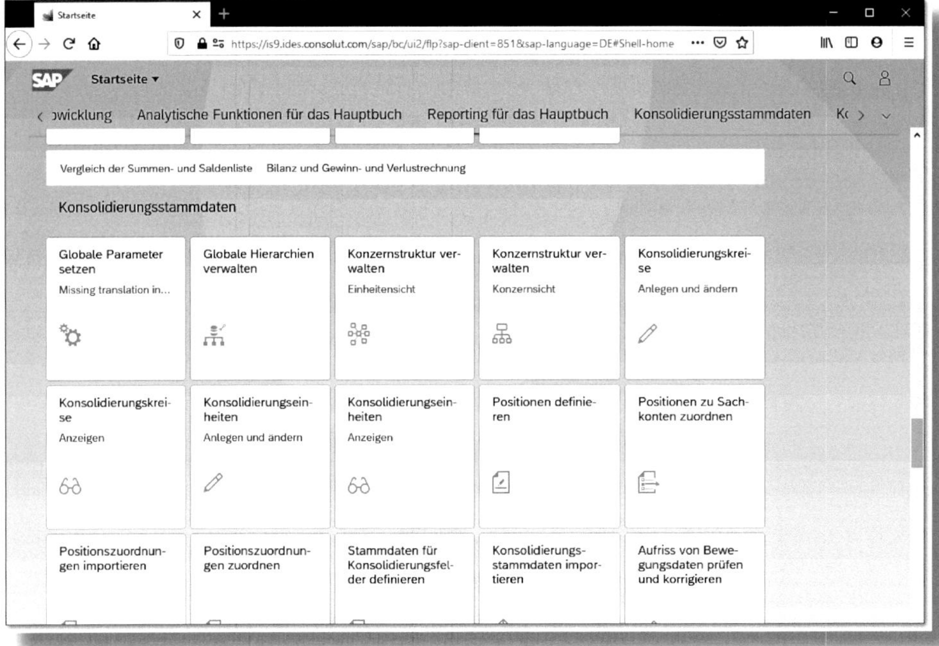

Abbildung 2.3: Fiori Launchpad für das Group Reporting

Die SAP liefert für das Group Reporting fünf Referenzrollen aus, die sich an den typischen Aktivitäten im Konzernrechnungswesen orientieren (siehe Abbildung 2.4).

Rolle	Beschreibung
SAP_BR_GL_ACCOUNTANT_GRP	Hauptbuchhalter - Konzernberichtswesen
SAP_BR_ADMINISTRATOR_GRP	Administrator - Konzernberichtswesen
SAP_BR_GRP_ACCOUNTANT	Konzernbuchhalter
SAP_BR_EXTERNAL_AUDITOR_GRP	Wirtschaftsprüfer - Konzernberichtswesen
SAP_BR_BUSINESS_ANALYST_GRP	Business Analyst - Konzernberichtswesen

Abbildung 2.4: Referenzrollen für das Group Reporting

Diesen Rollen sind elf Business-Kataloggruppen mit verschiedenen Group-Reporting-Apps zugeordnet (siehe Abbildung 2.5).

Business-Kataloggruppe	Beschreibung
SAP_FIN_BC_CCON_CNFGFXD	Consolidation - Basic Configuration
SAP_FIN_BC_CCON_PRDTPRE	Consolidation - Data Preparation
SAP_FIN_BC_CCON_REPORT	Consolidation - Group Reports
SAP_FIN_BC_CCON_LC_REPORT	Consolidation - Local Reports
SAP_FIN_BC_CCON_MDFSITM	Consolidation - Master Data Financial Statement Items Management
SAP_FIN_BC_CCON_MDORG	Consolidation - Master Data Organizational Unit Management
SAP_FIN_BC_CCON_PERIDPRE	Consolidation - Period Preparation
SAP_FIN_BC_CCON_PROCESS	Consolidation - Process
SAP_FIN_BC_CCON_CNFGRLS	Consolidation - Rules Configuration
SAP_FIN_BC_VE_METHOD	Consolidation - Validation Method Management
SAP_FIN_BC_VE_RULE	Consolidation - Validation Rule Definition

Abbildung 2.5: Business-Kataloggruppen für das Group Reporting

Wenn Sie eigene Rollen anlegen möchten, sollten Sie diese ausgelieferten Rollen kopieren und die darin enthaltenen Anwendungskataloge so anpassen, dass sie auf die Bedürfnisse Ihres Unternehmens zugeschnitten sind.

2.4 SAP-GUI-Umgebung

Die klassische SAP-GUI-Umgebung wird bei der Group-Reporting-Lösung ebenfalls benötigt, um grundlegende Customizing-Einstellungen vornehmen zu können. In der Struktur des Einführungsleitfadens (SAP-Transaktion *SPRO*) finden Sie die relevanten Customizing-Transaktionen in dem Bereich SAP S/4HANA FÜR KONZERNBERICHTSWESEN (siehe hierzu Abbildung 2.6).

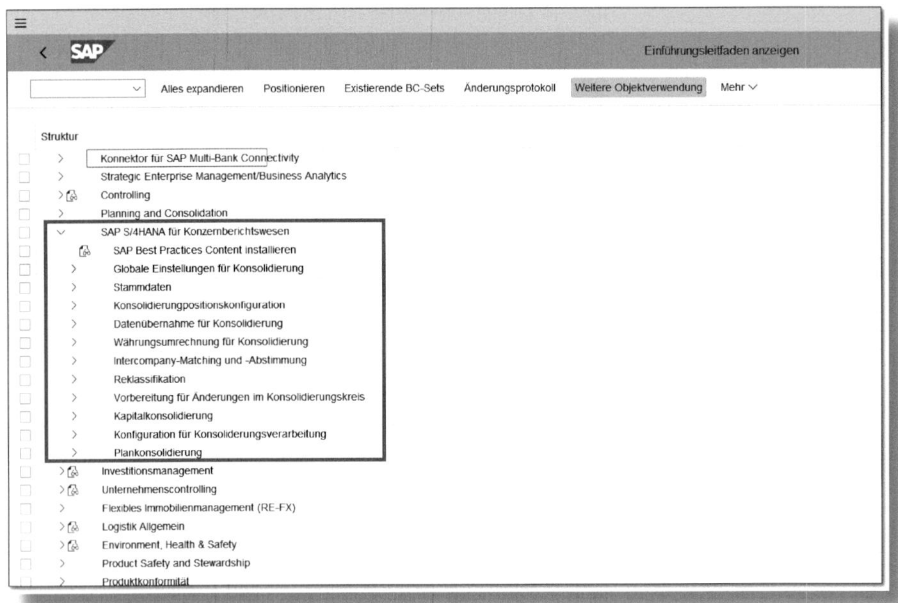

Abbildung 2.6: Einführungsleitfaden für das Group Reporting

2.5 SAP Best Practices Content

Die SAP bietet für das Group Reporting einen Best Practices Content an. Es empfiehlt sich, diesen zu installieren und anschließend an die unternehmensspezifischen Besonderheiten anzupassen. Das erleichtert die Einführung der Konsolidierungslösung. Die Installation dieses Content müssen Sie über den Solution Builder (Transaktion */N/SMB/BBI*) vornehmen. Informationen zur Installation finden Sie in dem SAP-Hinweis 2659672. Diesem Hinweis ist auch ein How-to-Guide beigefügt, der das Vorgehen schrittweise erklärt.

In Abbildung 2.7 sehen Sie die sechs Best-Practice-Komponenten für das Group Reporting. Für die Anwendungsbeispiele in diesem Buch haben wir uns der Komponente XX_1SG_OP (Group Reporting – Financial Consolidation) bedient.

Komponente	Beschreibung
XX_1SG_OP	Group Reporting - Financial Consolidation
XX_287_OP	Group Reporting - Data from SAP Group Reporting Data Collection
XX_2U6_OP	Group Reporting - Data from External Systems
XX_3LX_OP	Group Reporting - Matrix Consolidation
XX_3JP_OP	Group Reporting - Predictive Consolidation
XX_28B_OP	Group Reporting - Plan Consolidation

Abbildung 2.7: SAP Best Practices Content für das Group Reporting

Wenn Sie den Best Practices Content nicht aktivieren möchten, müssen Sie nach einer Neuinstallation des SAP-S/4HANA-Systems die Transaktion *CX8INI* bzw. im Einführungsleitfaden (IMG) den Customizing-Schritt SAP S/4HANA für Konzernberichtswesen • Globale Einstellungen für Konsolidierung • Einstellungen initialisieren durchführen (siehe Abbildung 2.8). Hiermit werden dann nur die notwendigen Minimaleinstellungen im Group Reporting vorgenommen. Sie können diese Transaktion nicht mehr durchführen, falls Sie den Best Practice Content bereits installiert haben.

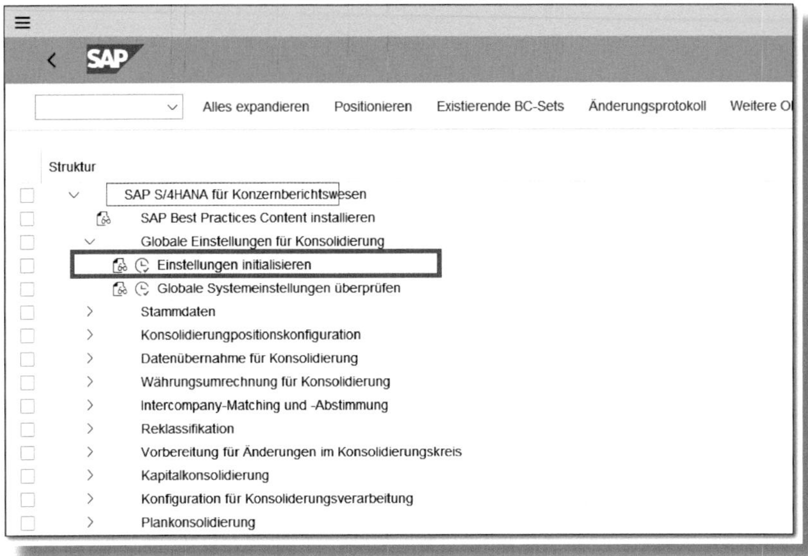

Abbildung 2.8: Systemeinstellungen initialisieren

3 Einstieg in das Group Reporting

In diesem Kapitel machen wir Sie mit den zentralen Fiori-Apps vertraut, die Sie für das Group Reporting benötigen. Hierzu gehören insbesondere der Datenmonitor und der Konsolidierungsmonitor, mit denen der gesamte Konsolidierungsprozess gesteuert und überwacht wird.

3.1 Globale Parameter

»Globale Parameter setzen« ist eine zentrale App im Group Reporting. Hiermit bestimmen Sie, welcher Konzernabschluss erstellt werden soll. Abbildung 3.1 zeigt die Eingabefelder dieser App.

Abbildung 3.1: Globale Parameter setzen

Hierzu gehören insbesondere die Version, das Geschäftsjahr und die Periode. Die Version legt den Berichtsanlass bzw. die Datenkategorie des Konzernabschlusses fest (siehe hierzu Abschnitt 4.1). Periode und Geschäftsjahr spezifizieren den Berichtszeitpunkt. Zusätzlich müssen Sie den Positionsplan und das Ledger definieren. Der Positionsplan bestimmt den Konzernkontenplan (siehe hierzu Abschnitt 4.3.1). Aus dem Ledger wird die Konzernwährung abgeleitet und zu verwendende Geschäftsjahresvariante (siehe Abschnitt 4.2.1) festgelegt.

Änderung mit Release 2020: Ledger-Parameter

Das Konsolidierungsledger wird mit dem On-Premise-Release 2020 (September 2020) abgeschafft. Einstellungen, die momentan aus dem Ledger abgeleitet werden, ergeben sich dann aus der Konsolidierungsversion.

Die globalen Parameter können auch über die SAP-GUI-Umgebung gesetzt werden. Hierfür verwenden Sie die Transaktion *CXGP*.

3.2 Daten- und Konsolidierungsmonitor

Der eigentliche Konsolidierungsprozess wird über die beiden Apps *Datenmonitor* und *Konsolidierungsmonitor* gesteuert und überwacht.

In der App »Datenmonitor« befinden Sie sich auf der Ebene der Einzelgesellschaften. Hierüber lassen sich die Meldedaten der Gesellschaften in das Group Reporting laden, die gemeldeten Daten validieren, Korrekturbuchungen vornehmen und für Fremdwährungsgesellschaften die Einzelabschlüsse in die Konzernwährung umrechnen. Wenn der Datenmonitor erfolgreich abgearbeitet wurde, erhalten Sie im Ergebnis den Summenabschluss des Konzerns.

Dieser Summenabschluss bildet dann die Ausgangsbasis für den Konsolidierungsmonitor. Über ihn werden die eigentlichen Konsolidierungsmaßnahmen durchgeführt. Dazu gehören beispielsweise die Innenumsatzeliminierung, die Aufwands- und Ertragseliminierung sowie die Schulden- und die Kapitalkonsolidierung. Zusätzlich besteht die Möglichkeit, Korrekturbuchungen im Rahmen der Konsolidierung durchzuführen und einzelne Eliminierungsvorgänge manuell zu buchen. Wie im Datenmonitor gibt es auch im Konsolidierungsmonitor eine Datenvalidierung, mit der der konsolidierte Abschluss überprüft wird.

Die Monitore helfen Ihnen also dabei, die einzelnen Schritte des Abschlussprozesses abzuarbeiten und den Fortschritt der Konzernabschlusserstellung zu überwachen. In Abbildung 3.2 sehen Sie den DATENMONITOR, mit dessen Hilfe der Summenabschluss der Konzerngesellschaften erstellt wird.

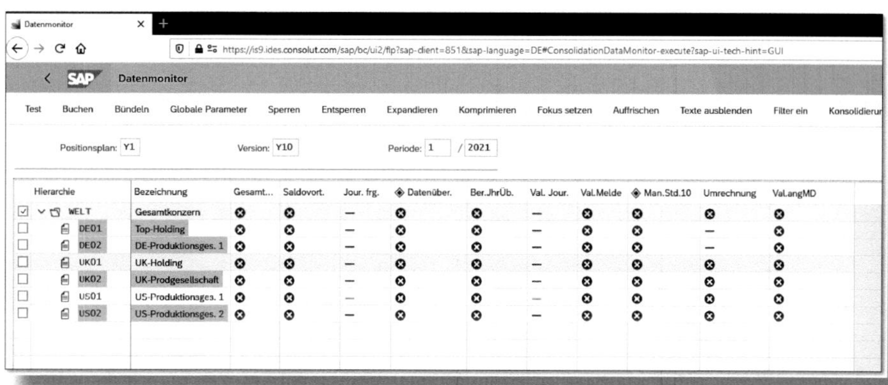

Abbildung 3.2: Datenmonitor

In den Zeilen auf der linken Seite wird die Konzernstruktur angezeigt. Die Konzerngesellschaften werden als *Konsolidierungseinheiten* bezeichnet. Diese werden in *Konsolidierungskreise* gruppiert (siehe hierzu Abschnitt 4.2). Die Spalten repräsentieren die einzelnen Prozessschritte der Konsolidierung (*Konsolidierungsmaßnahmen*). In den Schnittpunkten von Konsolidierungseinheiten und Konsolidierungsmaßnahmen erkennen Sie den aktuellen Status einer Maßnahme für die jeweilige Konsolidierungseinheit.

Anhand der Legende in Abbildung 3.3 sehen Sie, welche Bedeutung die unterschiedlichen Symbole in den beiden Monitoren haben.

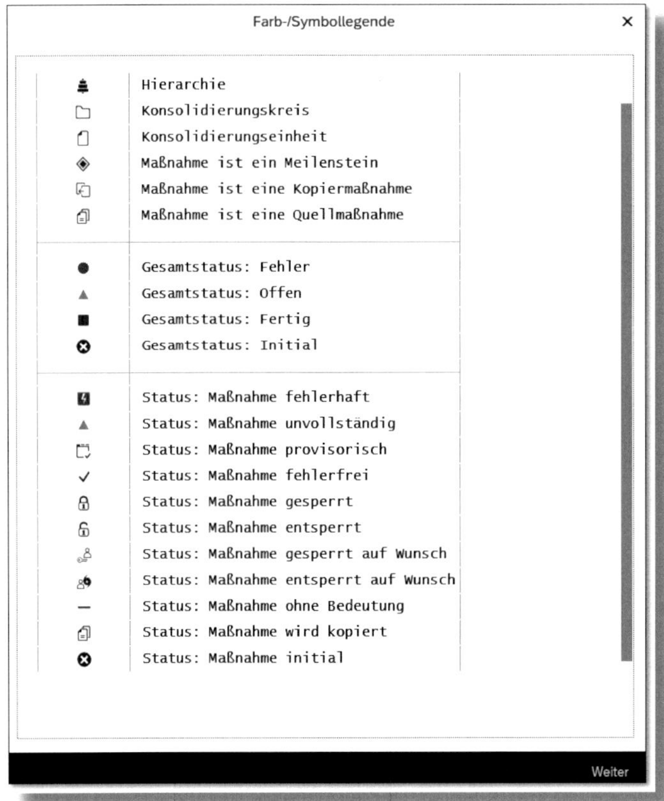

Abbildung 3.3: Symbollegende für Daten- und Konsolidierungsmonitor

Ist der Status einer Maßnahme für eine bestimmte Konsolidierungseinheit INITIAL, bedeutet das beispielsweise, dass diese Maßnahme für diese Konsolidierungseinheit noch nicht ausgeführt wurde. Erfolgreich absolvierte Maßnahmen können anschließend gesperrt werden. Sie haben dann den Status GESPERRT und sind nicht erneut durchführbar.

Wie man in Abbildung 3.4 sieht, können die Maßnahmen über das Kontextmenü durchgeführt, gesperrt und wieder geöffnet werden. Beim Durchführen werden vier Modi unterschieden:

- Test: Hiermit simulieren Sie die Ausführung der Maßnahme.
- Buchen: Bei diesem Echtlauf erzeugen Sie abhängig von der Maßnahme Belege, und der Status der Maßnahme ändert sich.
- Test mit Ursprungsliste: Wie beim Testlauf wird die Maßnahme simuliert, der Perioden- und Maßnahmenstatus wird aber ignoriert. Diesen Testmodus können Sie daher unabhängig von der Statusverwaltung verwenden.
- Start mit Anf.Bild: Die Maßnahme wird nicht direkt gestartet. Es wird vorab ein Selektionsbildschirm gezeigt, auf dem Sie weitere Einstellungen vornehmen können.

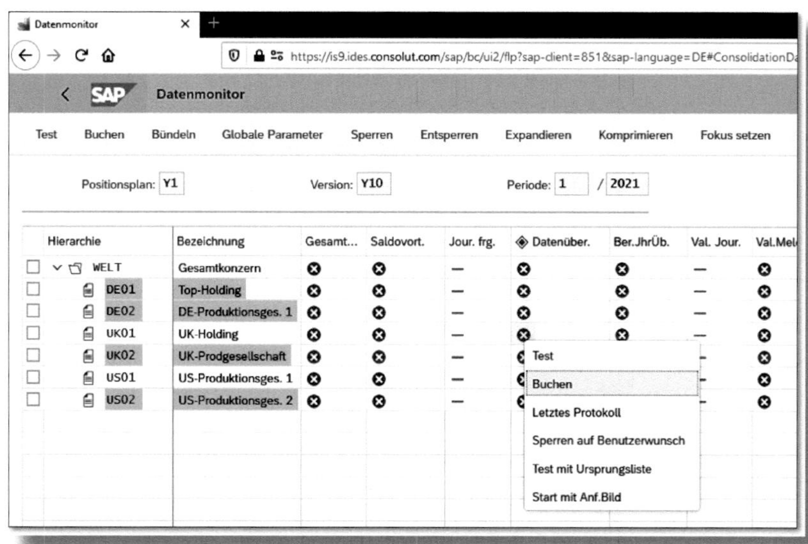

Abbildung 3.4: Kontextmenü im Datenmonitor

Den Modus Starten mit Anf.Bild können Sie z. B. verwenden, wenn Sie Maßnahmen während des Abschlussprozesses regelmäßig durchführen möchten. Dann bietet Ihnen dieser Modus die Möglichkeit, wiederkehrende Hintergrundjobs anzulegen. In Abbildung 3.5 sehen Sie beispielsweise den Selektionsbildschirm der Maßnahme Währungsumrechnung. Über den in der Abbildung gezeigten Menüeintrag Programm • Im Hintergrund ausführen können Sie die Startterminwerte für den Hintergrundjob festlegen.

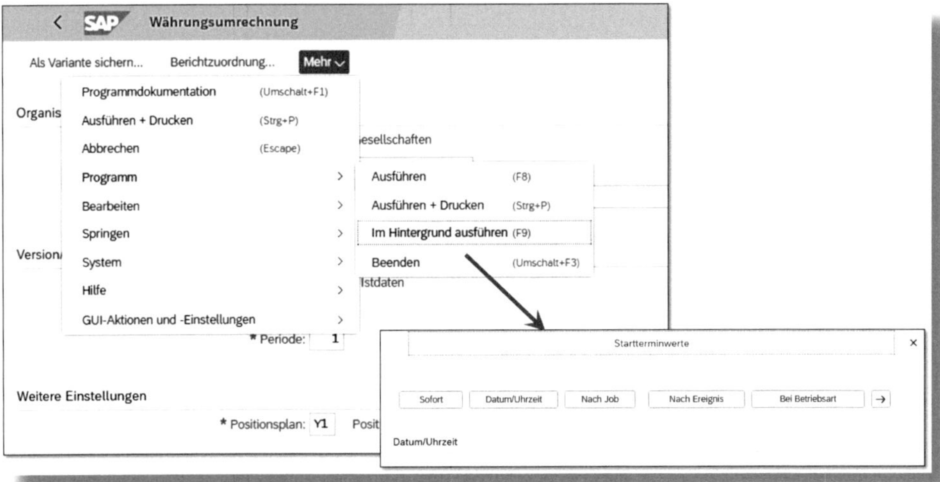

Abbildung 3.5: Maßnahme als Hintergrundjob einplanen

Grundsätzlich können Sie im Datenmonitor die Periode eines Geschäftsjahres auf Ebene der Konsolidierungseinheiten öffnen oder schließen. Darüber wird gesteuert, wann der Konsolidierungsprozess für eine Einheit starten kann bzw. wann der Abschlussprozess beendet ist. In dem Datenmonitor in Abbildung 3.2 ist die Buchungsperiode 1/2021 für die Konsolidierungseinheiten DE01, DE02, UK02 und US02 noch geschlossen. Daher sind diese Einheiten dunkler hinterlegt.

Die Periodenverwaltung existiert nicht nur im Daten-, sondern auch im Konsolidierungsmonitor. In Abbildung 3.6 sehen Sie, wie das Zusammenspiel der beiden Monitore mit der Periodenverwaltung funktioniert.

Ausgangs-basis		Buchungsperiode wird im ...	Ergebnis	
DM	KM		DM	KM
O	O	... Datenmonitor geschlossen.	C	O
O	O	... Konsolidierungsmonitor geschlossen.	C	C
C	C	... Datenmonitor geöffnet.	O	O
C	C	... Konsolidierungsmonitor geöffnet.	C	O

Legende
DM Datenmonitor
KM Konsolidierungsmonitor
O Buchungsperiode ist offen (Open)
C Buchungsperiode ist geschlossen (Closed)

Abbildung 3.6: Zusammenspiel der Periodenverwaltung mit dem Daten- und dem Konsolidierungsmonitor

Es gibt ein separates Berechtigungsobjekt für das Öffnen und Schließen von Perioden. Dieses Objekt können Sie nutzen, um ausgewählten Mitarbeitern in Ihrem Konzern die Berechtigung für die Periodenverwaltung zu geben. Über das Berechtigungskonzept legen Sie außerdem fest, wer Maßnahmen sperren und ggf. wieder entsperren kann.

3.3 Maßnahmenprotokolle

Jedes Mal, wenn Sie eine Konsolidierungsmaßnahme ausführen, wird ein *Maßnahmenprotokoll* erstellt. Abbildung 3.7 zeigt die Fiori-App »Maßnahmenprotokolle«, mit der die Protokolle der meisten Maßnahmen verwaltet werden. Hierüber können Sie dann u. a. die Belege analysieren, die von den Maßnahmen gebucht werden.

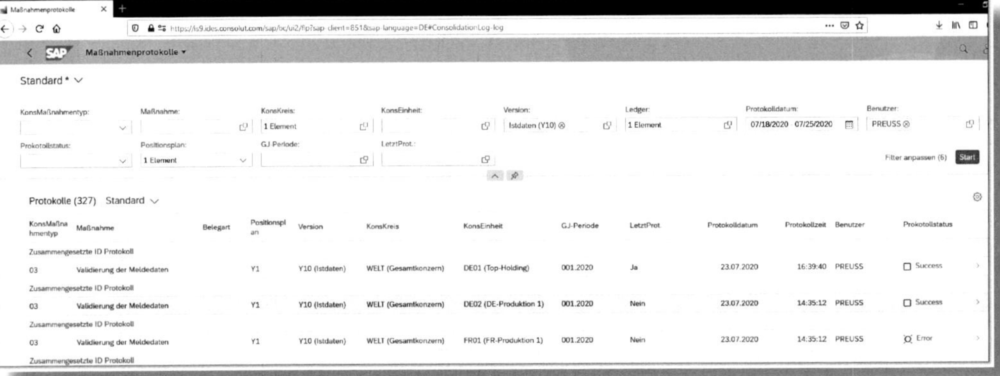

Abbildung 3.7: Maßnahmenprotokolle

In der ersten Spalte sieht man den jeweiligen Maßnahmentyp. In den nachfolgenden Spalten werden die globalen Parameter angezeigt, die bei der Durchführung der Maßnahme relevant waren. Sie sehen auch, mit welcher BELEGART (siehe Abschnitt 4.4) bei der jeweiligen Maßnahme gebucht wurde. Allerdings benötigt nicht jede Maßnahme eine eigene Belegart.

Des Weiteren erkennt man in dem Protokoll, wann die Maßnahmen von welchem Anwender ausgeführt wurden. In der letzten Spalte sehen Sie den jeweiligen Status der Maßnahme, also ob die Maßnahme fehlerfrei abgearbeitet wurde. Abbildung 3.8 zeigt, für welche Maßnahmentypen die Protokolle über diese App zur Verfügung stehen.

Mit der Customizing-Transaktion *CXE0P* bzw. im Einführungsleitfaden über SAP S/4HANA FÜR KONZERNBERICHTSWESEN • KONFIGURATION FÜR KONSOLIDIERUNGSBEARBEITUNG • EINSTELLUNGEN PROTOKOLLARCHIVIERUNG FÜR MASSNAHMEN PFLEGEN legen Sie individuell für jede Maßnahme den Detaillierungsgrad des Maßnahmenprotokolls fest, und Sie bestimmen auch, ob das Protokoll für eine spätere Anzeige archiviert werden soll (siehe Abbildung 3.9).

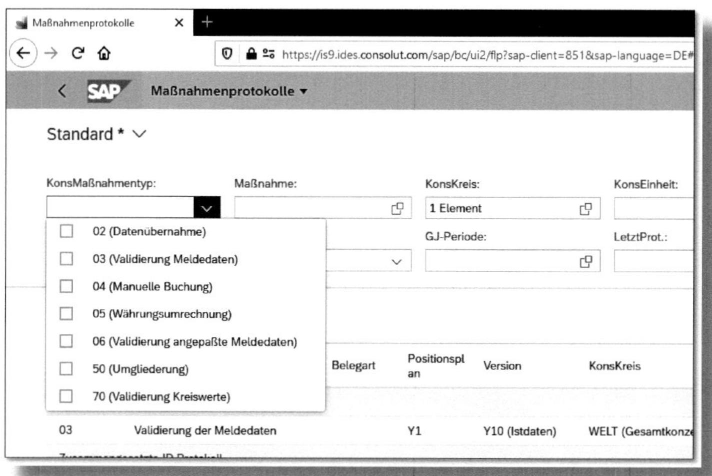

Abbildung 3.8: Maßnahmentypen der Protokoll-App

Protokollarchivierung

Protokoll archivieren

Detailliertes Protokoll erstellen

	Maßnahme	Mitteltext	Maßnahmentyp	Prot.archiv.	Protokoll
☐	1010	Saldovortrag	Saldovortrag	☑	☑
☐	1015	Journale freigeben	Freigabe Meldedaten		☑
☐	1020	Datenübernahme	Datenübernahme	☑	☑
☐	1030	Berechn. Jahresüberschuss	Wechselpositionen / B...	☑	☑
☐	1050	Validierung von Journalen	Validierung universel...	☑	☑
☐	1055	Manuelle Korrekturen (PL01)	Manuelle Buchung		☑
☐	1080	Validierung der Meldedaten	Validierung Meldedaten	☐	☑
☐	1090	Validierung Meldedaten HW	Validierung Meldedaten	☑	☑
☐	1095	Manuelle Buchung (KontEbene10)	Manuelle Buchung		☑
☐	1100	Währungsumrechnung	Währungsumrechnung	☑	☑
☐	1160	Vorb. KonsKreisänderung 02/12	Vorbereitung Konsolid	☐	☑

Abbildung 3.9: Protokollarchivierung für Maßnahmen pflegen

3.4 Datenbankanlistung

Sie können sich die Bewegungsdaten der Tabelle ACDOCU über die Fiori-App »Datenbankanlistung« (klassische Ansicht) anzeigen lassen. Dieses von den Konsolidierungsprodukten SAP EC-CS und SAP SEM-BCS übernommene Reporting-Werkzeug ist auch in die beiden Monitore integriert. Sowohl im Daten- als auch im Konsolidierungsmonitor gelangen Sie über den Menüeintrag Mehr • Springen • Datenbankanlistung Summensätze (siehe Abbildung 3.10) zur Datenbankanlistung.

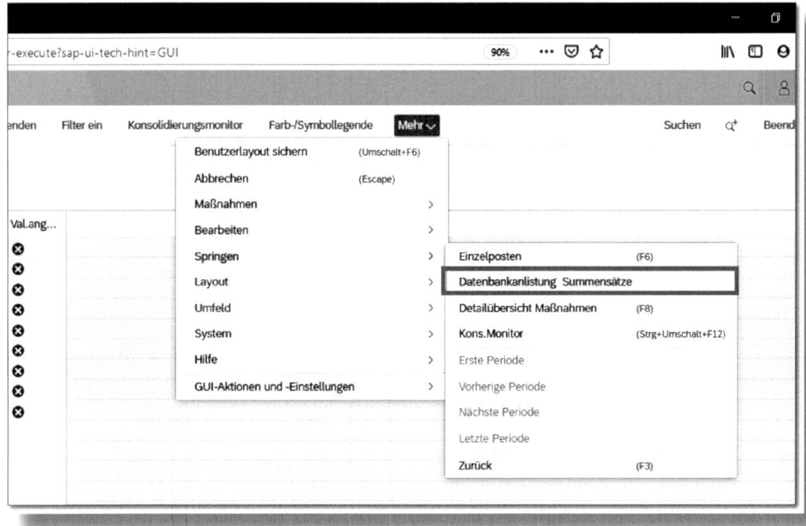

Abbildung 3.10: Menüeintrag für Datenbankanlistung

Auf dem Selektionsbildschirm der Datenbankanlistung wählen Sie aus, welchen Datenbestand der Bewegungsdatentabelle Sie sehen möchten. Anschließend erhalten Sie eine Liste, die die Belege der ACDOCU-Tabelle in saldierter Form zeigt. Über die Navigationsmöglichkeiten der Liste können Sie dann auf die dahinterliegenden Einzelbelege zugreifen. In Abbildung 3.11 sehen Sie den Selektionsbildschirm und in Abbildung 3.12 einen Ausschnitt der Ergebnisliste für die gewählte Selektion.

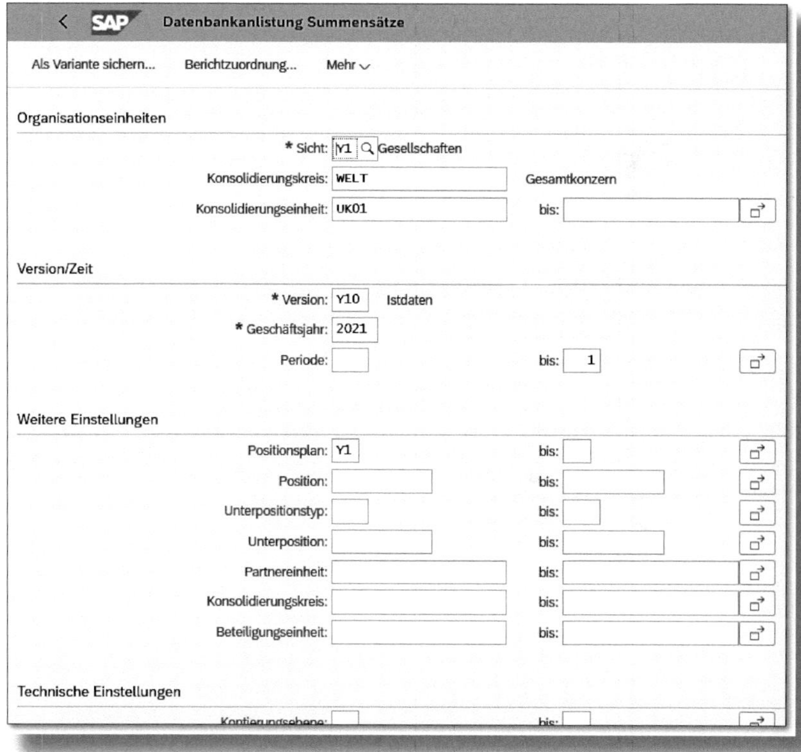

Abbildung 3.11: Selektionsbildschirm der Datenbankanlistung

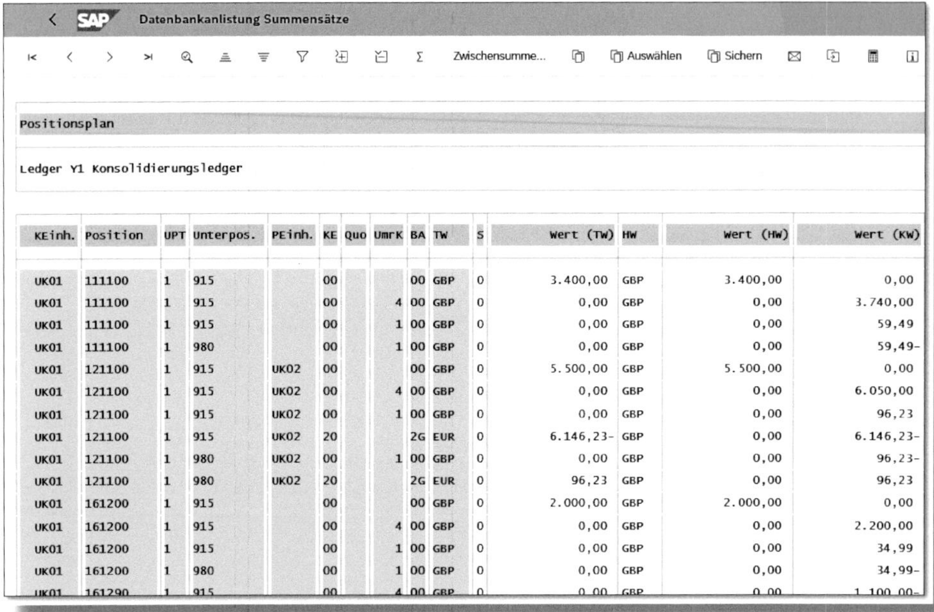

Positionsplan

Ledger Y1 Konsolidierungsledger

KEinh.	Position	UPT	Unterpos.	PEinh.	KE	Quo	UmrK	BA	TW	S	Wert (TW)	HW	Wert (HW)	Wert (KW)
UK01	111100	1	915		00			00	GBP	0	3.400,00	GBP	3.400,00	0,00
UK01	111100	1	915		00		4	00	GBP	0	0,00	GBP	0,00	3.740,00
UK01	111100	1	915		00		1	00	GBP	0	0,00	GBP	0,00	59,49
UK01	111100	1	980		00		1	00	GBP	0	0,00	GBP	0,00	59,49-
UK01	121100	1	915	UK02	00			00	GBP	0	5.500,00	GBP	5.500,00	0,00
UK01	121100	1	915	UK02	00		4	00	GBP	0	0,00	GBP	0,00	6.050,00
UK01	121100	1	915	UK02	00		1	00	GBP	0	0,00	GBP	0,00	96,23
UK01	121100	1	915	UK02	20			2G	EUR	0	6.146,23-	GBP	0,00	6.146,23-
UK01	121100	1	980	UK02	00		1	00	GBP	0	0,00	GBP	0,00	96,23-
UK01	121100	1	980	UK02	20			2G	EUR	0	96,23	GBP	0,00	96,23
UK01	161200	1	915		00			00	GBP	0	2.000,00	GBP	2.000,00	0,00
UK01	161200	1	915		00		4	00	GBP	0	0,00	GBP	0,00	2.200,00
UK01	161200	1	915		00		1	00	GBP	0	0,00	GBP	0,00	34,99
UK01	161200	1	980		00		1	00	GBP	0	0,00	GBP	0,00	34,99-
UK01	161290	1	915		00		4	00	GBP	0	0,00	GBP	0,00	1.100,00-

Abbildung 3.12: Ergebnisdarstellung der Datenbankanlistung

Die Datenbankanlistung wird in den nachfolgenden Kapiteln an verschiedenen Stellen verwendet, um die Buchungsweise im Group Reporting zu verdeutlichen.

4 Stammdaten im Group Reporting

In diesem Kapitel werden die zentralen Stammdaten der Group-Reporting-Lösung überblicksartig vorgestellt. Hierzu gehören insbesondere Konsolidierungskreise und -einheiten, mit denen sich die Konzernstruktur darstellen lässt, sowie der Positionsplan zur Abbildung des Konzernkontenplans. Um die unterschiedlichen Berichtsanlässe im Group Reporting zu unterscheiden, setzt man Konsolidierungsversionen ein. Wie im SAP-ERP-System müssen Sie auch in der Konsolidierung Belegarten anlegen, um buchen zu können. Diese Belegarten werden thematisch in unterschiedliche Kontierungsebenen gruppiert.

4.1 Konsolidierungsversionen

In der Regel wird ein Konsolidierungssystem für mehrere Berichtsanlässe, wie z. B. für die Konsolidierung von Ist-Daten, für die Durchführung von Forecast-Berechnungen oder für Restatements, eingesetzt. Für diese verschiedenen Berichtsanlässe müssen jeweils eigene *Konsolidierungsversionen* im Group Reporting anlegt werden, damit die Finanzdaten separiert sind (in anderen Konsolidierungsprodukten verwendet man hierfür auch den Begriff *Datenkategorien*).

Da die benötigten Konsolidierungsfunktionen häufig vom Berichtsanlass abhängig sind, können Sie die Systemeinstellungen versionsabhängig festlegen. Grundsätzlich wird zwischen *Konsolidierungsversionen* und *speziellen Versionen* unterschieden. Über spezielle Versionen lassen sich Systemeinstellungen, die in verschiedenen Konsolidierungsversionen identisch sind, weiterhin zentral pflegen.

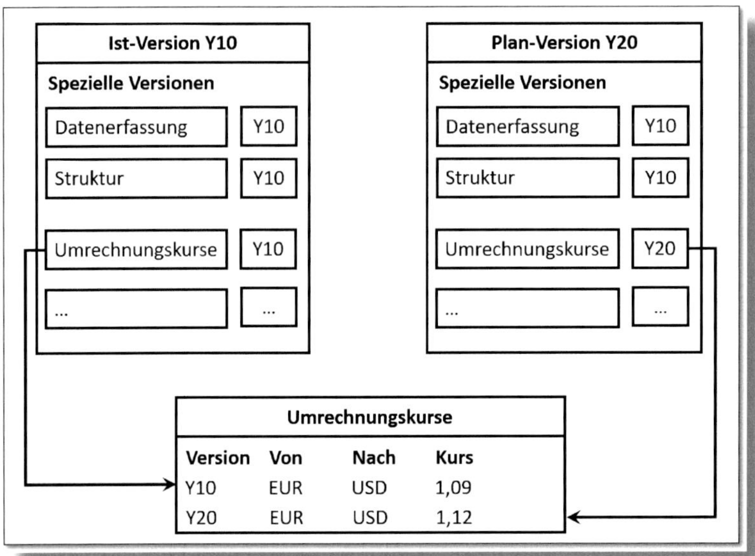

Abbildung 4.1: Konsolidierungsversionen und spezielle Versionen

Abbildung 4.1 verdeutlicht das Zusammenspiel zwischen Konsolidierungsversionen und speziellen Versionen. Die Konsolidierungsversion Y10 (IST-VERSION) unterscheidet sich von der Konsolidierungsversion Y20 (PLAN-VERSION) nur in den zu verwendenden Umrechnungskursen. Alle übrigen Systemeinstellungen sind in beiden Versionen identisch.

Die Versionen und die Zuordnung der speziellen Versionen legen Sie über die Customizing-Transaktion *CXB1* bzw. den Customizing-Schritt SAP S/4HANA FÜR KONZERNBERICHTSWESEN • STAMMDATEN • VERSIONEN DEFINIEREN an. Abbildung 4.2 zeigt exemplarisch die Einstellungen der Konsolidierungsversion Y10.

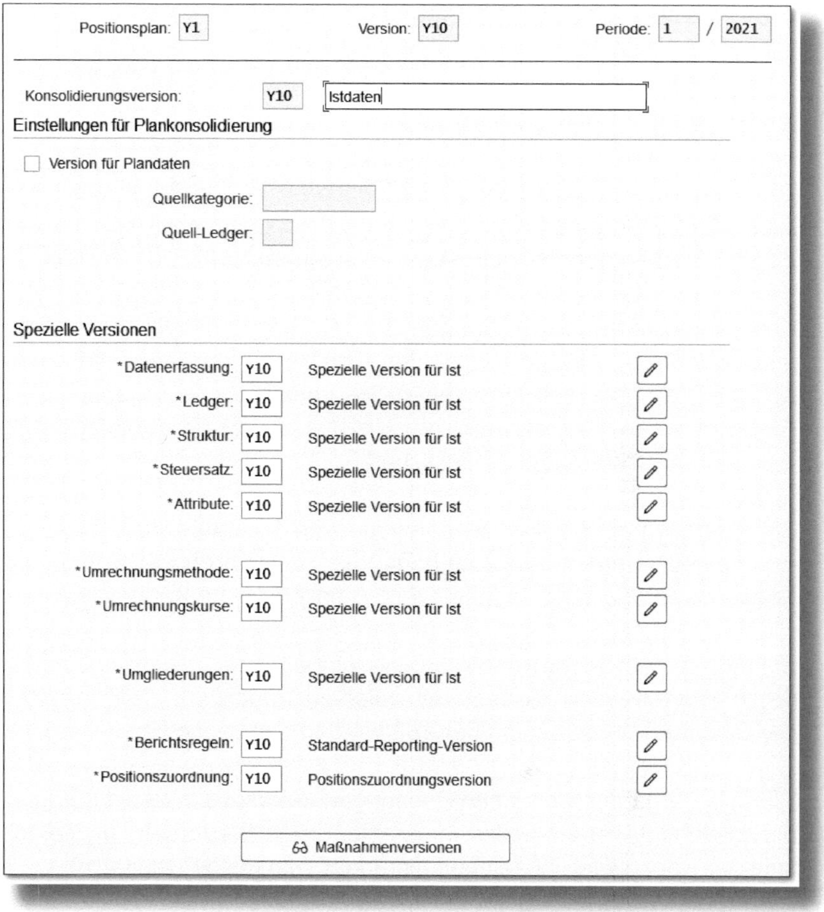

Positionsplan: Y1 Version: Y10 Periode: 1 / 2021

Konsolidierungsversion: Y10 Istdaten

Einstellungen für Plankonsolidierung

☐ Version für Plandaten

Quellkategorie:

Quell-Ledger:

Spezielle Versionen

*Datenerfassung:	Y10	Spezielle Version für Ist
*Ledger:	Y10	Spezielle Version für Ist
*Struktur:	Y10	Spezielle Version für Ist
*Steuersatz:	Y10	Spezielle Version für Ist
*Attribute:	Y10	Spezielle Version für Ist
*Umrechnungsmethode:	Y10	Spezielle Version für Ist
*Umrechnungskurse:	Y10	Spezielle Version für Ist
*Umgliederungen:	Y10	Spezielle Version für Ist
*Berichtsregeln:	Y10	Standard-Reporting-Version
*Positionszuordnung:	Y10	Positionszuordnungsversion

Maßnahmenversionen

Abbildung 4.2: Konsolidierungsversion Y10 (Ist-Version)

In der Abbildung sehen Sie auch, für welche Themengebiete Sie spezielle Versionen nutzen können.

4.2 Legale Organisationseinheiten

4.2.1 Konsolidierungseinheit

Die Konsolidierungseinheiten repräsentieren in der Regel die rechtlichen Einheiten eines Konzerns. In den meisten Fällen entsprechen diese Einheiten den Buchungskreisen in einem SAP-ERP-System.

Konsolidierungseinheiten können Sie mit der Fiori-App »Konsolidierungseinheiten – Anlegen und ändern« definieren. Im Stammsatz einer Konsolidierungseinheit hinterlegen Sie verschiedene Eigenschaften. Hierzu gehören beispielsweise der Sitz (*Land*) und die lokale Währung (bzw. *Hauswährung*) der Gesellschaft.

Bei Fremdwährungsgesellschaften müssen Sie außerdem angeben, mit welcher Umrechnungsmethode die Hauswährungswerte in die Konzernwährung umgerechnet werden sollen (siehe Kapitel 11).

Sie ordnen auch jeder Konsolidierungseinheit eine Validierungsmethode zu. Hiermit legen Sie fest, mit welchem Regelwerk die Korrektheit der Einzelabschlussdaten überprüft werden soll (siehe Kapitel 12).

Wenn bei ergebniswirksamen Buchungen automatisch *latente Steuern* berücksichtigt werden sollen, muss hierfür ein Steuersatz im Stammsatz der Konsolidierungseinheit hinterlegt sein (siehe Kapitel 10).

Für jede Konsolidierungseinheit ist weiterhin festzulegen, welche Datentransfermethode für die Übernahme der Einzelabschlussdaten in das Group Reporting zum Einsatz kommen soll (siehe Kapitel 6 und 7). Ist die Konsolidierungseinheit eine Gesellschaft, die in demselben SAP-S/4HANA-System wie die Konsolidierungslösung geführt wird, können die Einzelabschlussdaten automatisch übernommen werden (Datentransfermethode: *Lesen aus universellem Beleg*). Alternativ ist es möglich, die Meldedaten über eine Textdatei in das Konsolidierungssystem zu laden (DATENTRANSFERMETHODE: *Flexibler Upload*). Abbildung 4.3 zeigt exemplarisch die Datenerfassungsmethode der Konsolidierungseinheit *DE01*.

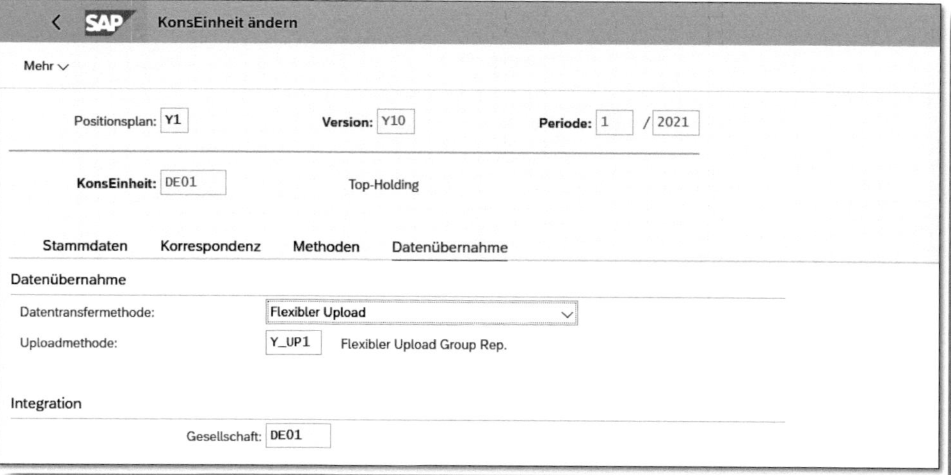

Abbildung 4.3: Stammsatz einer Konsolidierungseinheit

4.2.2 Konsolidierungskreis

Konsolidierungskreise dienen dazu, die Konsolidierungseinheiten zu gruppieren, für die ein Konzernabschluss durchgeführt werden soll. Sie können eine Konsolidierungseinheit auch mehreren Konsolidierungskreisen zuordnen. Für die Definition eines Konsolidierungskreises verwenden Sie die Fiori-App »Konsolidierungskreise – Anlegen und ändern«.

Abbildung 4.4 zeigt den Stammsatz des Konsolidierungskreises WELT, den wir für die Anwendungsbeispiele in diesem Buch angelegt haben. Mithilfe der ABSCHLUSSART legen Sie die Abschlussfrequenz fest. Sie sehen, dass in unserem Fall die Konzernabschlüsse monatlich erstellt werden.

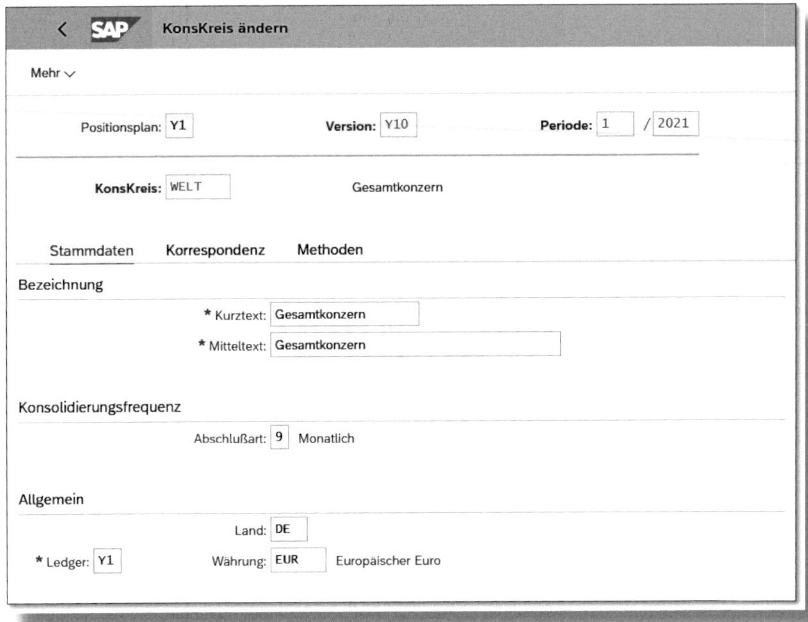

Abbildung 4.4: Stammsatz des Konsolidierungskreises WELT

Sie müssen auf Ebene des Konsolidierungskreises auch festlegen, ab wann die Konsolidierungseinheiten einem Kreis zugeordnet sind (BEGINN DER ZUORDNUNG) und wann sie aus einem Kreis abgehen (ENDE DER ZUORDNUNG). Diese Einstellungen werden mit der Fiori-App »Konzernstruktur verwalten – Konzernsicht« vorgenommen.

Abbildung 4.5 zeigt die Struktur für den Konsolidierungskreis WELT. In der Abbildung sehen Sie die Erst- und Entkonsolidierungszeitpunkte für die Konsolidierungseinheiten. Diese können vom Beginn und Ende der Konsolidierungskreiszuordnungen abweichen, da eine Konsolidierungseinheit, die unterjährig entkonsolidiert wird, erst zum Jahresende aus dem Konsolidierungskreis entfernt werden darf (siehe Kapitel 15).

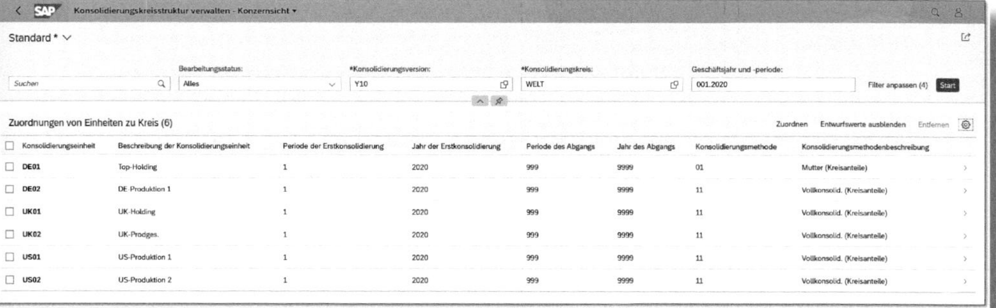

Abbildung 4.5: Verwalten der Konsolidierungskreisstruktur

Ab dem Release 1909 gilt die neue Reporting-Logik (siehe Abschnitt 17.1). Das bedeutet, dass Sie die Pflege der Konsolidierungskreisstruktur nicht mehr über den Customizing-Pfad SAP S/4HANA für Konzernberichtswesen • Stammdaten • Organisationseinheitenhierarchie pflegen aufrufen können (siehe Abbildung 4.6).

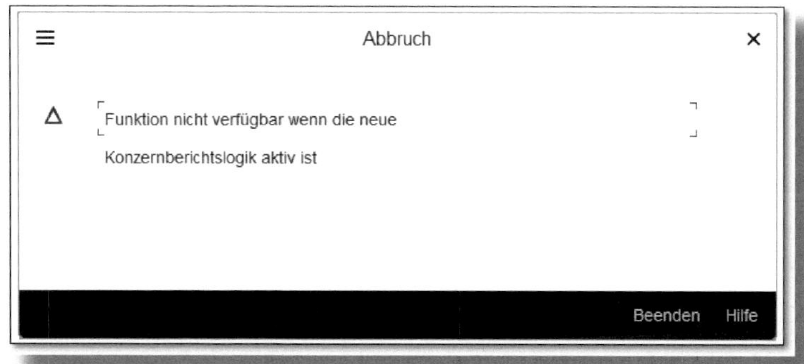

Abbildung 4.6: Systemmeldung bei Customizing-Transaktion zur Pflege der Organisationseinheitenhierarchie

Stattdessen müssen Sie zwingend die Fiori-Apps »Konsolidierungskreisstruktur verwalten – Konzernsicht« und »Konsolidierungskreisstruktur verwalten – Einheitensicht« benutzen. Diese ermöglichen dann nur noch eine Zuordnung in Form einer flachen Liste. Konsolidierungskreise können also nicht mehr hierarchisch angeordnet werden.

Sowohl für die Konsolidierungseinheiten als auch für die Konsolidierungskreise besteht die Möglichkeit, die Stammdaten in Excel aufzubereiten und anschließend über die Fiori-App »Konsolidierungsstammdaten importieren« in das Group Reporting zu laden. Wie Sie in Abbildung 4.7 sehen, laden Sie hierfür eine Vorlage herunter. Die App kann auch dazu genutzt werden, bereits angelegte Konsolidierungseinheiten und Konsolidierungskreise nach Excel zu exportieren.

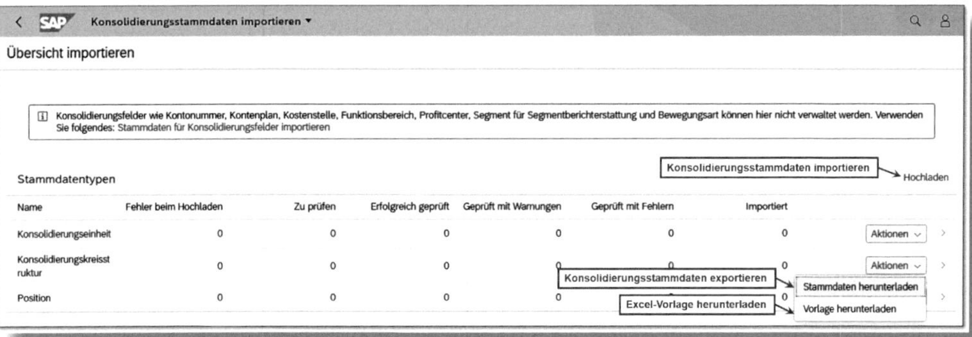

Abbildung 4.7: Konsolidierungsstammdaten importieren und exportieren

4.2.3 Konsolidierungsmethode

Für jede Konsolidierungseinheit müssen Sie die Art der Einbeziehung in den jeweiligen Konsolidierungskreis festlegen. Im Group Reporting werden die drei Einbeziehungsarten *Vollkonsolidierung*, *Equitykonsolidierung* und *Muttereinheit* unterschieden (siehe Abschnitt 16.3.3).

4.2.4 Konzernstruktur für die Anwendungsbeispiele

Für die Fallbeispiele in den nachfolgenden Kapiteln haben wir die Konsolidierungskreise WELT und ERSTKO im Group-Reporting-System angelegt. Dem Konsolidierungskreis WELT sind in der ersten Periode des Geschäftsjahres 2021 die Konzernmutter (M) DE01 sowie die vollkonsolidierten Tochtergesellschaften (V) DE02, UK01, UK02, US01 und US02 zugeordnet. In der darauffolgenden Periode wird dieser Konsolidierungskreis noch um die Konsolidierungseinheit FR01 erweitert. In Periode 01 ist die französische Einheit noch dem Konsolidierungskreis ERSTKO zugeordnet. Ein weiterer Sonderfall ist die Konsolidierungseinheit DE02. Diese Gesellschaft wird in Periode 06 entkonsolidiert und ist daher ab diesem Zeitpunkt nicht mehr Bestandteil des Konsolidierungskreises WELT (siehe Abbildung 4.8).

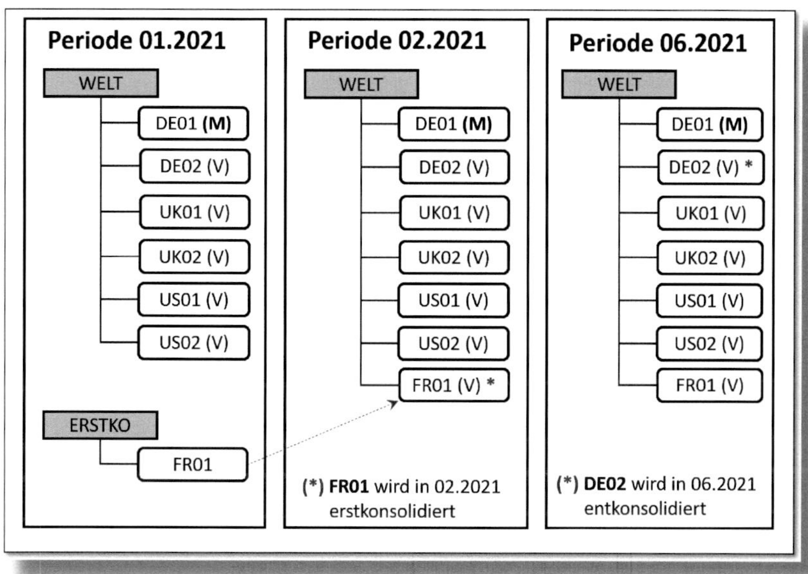

Abbildung 4.8: Konzernstruktur für die Anwendungsbeispiele

Wenn Sie bei der Spezifikation der globalen Parameter das Selektionsfeld für den Konsolidierungskreis leer lassen (siehe Abschnitt 3.1), sehen Sie im Datenmonitor alle Konsolidierungskreise, denen in der gewählten Periode Konsolidierungseinheiten zugeordnet sind. Abbildung 4.9 zeigt alle Konsolidierungskreise und -einheiten im Datenmonitor der Periode 01.2021.

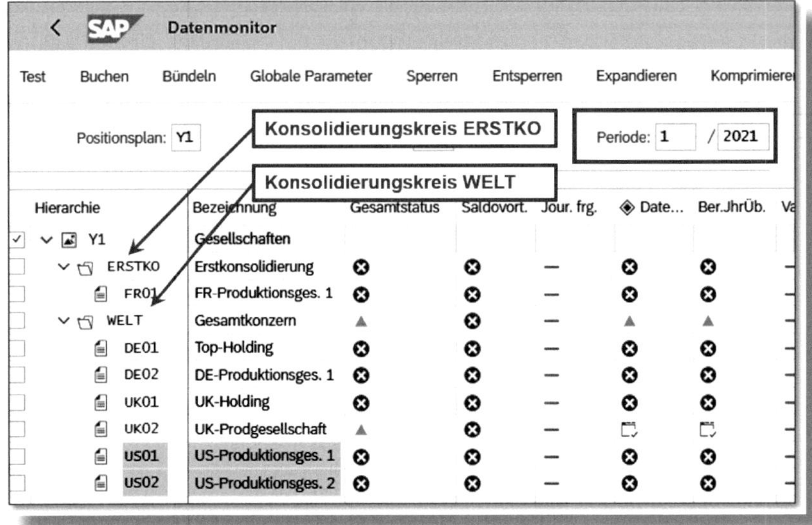

Abbildung 4.9: Konzernstruktur im Datenmonitor für die Periode 01.2021

4.3 Positionsplan und Unterkontierungen

4.3.1 Positionsplan und Positionen

Der *Positionsplan* repräsentiert den Konzernkontenplan. Er wird mit der Customizing-Transaktion *CX11* bzw. über den IMG-Menüpfad SAP S/4HANA FÜR KONZERNBERICHTSWESEN • STAMMDATEN • POSITIONSPLAN DEFINIEREN angelegt. Wenn Sie hierüber einen neuen Positionsplan definieren, müssen Sie eine BEZEICHNUNG festlegen und die AUSGABELÄNGE der Konzernkonten spezifizieren (Sie können maximal zehn Stellen für Ihre Positionsnummern verwenden). In Abbildung 4.10 sehen Sie die Einstellungen des POSITIONSPLANS Y1, der mit dem SAP Best Practices Content ausgeliefert wird.

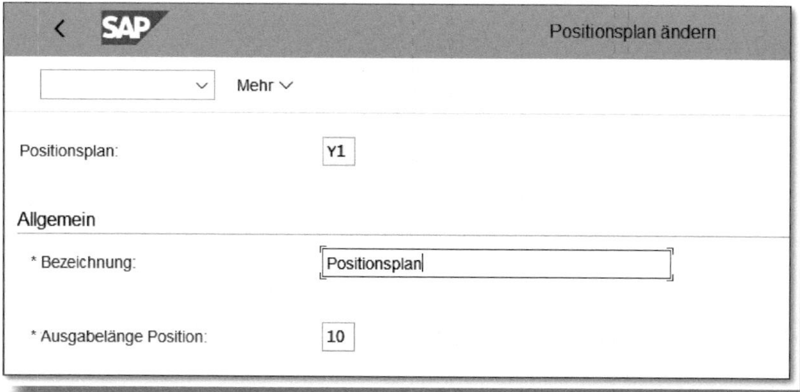

Abbildung 4.10: Positionsplan Y1

Ein Positionsplan besteht aus einzelnen *Positionen*, die in der Regel eine Zusammenfassung mehrerer Sachkonten aus der operativen Buchhaltung darstellen. Diese Positionen sind die Basis für die Meldung der Einzelabschlussdaten und werden für die Buchung im Group Reporting verwendet. Sie legen die Positionen über die Fiori-App »Positionen definieren« an.

Die Felder eines Positionsstammsatzes können in folgende vier Bereiche gruppiert werden (siehe Abbildung 4.11):

- Grunddaten einer Position
- Optionen (optionale Kennzeichen)
- Positionsattribute (Auswahl- und Zielattribute)
- Link (kann beispielsweise zur Verknüpfung mit einer Kontierungsrichtlinie im Intranet genutzt werden)

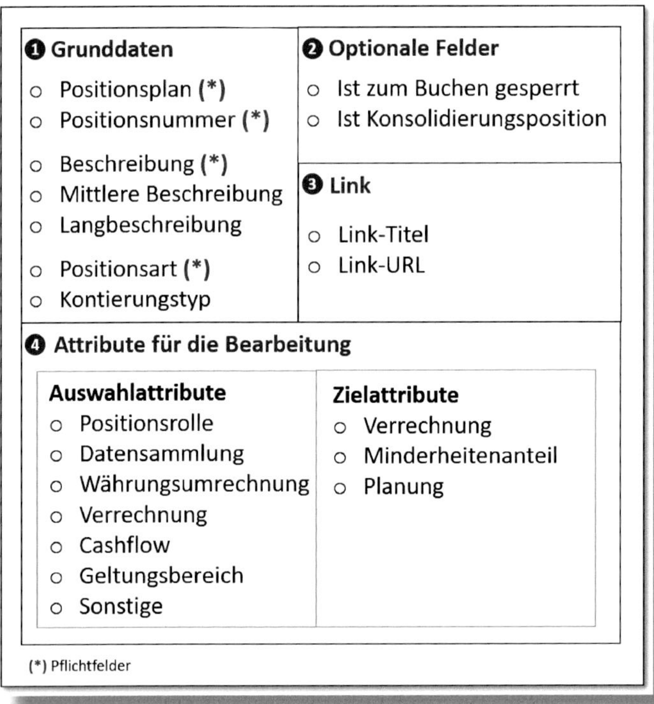

Abbildung 4.11: Aufbau eines Positionsstammsatzes

Abbildung 4.12 zeigt die Grunddaten, die Optionen und den Link-Bereich der Position 172100 (Beteiligungen an verbundenen Unternehmen) aus dem Positionsplan Y1.

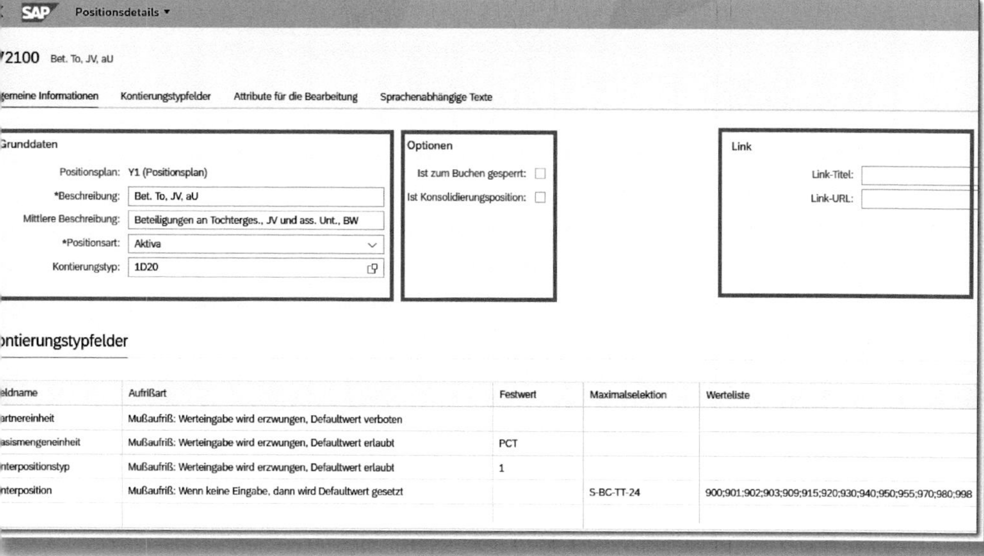

Abbildung 4.12: Stammsatz einer Position

Wenn Sie über die Fiori-App »Positionen definieren« in einem Positionsplan eine neue Position anlegen, müssen Sie eine eindeutige POSITIONSNUMMER und die (Positionskurz-)BESCHREIBUNG festlegen. Zusätzlich müssen Sie jeder Position zwingend eine von sechs verfügbaren POSITIONSARTEN zuweisen (siehe Abbildung 4.13).

Die Positionsarten werden von unterschiedlichen Systemfunktionalitäten interpretiert. So sind GuV-Positionen (Positionsarten INC und EXP) beispielsweise vom Saldovortrag ausgeschlossen (siehe Kapitel 14) und MELDEPOSITIONEN FÜR BERICHTSREGELN (Positionsart REPT) können nicht bebucht werden. Meldepositionen werden vielmehr dazu verwendet, den Zeilenaufbau in regelbasierten Berichten festzulegen (siehe Abschnitt 17.4).

Themenbereich	Positionsart	Beschreibung
Gewinn- und Verlustrechnung	INC	Ertragsposition in der GuV
	EXP	Aufwandsposition in der GuV
Bilanz	AST	Aktivposition in der Bilanz
	LEQ	Passivposition in der Bilanz
Anhang	STAT	Statistik-Position
Reporting	REPT	Meldeposition für Berichtsregeln

Abbildung 4.13: Positionsarten

Über den einer Position zugeordneten *Kontierungstyp* bestimmen Sie das Aufrissverhalten. Hierüber definieren Sie beispielsweise, dass für eine Bilanzposition zusätzlich Unterpositionen benötigt werden. Die Funktionsweise der Kontierungstypen wird im nachfolgenden Abschnitt 4.3.2 genauer behandelt.

Mit dem optionalen Kennzeichen IST ZUM BUCHEN GESPERRT legen Sie fest, ob eine Position für Buchungen bzw. bei der Erfassung der Einzelabschlussdaten verwendet werden kann. Wenn beispielsweise eine bereits bestehende Position durch eine neue Position ersetzt werden soll, setzen Sie bei der bestehenden Position dieses Kennzeichen.

Ist bei einer Position das Kennzeichen KONSOLIDIERUNGSPOSITION gesetzt, wird diese Position in automatischen Konsolidierungsbuchungen eingesetzt und kann daher nicht manuell bebucht werden. Auf diesen Positionen lassen sich auch keine Einzelabschlussdaten der Konzerngesellschaften melden.

Mithilfe der *Positionsattribute* (ATTRIBUTE FÜR DIE BEARBEITUNG) werden Positionen thematisch gruppiert. Zudem können Sie damit das Group Reporting so konfigurieren, dass Positionen, die denselben Attributwert haben, von den automatischen Konsolidierungsmaßnahmen gleichbehandelt werden. In Abschnitt 4.3.3 werden die Positionsattribute detailliert beschrieben.

Änderung mit Release 2020: Zeit- und versionsabhängige Positionsattribute

Die Anforderungen an die Konsolidierungsfunktionalitäten ändern sich häufig im Zeitverlauf. Hinzu kommt, dass diese Anforderungen auch abhängig vom Berichtsanlass (also abhängig von der Version) sind. Ab dem Release 2020 können Sie die Positionsattribute daher zeit- und versionsabhängig pflegen.

Zusätzlich können Sie zu jeder Position eine MITTLERE BESCHREIBUNG und eine LANGBESCHREIBUNG pflegen. Die Pflege aller drei Positionstexte ist zudem SPRACHENABHÄNGIG möglich (siehe Abbildung 4.14).

161100 Grundst./Bauten

Allgemeine Informationen | Kontierungstypfelder | Attribute für die Bearbeitung | Sprachenabhängige Texte

Sprachenabhängige Texte

Sprache	Beschreibung	Mittlere Beschreibung	Langbeschreibung
AR	الأراضي/المباني	الأراضي والمباني	
BG	Земя/сгради	Земя и сгради	
CA	Terr./Edificis	Terrenys i edificis	
CS	Pozemky/budovy	Pozemky a budovy	Pozemky a budovy
DA	Grunde/bygn.	Grunde og bygninger	Grunde og bygninger
DE	Grundst./Bauten	Grundstücke und Bauten	Anlagevermögen: Grundstücke und Bauten
EL	Οικόπ./κτίρια	Οικόπεδα και κτήρια	Οικόπεδα και κτήρια
EN	Lands/buildings	Lands and buildings	Lands and buildings
ES	Terrenos/Constr	Terrenos y construcciones	Terrenos y construcciones
ET	Maa/ehitised	Maa ja ehitised	Maa ja ehitised

Abbildung 4.14: Sprachenabhängige Texte

Sie können die Positionsstammdaten auch in Microsoft Excel aufbereiten und anschließend in das Group Reporting importieren. Hierfür verwenden Sie dieselbe Fiori-App (»Konsolidierungsstammdaten importieren«) wie für den Import der Konsolidierungseinheiten und -kreise (siehe Abschnitt 4.2.2). Es besteht auch für die Positionsstammdaten die Möglichkeit, bereits angelegte Positionen über diese App nach

Microsoft Excel zu exportieren, beispielsweise für Dokumentationszwecke oder zur Erfüllung von Prüfungspflichten.

Zusätzlich lassen sich Positionen inhaltlich gruppieren, um dem Positionsplan eine Struktur zu geben. Sie können beispielsweise eine Bilanz- oder GuV-Hierarchie anlegen. Hierzu verwenden Sie die Fiori-App »Globale Hierarchien verwalten« (siehe Abschnitt 4.7).

4.3.2 Kontierungstyp und Unterkontierungen

Über den im Positionsstammsatz zugeordneten Kontierungstyp legen Sie das Aufrissverhalten einer Position fest, d. h., welche zusätzlichen Unterkontierungen für einen Positionswert benötigt werden. Das Group Reporting unterstützt hierbei die folgenden fünf Kontierungstypenfelder:

- Unterpositionstyp
- Unterposition
- Partnereinheit
- Transaktionswährung
- Mengeneinheit

Ein *Unterpositionstyp* ist ein Gruppierungsmerkmal für Unterpositionen. Über ihn können Sie also festlegen, welche Unterpositionen inhaltlich zusammengehören, und diese dann einem Kontierungstyp zuordnen. Im SAP Best Practices Content gibt es die beiden vordefinierten Unterpositionstypen 1 (Vorgangsarten) und 2 (Funktionsbereiche). Die Pflege der Unterpositionen und Unterpositionstypen erfolgt über die Customizing-Transaktion *CX1S4* bzw. im IMG-Leitfaden über SAP S/4HANA für Konzernberichtswesen • Stammdaten • Unterpositionstypen und Unterpositionen definieren. Abbildung 4.15 zeigt die Unterposition 900 (Anfangsbestand) und Abbildung 4.16 die Unterposition YB30 (Funktionsbereich Vertrieb). Die erste Unterposition wurde für den Unterpositionstyp 1 und die zweite für den Unterpositionstyp 2 angelegt.

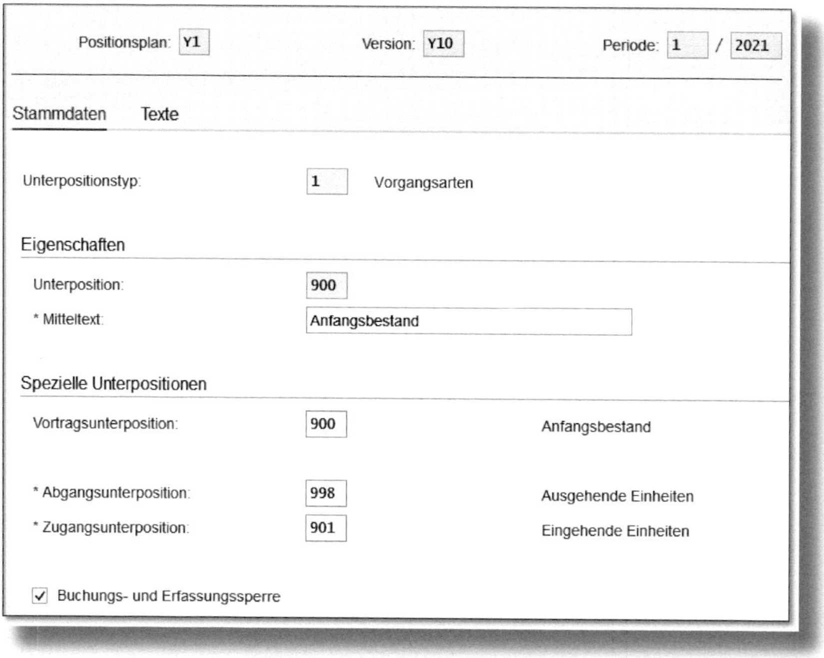

Positionsplan: Y1 Version: Y10 Periode: 1 / 2021

Stammdaten Texte

Unterpositionstyp: 1 Vorgangsarten

Eigenschaften

Unterposition: 900

* Mitteltext: Anfangsbestand

Spezielle Unterpositionen

Vortragsunterposition: 900 Anfangsbestand

* Abgangsunterposition: 998 Ausgehende Einheiten

* Zugangsunterposition: 901 Eingehende Einheiten

☑ Buchungs- und Erfassungssperre

Abbildung 4.15: Stammsatz der Unterposition 900

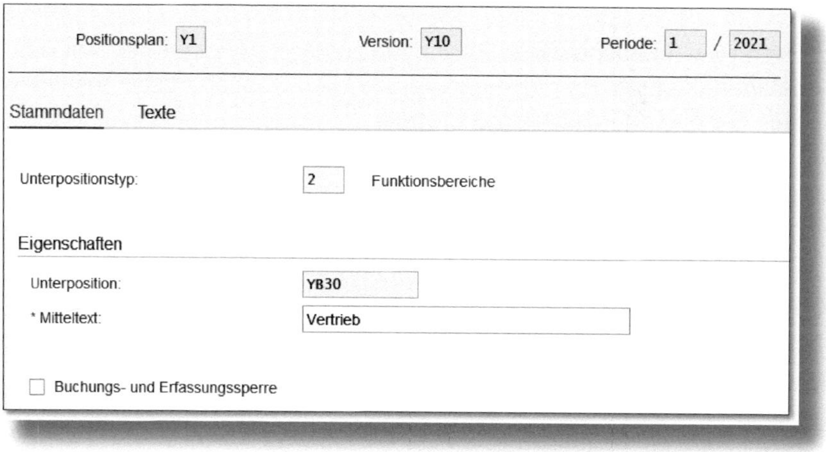

Positionsplan: Y1 Version: Y10 Periode: 1 / 2021

Stammdaten Texte

Unterpositionstyp: 2 Funktionsbereiche

Eigenschaften

Unterposition: YB30

* Mitteltext: Vertrieb

☐ Buchungs- und Erfassungssperre

Abbildung 4.16: Stammsatz der Unterposition YB30

Kontierungstypen werden über die Customizing-Transaktion *CXB1* bzw. im Einführungsleitfaden über SAP S/4HANA für Konzernberichtswesen • Stammdaten • Kontierungstypen definieren angelegt. Abbildung 4.17 zeigt beispielsweise den Kontierungstyp 1D20. Dieser ist u. a. der in Abbildung 4.12 gezeigten Bilanzposition 172100 (Beteiligungen an verbundenen Unternehmen) zugeordnet.

Wenn Sie einem Kontierungstyp einen Unterpositionstyp zuweisen, können Sie für die Unterpositionen noch eine Maximalselektion festlegen. Hierüber lassen sich die für diesen Kontierungstyp erlaubten Unterpositionen weiter einschränken.

Positionen, die für die Konzerneliminierungen relevant sind, benötigen einen Aufriss nach Partnern (siehe Kapitel 13). Das bedeutet, dass bei diesen Positionen sowohl bei der Datenmeldung der Konzerngesellschaften als auch bei den Buchungen im Group Reporting eine Partnerkontierung mitgegeben werden muss.

Möglicherweise benötigen Sie für die Konzernverrechnungen oder für die Datenanalyse bei bestimmten Positionen die Meldedaten nicht nur in Haus-, sondern auch in Transaktionswährung, also in der Währung, in der eine Transaktion durchgeführt wurde.

Wenn Sie für ausgewählte Positionen zusätzlich Mengenangaben benötigen, können Sie das ebenfalls über den Kontierungstyp festlegen, den Sie diesen Positionen zuordnen.

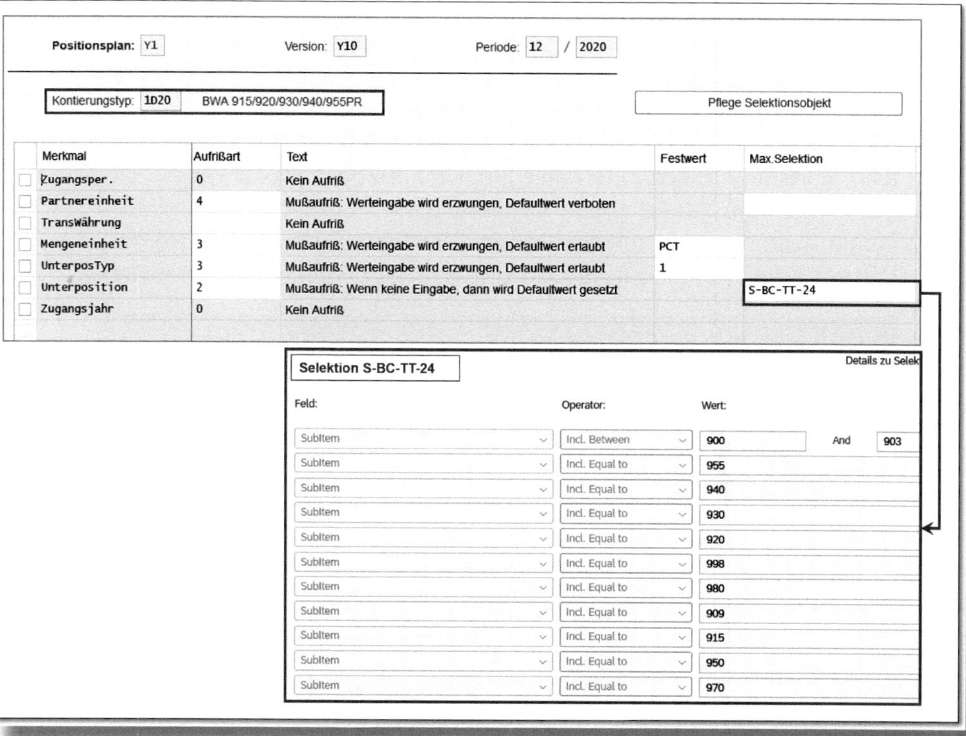

Positionsplan: Y1 Version: Y10 Periode: 12 / 2020

Kontierungstyp: 1D20 BWA 915/920/930/940/955PR

Pflege Selektionsobjekt

Merkmal	Aufrißart	Text	Festwert	Max.Selektion
Zugangsper.	0	Kein Aufriß		
Partnereinheit	4	Mußaufriß: Werteingabe wird erzwungen, Defaultwert verboten		
TransWährung		Kein Aufriß		
Mengeneinheit	3	Mußaufriß: Werteingabe wird erzwungen, Defaultwert erlaubt	PCT	
UnterposTyp	3	Mußaufriß: Werteingabe wird erzwungen, Defaultwert erlaubt	1	
Unterposition	2	Mußaufriß: Wenn keine Eingabe, dann wird Defaultwert gesetzt		S-BC-TT-24
Zugangsjahr	0	Kein Aufriß		

Selektion S-BC-TT-24

Details zu Selek

Feld:	Operator:	Wert:		
SubItem	Incl. Between	900	And	903
SubItem	Incl. Equal to	955		
SubItem	Incl. Equal to	940		
SubItem	Incl. Equal to	930		
SubItem	Incl. Equal to	920		
SubItem	Incl. Equal to	998		
SubItem	Incl. Equal to	980		
SubItem	Incl. Equal to	909		
SubItem	Incl. Equal to	915		
SubItem	Incl. Equal to	950		
SubItem	Incl. Equal to	970		

Abbildung 4.17: Stammsatz eines Kontierungstyps

Über die AUFRISSART können Sie für jedes der fünf Kontierungstypfelder bestimmen, ob der Aufriss zwingend notwendig oder optional ist bzw. ob gar kein Aufriss benötigt wird. Fehlende Mussaufrisse in Kontierungstypen sind häufig der Grund für unvollständige Datenmeldungen der Einzelgesellschaften bzw. für fehlende Detailinformationen bei manuellen Buchungen im Group Reporting. Über Mussaufrisse stellen Sie sicher, dass alle notwendigen Unterkontierungen erfasst bzw. gebucht werden.

Sie sehen in Abbildung 4.17, dass der KONTIERUNGSTYP 1D20 einen Aufriss nach UNTERPOSITIONSTYPEN und UNTERPOSITIONEN erzwingt. Die erlaubten Unterpositionen werden zusätzlich über die MAXIMALSELEKTION *S-BC-TT-24* eingeschränkt. Dieser Maximalselektion sind die im unteren Teil der Abbildung gezeigten Unterpositionen zugeordnet (wie Sie eigene Selektionen anlegen, wird in Abschnitt 4.6 behandelt). Bei Positionen, denen dieser Kontierungstyp zugeordnet ist, müssen immer auch die PARTNEREINHEIT und MENGENEINHEIT erfasst werden. Werte für die TRANSAKTIONSWÄHRUNG sind hingegen nicht erforderlich.

Änderung mit Release 2020: Feldvalidierungen

Mithilfe der Kontierungstypen kann bislang also nur die Datenkonsistenz für Felder sichergestellt werden, die einen direkten Bezug zur Position haben. Daher wurden mit dem Release 2020 Feldvalidierungen für manuelle Belege eingeführt. Mithilfe der Feldvalidierungen können Sie Datenverprobungen auch für die Felder anlegen, die kein Bestandteil der Kontierungstypen sind. Damit lässt sich beispielsweise sicherstellen, dass bei bestimmten Positionen eine Kostenstelle bei Buchungen verwendet werden muss (siehe hierzu auch Abschnitt 4.5).

4.3.3 Positionsattribute

Mithilfe der Attribute im Positionsstammsatz können Sie Positionen in unterschiedliche Klassen einteilen und beispielsweise aussteuern, dass Positionen mit gleichen Attributwerten bei bestimmten Konsolidierungsmaßnahmen in gleicher Weise behandelt werden.

Grundsätzlich unterscheidet man *Auswahl-* und *Zielattribute*. Abbildung 4.18 zeigt die sieben Auswahlattribute, die im Group Reporting zur Verfügung stehen und im Positionsstammsatz ausgeprägt werden können. Sie finden diese Attribute und die zugehörigen Attributwerte unter der Customizing-Transaktion *CX8ITAVC* bzw. in dem IMG-Menüpfad SAP S/4HANA FÜR KONZERNBERICHTSWESEN • STAMMDATEN • KONSOLIDIERUNGSPOSITIONSKONFIGURATION • POSITIONSATTRIBUTWERTE DEFINIEREN.

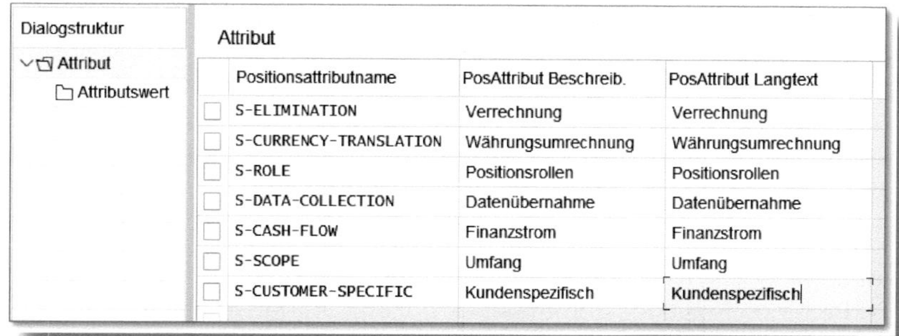

Positionsattributname	PosAttribut Beschreib.	PosAttribut Langtext
S-ELIMINATION	Verrechnung	Verrechnung
S-CURRENCY-TRANSLATION	Währungsumrechnung	Währungsumrechnung
S-ROLE	Positionsrollen	Positionsrollen
S-DATA-COLLECTION	Datenübernahme	Datenübernahme
S-CASH-FLOW	Finanzstrom	Finanzstrom
S-SCOPE	Umfang	Umfang
S-CUSTOMER-SPECIFIC	Kundenspezifisch	Kundenspezifisch

Abbildung 4.18: Selektionsattribute im Group Reporting

Die Namen und Beschreibungen der Auswahlattribute können Sie ändern, nicht aber deren (technische) Attribut-IDs und deren Verwendungszweck. Es ist auch nicht möglich, weitere (kundenspezifische) Attribute anzulegen.

Mit dem Auswahlattribut POSITIONSROLLEN können Sie 15 Positionen Ihres Positionsplans vordefinierte Rollen zuweisen. Zu diesen speziellen Positionen gehören u. a. der Jahresüberschuss in der Bilanz (Positionsrolle S-ANI-BS) und in der GuV (Positionsrolle S-ANI-PL). Weitere Informationen hierzu finden Sie in Kapitel 9. Außerdem ist eine Positionsrolle für die Position vorgesehen, auf der die Differenzen aus der Währungsumrechnung gebucht werden (Positionsrolle S-CT-DIFF). Diese Positionsrolle wird in Kapitel 11 näher behandelt.

Die Werte der übrigen Auswahlattribute können kundenspezifisch in der in Abbildung 4.18 gezeigten Customizing-Transaktion angelegt und dann von verschiedenen Funktionalitäten im Group Reporting genutzt werden. Positionen, denen beispielsweise derselbe Attributwert für das Selektionsattribut WÄHRUNGSUMRECHNUNG zugeordnet ist, werden in der Währungsumrechnung gleich umgerechnet (siehe Kapitel 11). Positionen mit identischem Attributwert für das Selektionsattribut VERRECHNUNG werden in den Konzernverrechnungen nach der gleichen Logik behandelt (siehe Kapitel 13).

Neben den sieben Auswahlattributen gibt es im Positionsstammsatz noch drei Zielattribute. Hierfür sind keine eigenen Attributwerte vorgesehen, stattdessen pflegen Sie in diesen Attributfeldern im Positionsstammsatz Referenzen auf andere Positionsnummern ein. Über das Zielattribut VERRECHNUNG legen Sie beispielsweise fest, welche Position als Gegenposition bei der Buchung einer Konzernverrechnung verwendet werden soll. Weitere Informationen hierzu finden Sie ebenfalls in Kapitel 13.

In Abbildung 4.19 werden noch einmal zur Verdeutlichung die Attributfelder eines Positionsstammsatzes gezeigt. In den nachfolgenden Abschnitten werden die unterschiedlichen Positionsattribute eine zentrale Rolle spielen.

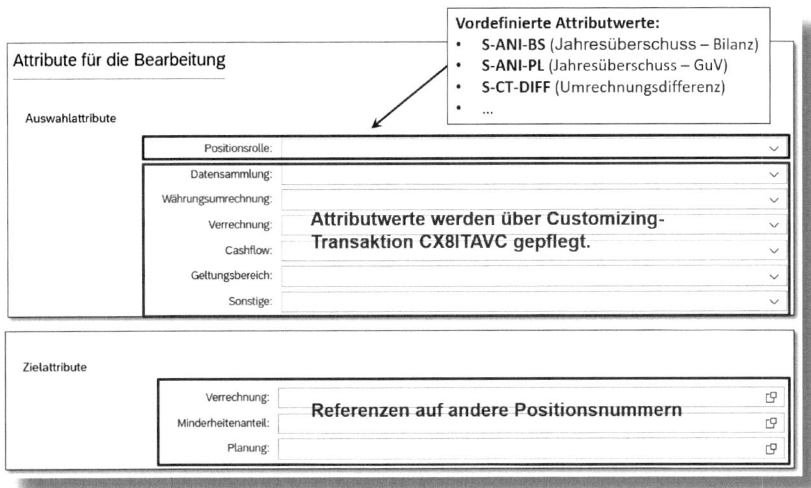

Abbildung 4.19: Auswahl- und Zielattribute im Positionsstammsatz

4.4 Kontierungsebenen und Belegarten

Buchungen werden im Group Reporting immer mit einer bestimmten Belegart durchgeführt. Wenn Sie eine Belegart anlegen, müssen Sie dieser zwingend eine *Kontierungsebene (KE)* zuordnen. In Abbildung 4.20 sehen Sie alle Kontierungsebenen, die es im Group Reporting gibt. In der Spalte AUTO wird vermerkt, ob auf dieser Kontierungsebene manuell gebucht werden kann.

KE	Beschreibung	AUTO	MD	AM	KD
<Leer>	Datenübernahme aus Tabelle ACDOCA		●	●	●
00	Meldedatenerfassung (Upload, API, manuelle Eingabe)		●	●	●
0C	Korrektur der übernommen Daten aus Tabelle ACDOCA			●	●
01	Korrektur der Meldedaten			●	●
10	Anpassung der Meldedaten			●	●
20	Konzerneliminierungen				●
30	Kapitalkonsolidierung				●
02,12,22	Vorbereitung Konsolidierungskreisänderung	●			●

KE	Kontierungsebene
AUTO	Kontierungsebene kann nicht manuell bebucht werden.
MD	Meldedaten
AM	Angepasste Meldedaten
KD	Konsolidierte Daten

Abbildung 4.20: Kontierungsebenen im Group Reporting

Diese Kontierungsebenen haben eine zentrale Funktion im Group Reporting, da sie von unterschiedlichen Konsolidierungsfunktionalitäten interpretiert werden. Sie dienen zudem zu Auswertungszwecken im Berichtswesen.

Der Datenbestand im Group Reporting kann grundsätzlich in die folgenden drei Kategorien eingeteilt werden. Diese Kategorien finden Sie in den letzten drei Spalten der Abbildung 4.20:

- *Meldedaten (MD)*: Sie beziehen sich auf den Einzelabschluss-Datenbestand der Konzerngesellschaften, die in das Group Reporting übernommen werden. Auf der Kontierungsebene <Leer> werden die Daten direkt aus der operativen Buchhaltung im gleichen System (aus der Bewegungsdatentabelle ACDOCA) übernommen.
- *Angepasste Meldedaten (AM)*: Man spricht von AM, wenn die Einzelabschlussdaten mit Belegen im Group Reporting korrigiert werden.
- *Konsolidierten Daten (KD)*: Diese beinhalten sowohl die Einzelabschlussdaten als auch die Konsolidierungsbuchungen.

Wenn Sie nun für die unterschiedlichen Kontierungsebenen Ihre Belegarten anlegen, müssen bestimmte Attribute im Stammsatz der Belegarten ausgeprägt werden. Hierzu gehören u. a.:

- die gerade beschriebene KONTIERUNGSEBENE,
- die Angabe, zu welcher BUCHUNGSKATEGORIE (manuelle Buchung, maschinelle Buchung, Dateiupload oder Buchung über ein Interface) eine Belegart gehört,
- die Angabe, ob LATENTE STEUERN bei der Buchung berücksichtigt werden sollen (siehe Kapitel 10),
- die Festlegung, ob die Belege in der Folgeperiode automatisch STORNIERT werden sollen,
- die Angabe, welche WÄHRUNGEN bei der Buchung berücksichtigt werden müssen.

Für die Anlage stehen neun Customizing-Transaktionen (*CXEO, CXER, CXEG, CXEH, CXEI, CXEJ, CXEK, CXEL, CXEN*) zur Verfügung, die Sie unter SAP S/4HANA FÜR KONZERNBERICHTSWESEN • STAMMDATEN finden (siehe Abbildung 4.21).

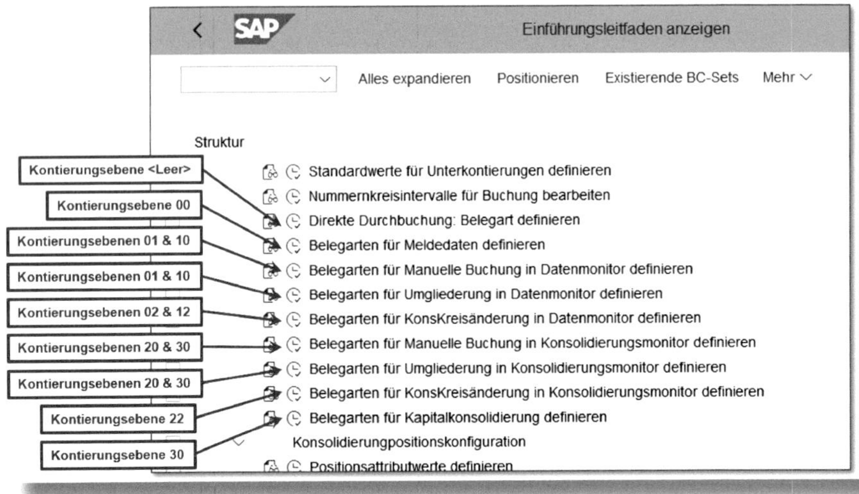

Abbildung 4.21: Customizing-Transaktionen für die Anlage von Belegarten

Abbildung 4.22 zeigt exemplarisch die Systemeinstellungen der Belegart 11, die für manuelle Buchungen auf der Kontierungsebene 10 verwendet wird. Zu diesen Einstellungen gelangen Sie über die Transaktion *CXEG*.

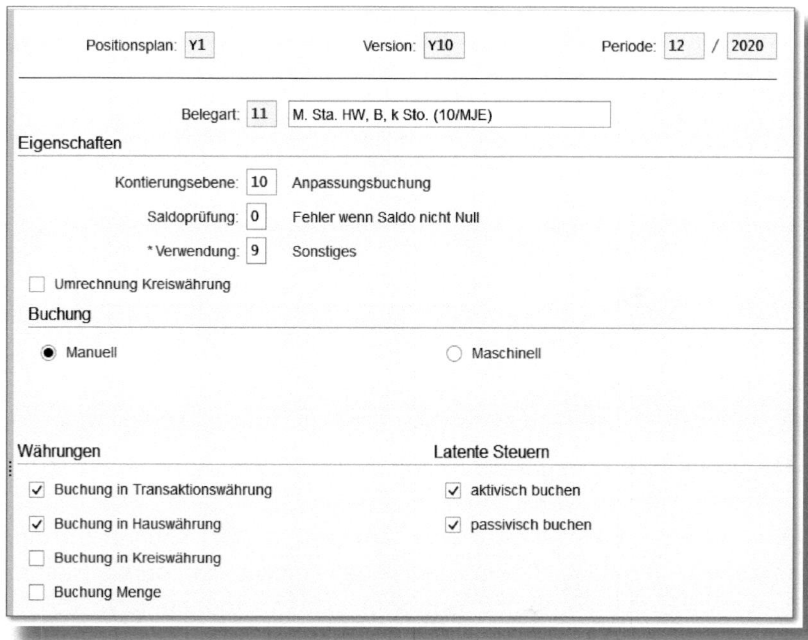

Abbildung 4.22: Attribute der manuellen Belegart 11

4.5 Konfiguration zusätzlicher Merkmale

Neben den beschriebenen Konsolidierungsmerkmalen gibt es die Möglichkeit, weitere Felder aus SAP S/4HANA Finance für das Group Reporting zu verwenden. Die hierfür notwendigen Einstellungen können im Customizing über den Menüpfad SAP S/4HANA für Konzernberichtswesen • Stammdaten • Felder der Konsolidierungsstammdaten konfiguriert werden (siehe Abbildung 4.23).

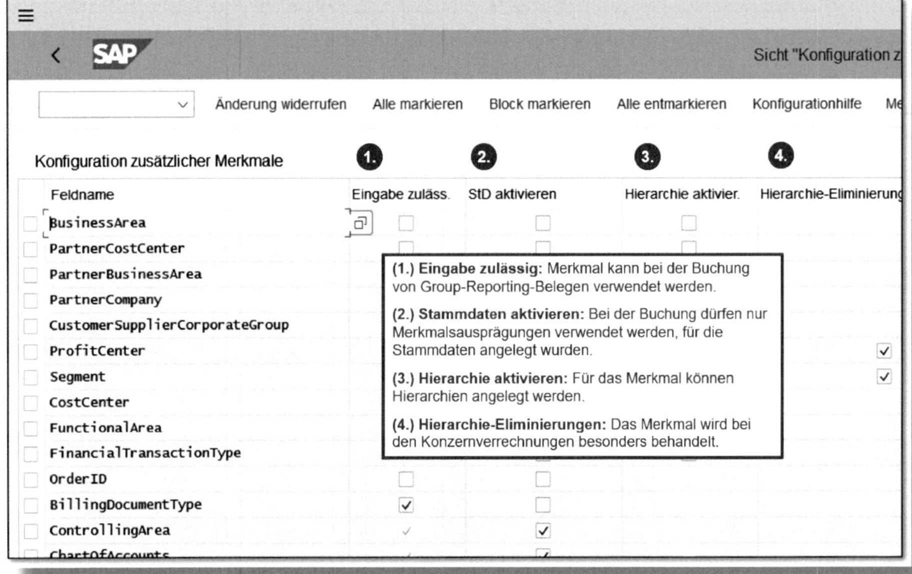

Abbildung 4.23: Konfiguration zusätzlicher Merkmale

Über die Checkbox STAMMDATEN AKTIVIEREN (❷) können Sie beispielsweise für jedes Merkmal individuell entscheiden, ob die Stammdaten im Group Reporting angelegt werden können bzw. ob die Stammdaten aus SAP S/4HANA Finance verwendet werden sollen. Möchten Sie im Berichtswesen für bestimmte Merkmale Hierarchien einsetzen, müssen Sie die Checkbox HIERARCHIE AKTIVIEREN (❸) auswählen.

Die Pflege der Stammdatenwerte erfolgt über die Fiori-App »Stammdaten für Konsolidierungsfelder definieren«. In Abbildung 4.24 sehen Sie die Stammdaten für das Merkmal SEGMENT.

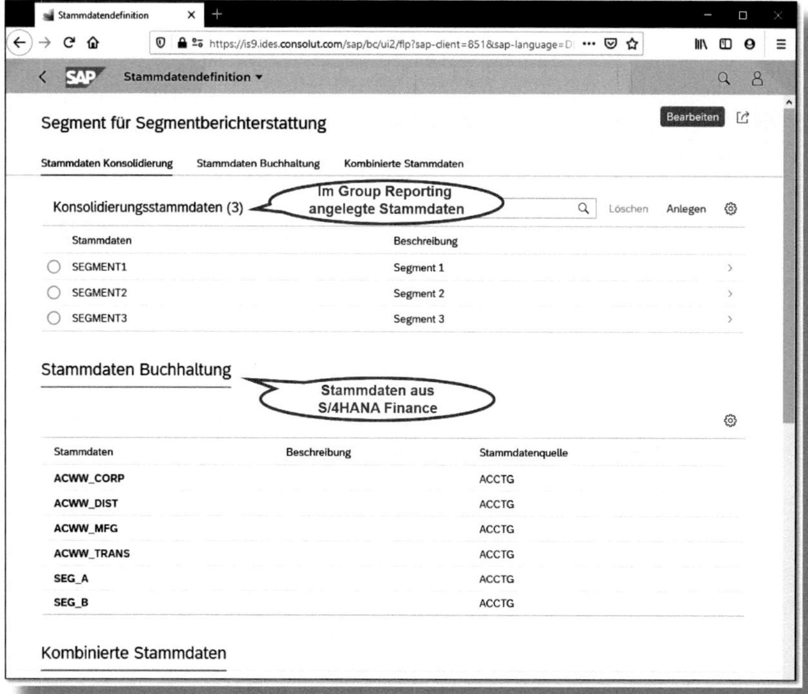

Abbildung 4.24: Stammdatendefinition zusätzlicher Merkmale

Im oberen Teil der Abbildung werden drei Segmente gezeigt, die über diese App angelegt wurden (Stammdatenquelle CNSLDTN). Im Bereich STAMMDATEN BUCHHALTUNG sehen Sie die Merkmalsausprägungen, die aus SAP S/4HANA Finance stammen (Stammdatenquelle ACCTG).

Wenn Sie die Hierarchiepflege für bestimmte Merkmale aktiviert haben, können Sie die Hierarchien mithilfe der Fiori-App »Globale Hierarchien verwalten« anlegen (siehe Abschnitt 4.7).

Änderung mit Release 2020: Kundenspezifische Felder

Mit der On-Premise-Version 2020 besteht die Möglichkeit, das Datenmodell um zusätzliche Felder zu erweitern. Grundsätzlich gibt es hier zwei Szenarien: Diese kundenspezifischen Felder werden nur im Datenmodell der Konsolidierung ergänzt (Tabelle ACDOCU) oder es wird auch das Universal Journal (Tabelle ACDOCA) erweitert.

4.6 Selektionen

In einer *Selektion* kombinieren Sie unterschiedliche Konsolidierungsstammdaten. Diese Merkmalskombination können Sie dann bei unterschiedlichen Systemeinstellungen nutzen. Hilfreich sind Selektionen insbesondere bei der Anlage von Validierungsregeln (siehe Kapitel 12), bei der Definition von Umgliederungsmethoden (siehe Kapitel 13), bei der Einstellung der Währungsumrechnung und bei der Ausgestaltung der Kontierungstypen (siehe Abschnitt 4.3.2).

Selektionen werden über die Fiori-App »Selektionen definieren« angelegt. Abbildung 4.25 zeigt beispielsweise die Selektion S-CT-BS-CLO, die von der Währungsumrechnung verwendet wird.

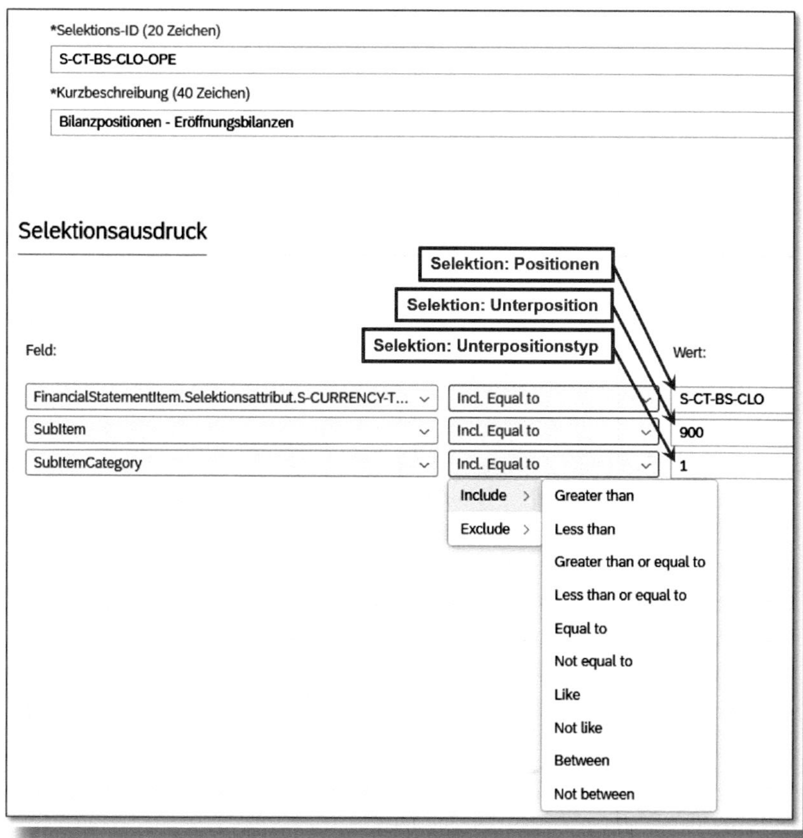

Abbildung 4.25: Selektion für Eröffnungsbilanzwerte

Bei diesem konkreten Beispiel werden alle Positionen selektiert, für die das Positionsattribut S-CURRENCY-TRANSLATION den Wert S-CT-BS-CLO hat (siehe hierzu auch Abschnitt 4.3.3). Diese Positionswerte werden zusätzlich auf die Datensätze eingeschränkt, bei denen der Unterpositionstyp 1 (Vorgangsarten) ist und die Unterposition 900 (Anfangsbestand) ausweist. Sie sehen in der Abbildung, dass zahlreiche Operatoren zur Verfügung stehen, mit denen Sie die relevanten Werte einschränken können.

In den nachfolgenden Kapiteln werden die Selektionen eine wesentliche Rolle spielen.

4.7 Stammdaten-Hierarchien

Das Group Reporting bietet die Möglichkeit, Stammdaten-Hierarchien anzulegen. Das ist sowohl für die Stammdaten möglich, die elementarer Bestandteil des Group Reporting sind (wie z. B. Konsolidierungseinheiten, Positionen, Unterpositionen), als auch für die Merkmale, die Sie zusätzlich konfiguriert haben. Zu diesen zusätzlichen Merkmalen gehören beispielsweise *Profitcenter*, *Segmente* oder *Kostenstellen*. Bei der Konfiguration der Merkmale müssen Sie darauf achten, die Hierarchiefunktionalität zu aktivieren (siehe Abschnitt 4.5).

Für die Hierarchiepflege müssen Sie die in Abbildung 4.26 gezeigte Fiori-App »Globale Hierarchien verwalten« verwenden.

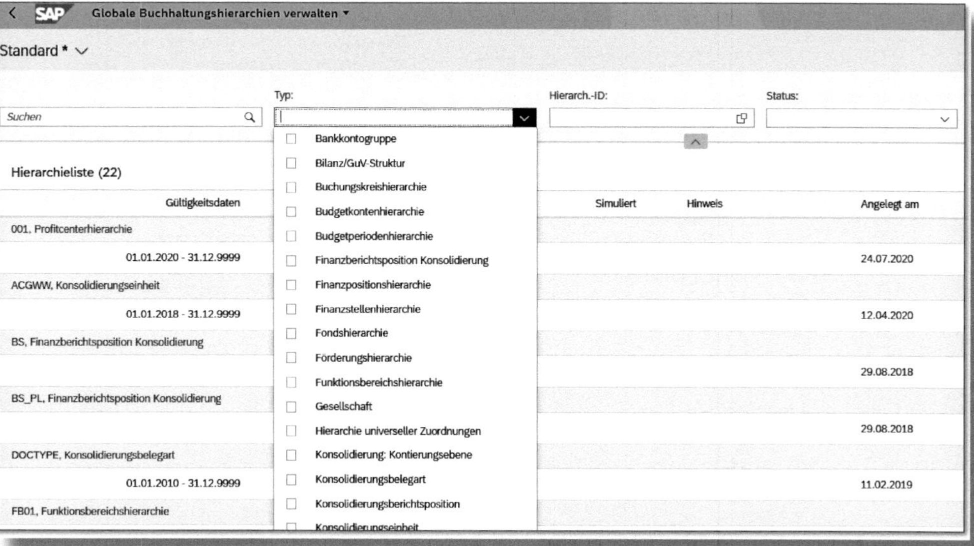

Abbildung 4.26: Globale Hierarchien verwalten

Sie können die Hierarchien sowohl manuell anlegen als auch in Microsoft Excel aufbereiten und anschließend in das Group Reporting importieren. Abbildung 4.27 zeigt am Beispiel einer Konsolidierungseinheiten-Hierarchie beide Pflegemöglichkeiten.

Grundsätzlich gilt, dass das Group Reporting alle Hierarchien zeitabhängig verwaltet. Sie müssen daher darauf achten, dass Sie bei der Hierarchiepflege die GÜLTIGKEITSDATEN korrekt ausprägen. Ist eine Hierarchie für jeden Stichtag gültig, wählt man üblicherweise die in Abbildung 4.27 gezeigten GÜLTIGKEITSDATEN *01.01.1900–31.12.9999*.

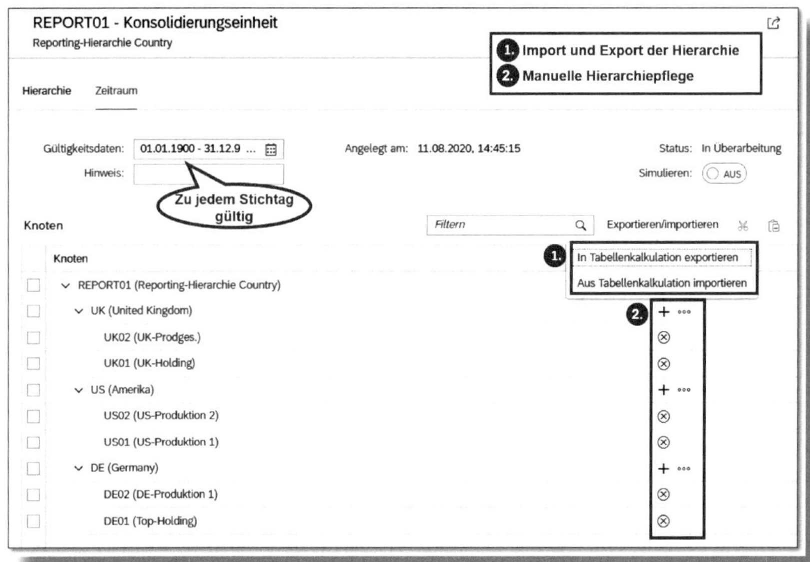

Abbildung 4.27: Hierarchie für Konsolidierungseinheiten anlegen

Wenn Sie eine neue Hierarchie anlegen, können Sie auch die Kopierfunktionalität verwenden. Das heißt, Sie nutzen eine bereits vorhandene Hierarchie als Kopiervorlage.

Die so angelegten Hierarchien können Sie in folgenden Bereichen verwenden:

- für Auswertungszwecke in der *Konzerndatenanalyse* (siehe Abschnitt 17.3),
- bei der Definition von *Selektionen* (siehe Abschnitt 4.6),
- bei der Konfiguration von *Prüfregeln*, die anschließend von Validierungsmethoden verwendet werden (siehe Kapitel 12).

5 Konfiguration des Daten- und des Konsolidierungsmonitors

Sie haben die beiden Fiori-Apps »Datenmonitor« und »Konsolidierungsmonitor« bereits kennengelernt. In diesem Kapitel erklären wir Ihnen, wie Sie diese beiden Monitore an Ihre konzernspezifischen Anforderungen anpassen.

5.1 Grundlagen und Systemeinstellungen

Der Aufbau des Daten- und des Konsolidierungsmonitors wird im Customizing in zwei Schritten vorgenommen. Im ersten Schritt müssen Sie über die Transaktion *CXE0* bzw. den IMG-Menüeintrag SAP S/4HANA FÜR KONZERNBERICHTSWESEN • KONFIGURATION FÜR KONSOLIDIERUNGSVERARBEITUNG • MASSNAHMENGRUPPEN DEFINIEREN eine Maßnahmengruppe für den Datenmonitor sowie eine weitere Gruppe für den Konsolidierungsmonitor anlegen und beiden Gruppen die benötigten Maßnahmen zuordnen.

Abbildung 5.1 zeigt beispielsweise die MASSNAHMENGRUPPE YDM, die über die Transaktion *CXE0* für den Datenmonitor angelegt wurde. In der Spalte ANORDNUNG legen Sie die Reihenfolge fest, in der die Maßnahmen im Monitor angezeigt werden sollen. Unabhängig davon können die Maßnahmen aber in beliebiger Reihenfolge ausgeführt werden. Wenn Sie eine bestimmte Bearbeitungsabfolge festlegen möchten, müssen Sie hierfür entsprechende VORGÄNGERMASSNAHMEN definieren.

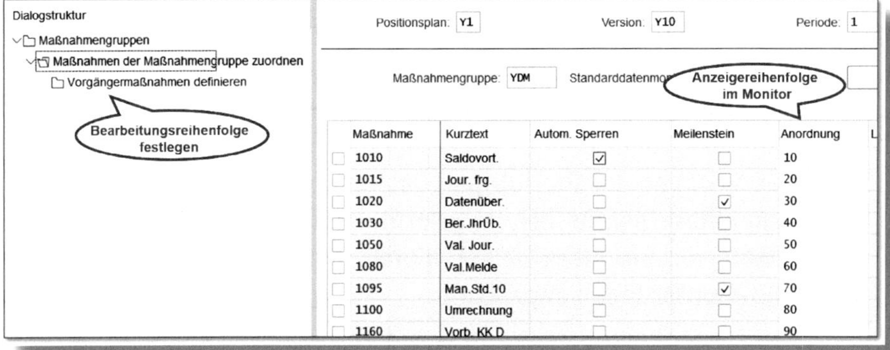

Abbildung 5.1: Maßnahmengruppe für den Datenmonitor

Wenn Sie für eine Maßnahme das Flag AUTOM. SPERREN setzen, wird die Maßnahme nach einer fehlerfreien Durchführung automatisch gesperrt, sofern die Vorgängermaßnahme gesperrt ist.

Über das Flag MEILENSTEIN können Sie festlegen, dass der Verarbeitungsprozess bei einer automatisierten Durchführung der Maßnahmen (siehe Abschnitt 3.2) gestoppt wird, sobald die Maßnahme abgeschlossen ist, bei der Sie dieses Flag setzen. Maßnahmen vom Typ »Datenübernahme« (siehe Kapitel 6 und 7) und »manuelle Buchung« (siehe Kapitel 8) sind grundsätzlich als Meilensteine definiert, da hier eine Interaktion mit dem Anwender erforderlich ist.

Sie haben im aktuellen Release-Stand nicht die Möglichkeit, eigene Konsolidierungsfunktionalitäten zu entwickeln und diese kundenspezifischen Programme als zusätzliche Maßnahmen in den Monitor aufzunehmen (analog SAP SEM-BCS).

Nachdem Sie die Maßnahmengruppen definiert haben, müssen Sie diese im zweiten Schritt versions- und periodentypabhängig dem Daten- und dem Konsolidierungsmonitor zuweisen. Diese Zuordnung nehmen Sie über die Customizing-Transaktion *CXP1* bzw. den IMG-

Menüeintrag SAP S/4HANA für Konzernberichtswesen • Konfiguration für Konsolidierungsverarbeitung • Maßnahmengruppe der Sicht zuordnen vor. Im oberen Teil der Abbildung 5.2 sehen Sie, dass die beiden Maßnahmengruppen YDM und YKM den Monitoren ab der Periode 1.2020 für die Version Y10 und den Periodentyp YALL zugeordnet sind.

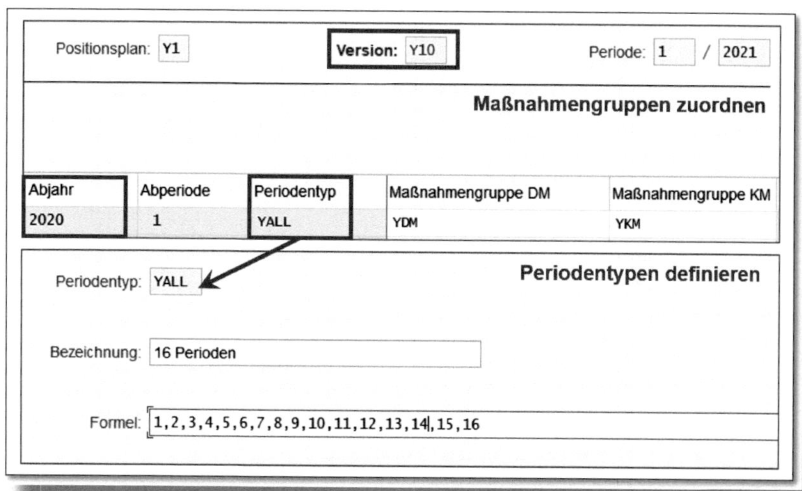

Abbildung 5.2: Maßnahmengruppen zuordnen und Periodentypen definieren

Mit dem Periodentyp legen Sie fest, für welche Perioden eines Geschäftsjahres die Maßnahmengruppen verwendet werden sollen. So ist es beispielsweise möglich, für Monatsabschlüsse andere Maßnahmen zu verwenden als für Quartals- oder Jahresabschlüsse. In unserem Fall werden für alle Perioden die gleichen Maßnahmen verwendet, da dem Periodentyp YALL alle 16 Perioden zugeordnet sind (siehe unteren Teil der Abbildung 5.2). Periodentypen legen Sie mit der Transaktion *CXC9* bzw. über den IMG-Menüeintrag SAP S/4HANA für Konzernberichtswesen • Datenübernahme für Konsolidierung • Periodentyp definieren an.

5.2 Monitore für Anwendungsbeispiele

Abbildung 5.3 zeigt die Maßnahmen des **Datenmonitors**, die für die Anwendungsbeispiele in diesem Buch verwendet werden. Diese Maßnahmen haben wir der Maßnahmengruppe YDM zugeordnet. Es gibt keine vordefinierte Bearbeitungsreihenfolge und keine zusätzlichen Meilensteine. In der letzten Spalte ist angegeben, in welchem Buchkapitel die Maßnahmen behandelt werden.

Maßnahme	Beschreibung	Meilenstein	Behandelt in
1010	Saldovortrag		Kapitel 14
1015	Universal Journals freigeben		Kapitel 7
1020	Datenübernahme	●	Kapitel 6
1030	Berechnung Jahresüberschuss		Kapitel 9
1050	Validierung der Universal Journals		Kapitel 7
1080	Validierung der Meldedaten		Kapitel 12
1095	Manuelle Buchung	●	Kapitel 8
1100	Währungsumrechnung		Kapitel 11
1180	Validierung der angepassten Meldedaten		Kapitel 12

Abbildung 5.3: Maßnahmen des Datenmonitors

Die Maßnahmen für den **Konsolidierungsmonitor** sehen Sie in Abbildung 5.4. Auch hier haben wir auf eine vordefinierte Bearbeitungsreihenfolge verzichtet und keine zusätzlichen Meilensteine angelegt.

Maßnahme	Beschreibung	Meilenstein	Behandelt in
2011	Innenumsatzeliminierung		Kapitel 13
2031	Dividendenverrechnung		Kapitel 13
2041	Konzernaufrechnung der Bilanz		Kapitel 13
2050	Manuelle Eliminierungsbuchungen	●	Kapitel 8
2060	Vorbereitung Konsolidierungskreisänderungen		Kapitel 15
2100	Kapitalkonsolidierung (Verrechnung von Beteiligung und Eigenkapital)		Kapitel 16
2150	Manuelle Verrechnungen	●	Kapitel 8
2980	Validierung der konsolidierten Daten		Kapitel 12

Abbildung 5.4: Maßnahmen des Konsolidierungsmonitors

6 Datenübernahme mit flexiblem Upload

Es gibt verschiedene Möglichkeiten, die Abschlussdaten der Konsolidierungseinheiten in das Group Reporting zu übernehmen. In diesem Kapitel wird die am häufigsten verwendete Datentransfermethode »flexibler Upload« besprochen.

6.1 Grundlagen und Systemeinstellungen

Für Konsolidierungseinheiten mit Finanzbuchhaltung außerhalb von SAP S/4HANA Finance besteht die Möglichkeit, die Einzelabschlussdaten über eine Textdatei in das Konsolidierungssystem einzuspielen. Um diese Datentransfermethode nutzen zu können, müssen Sie zuerst über die Customizing-Transaktion *CXCC* bzw. über den IMG-Menüeintrag SAP S/4HANA FÜR KONZERNBERICHTSWESEN • DATENÜBERNAHME FÜR KONSOLIDIERUNG • UPLOADMETHODE FÜR MELDEDATEN DEFINIEREN eine Uploadmethode anlegen.

In der UPLOADMETHODE legen Sie unter anderem fest, ob die gemeldeten Daten als *kumulierte* oder *periodische* Werte interpretiert werden sollen (ERFASSUNGSART) und welches Zahlenformat (ZIFFERNTRENNZEICHEN) verwendet wird. Sie können auch definieren, ob die im Group Reporting bereits vorhandenen Meldedaten durch die geladenen Daten vollständig ersetzt werden oder ob dieser Datenbestand um die zusätzlich geladenen Daten ergänzt wird (UPDATE-MODUS). Es besteht außerdem die Möglichkeit, diese Parameter in den Upload-Dateien zu übersteuern. Hierfür fügen Sie im Kopfbereich der Datei spezielle Parameterzeilen hinzu.

Darüber hinaus müssen Sie den Aufbau der Textdatei spezifizieren. Sie legen also fest, welche Informationen für die KOPFZEILE DER DATEI benötigt werden und wie die DATENZEILEN aufgebaut sein müssen.

In Abbildung 6.1 sehen Sie die Uploadmethode Y_UP1, die wir für unsere Anwendungsbeispiele angelegt haben.

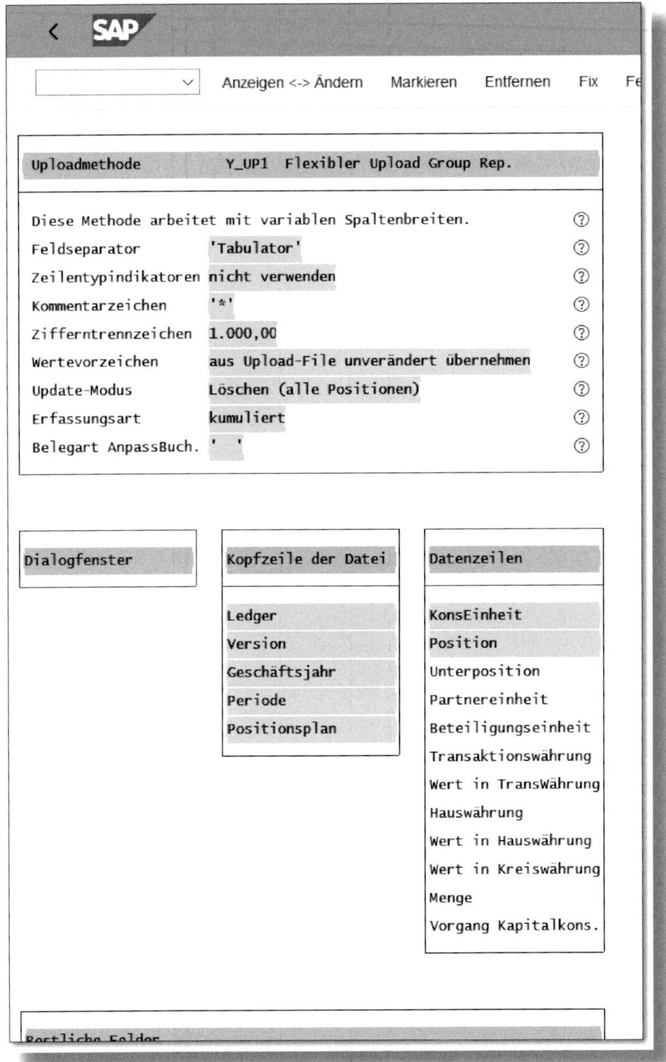

Abbildung 6.1: Uploadmethode für flexiblen Upload der Meldedaten

Bei unserer Uploadmethode befinden sich die meisten globalen Parameter (LEDGER, VERSION, GESCHÄFTSJAHR, PERIODE und POSITIONSPLAN) in der Kopfzeile, die übrigen benötigten Felder haben wir in die Datenzeilen aufgenommen.

Anschließend ordnen Sie diese Uploadmethode einer Konsolidierungseinheit im Stammsatz zu (siehe Abschnitt 4.2.1).

6.2 Anwendungsbeispiel

Wir haben fast alle Meldedaten unserer Anwendungsbeispiele mit dem flexiblen Upload in das Group-Reporting-System geladen. In Abbildung 6.2 sehen Sie die Upload-Datei, die wir für die Konsolidierungseinheit DE02 in der Periode 01.2021 erstellt haben. Die Datei haben wir so aufgebaut, dass sie von der in Abschnitt 6.1 beschriebenen Uploadmethode verarbeitet werden kann.

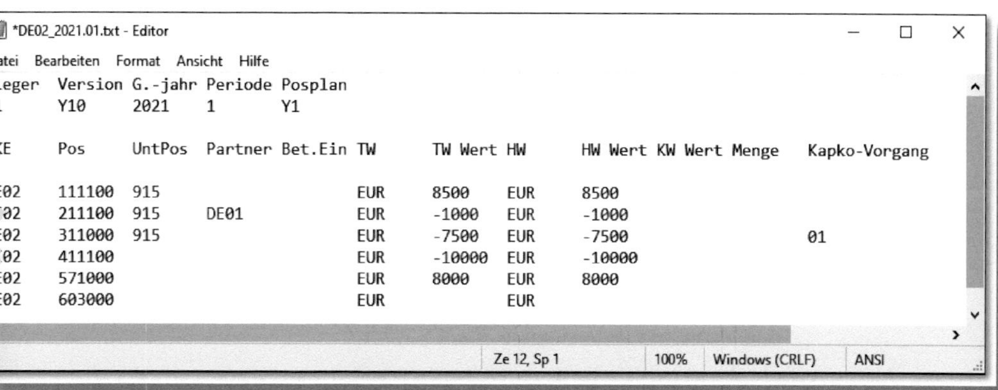

```
*DE02_2021.01.txt - Editor
atei  Bearbeiten  Format  Ansicht  Hilfe
.eger  Version G.-jahr Periode Posplan
       Y10     2021    1       Y1

(E     Pos     UntPos  Partner Bet.Ein TW      TW Wert HW      HW Wert KW Wert Menge   Kapko-Vorgang

:02    111100  915                     EUR     8500    EUR     8500
'02    211100  915     DE01            EUR     -1000   EUR     -1000
:02    311000  915                     EUR     -7500   EUR     -7500                   01
'02    411100                          EUR     -10000  EUR     -10000
:02    571000                          EUR     8000    EUR     8000
:02    603000                          EUR             EUR
Ze 12, Sp 1   100%   Windows (CRLF)   ANSI
```

Abbildung 6.2: Upload-Datei der Konsolidierungseinheit DE02

In Abbildung 6.3 zeigen wir Ihnen die Ausführung der Maßnahme Datenübernahme im Datenmonitor. In diesem Beispiel werden hierüber die Meldedaten der Konsolidierungseinheit DE02 in das Group Reporting übernommen/gebucht.

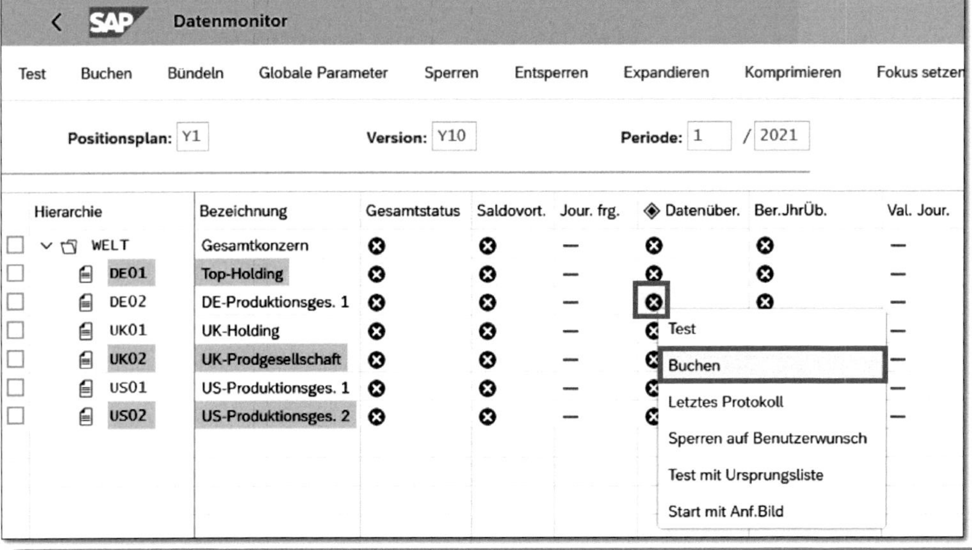

Abbildung 6.3: Maßnahme »Datenübernahme«

Nach dem Start der Datenübernahme müssen Sie in dem in Abbildung 6.4 gezeigten Selektionsbildschirm angeben, wo die Upload-Datei zu finden ist.

Der flexible Upload prüft, ob die geladenen Meldedaten technisch korrekt sind. Es wird insbesondere sichergestellt, dass die in der Datei verwendeten Stammdaten im Group Reporting existieren und dass alle Anforderungen des Kontierungstyps (siehe Abschnitt 4.3.2) erfüllt sind.

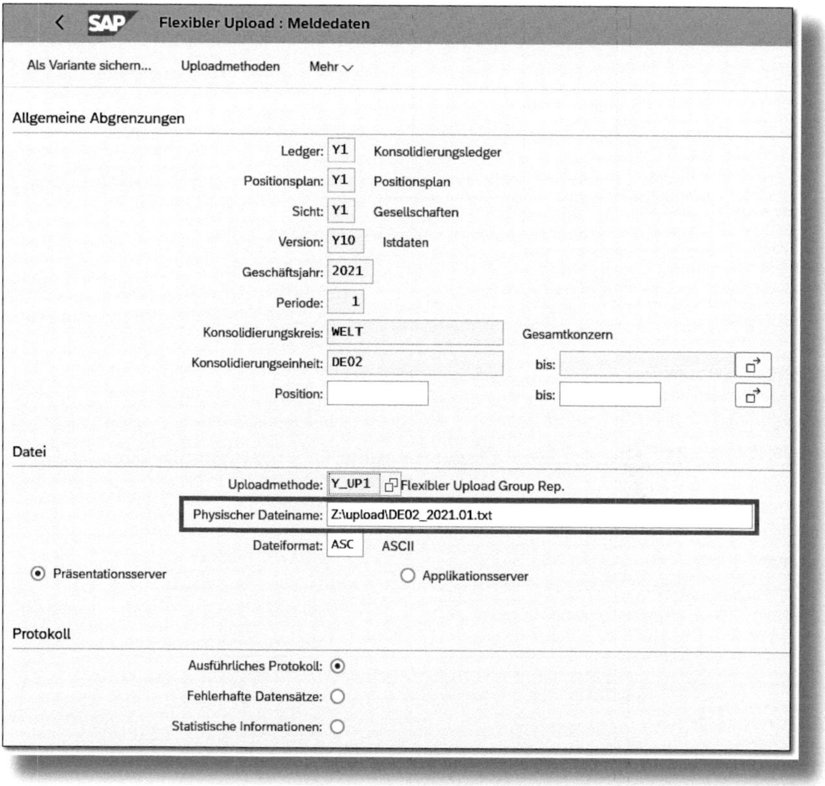

Abbildung 6.4: Flexibler Upload der Meldedaten

Das abschließend angezeigte Protokoll der Uploadmaßnahme ist in drei Bereiche unterteilt (siehe Abbildung 6.5):

❶ der sich hieraus ergebende Buchungsbeleg für die Kontierungsebene 00

❷ die hochgeladenen Daten aus der Upload-Datei

❸ etwaige Informations- oder Fehlermeldungen (Meldung)

Dieses Protokoll können Sie auch zu einem späteren Zeitpunkt wieder über die in Abschnitt 3.3 beschriebene App »Maßnahmenprotokolle« abrufen.

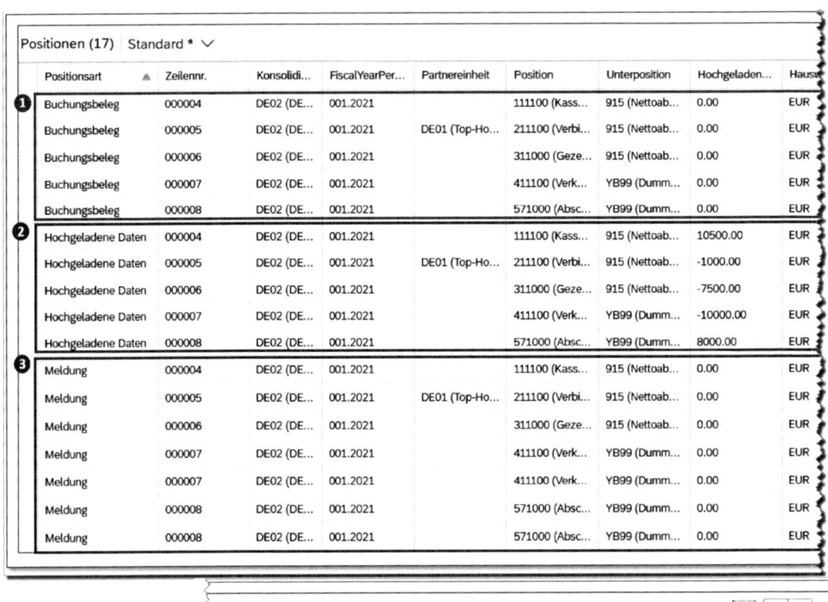

Positionen (17) Standard *

	Positionsart	Zeilennr.	Konsolidi...	FiscalYearPer...	Partnereinheit	Position	Unterposition	Hochgeladen...	Hausw...
1	Buchungsbeleg	000004	DE02 (DE...	001.2021		111100 (Kass...	915 (Nettoab...	0.00	EUR
	Buchungsbeleg	000005	DE02 (DE...	001.2021	DE01 (Top-Ho...	211100 (Verbi...	915 (Nettoab...	0.00	EUR
	Buchungsbeleg	000006	DE02 (DE...	001.2021		311000 (Geze...	915 (Nettoab...	0.00	EUR
	Buchungsbeleg	000007	DE02 (DE...	001.2021		411100 (Verk...	YB99 (Dumm...	0.00	EUR
	Buchungsbeleg	000008	DE02 (DE...	001.2021		571000 (Absc...	YB99 (Dumm...	0.00	EUR
2	Hochgeladene Daten	000004	DE02 (DE...	001.2021		111100 (Kass...	915 (Nettoab...	10500.00	EUR
	Hochgeladene Daten	000005	DE02 (DE...	001.2021	DE01 (Top-Ho...	211100 (Verbi...	915 (Nettoab...	-1000.00	EUR
	Hochgeladene Daten	000006	DE02 (DE...	001.2021		311000 (Geze...	915 (Nettoab...	-7500.00	EUR
	Hochgeladene Daten	000007	DE02 (DE...	001.2021		411100 (Verk...	YB99 (Dumm...	-10000.00	EUR
	Hochgeladene Daten	000008	DE02 (DE...	001.2021		571000 (Absc...	YB99 (Dumm...	8000.00	EUR
3	Meldung	000004	DE02 (DE...	001.2021		111100 (Kass...	915 (Nettoab...	0.00	EUR
	Meldung	000005	DE02 (DE...	001.2021	DE01 (Top-Ho...	211100 (Verbi...	915 (Nettoab...	0.00	EUR
	Meldung	000006	DE02 (DE...	001.2021		311000 (Geze...	915 (Nettoab...	0.00	EUR
	Meldung	000007	DE02 (DE...	001.2021		411100 (Verk...	YB99 (Dumm...	0.00	EUR
	Meldung	000007	DE02 (DE...	001.2021		411100 (Verk...	YB99 (Dumm...	0.00	EUR
	Meldung	000008	DE02 (DE...	001.2021		571000 (Absc...	YB99 (Dumm...	0.00	EUR
	Meldung	000008	DE02 (DE...	001.2021		571000 (Absc...	YB99 (Dumm...	0.00	EUR

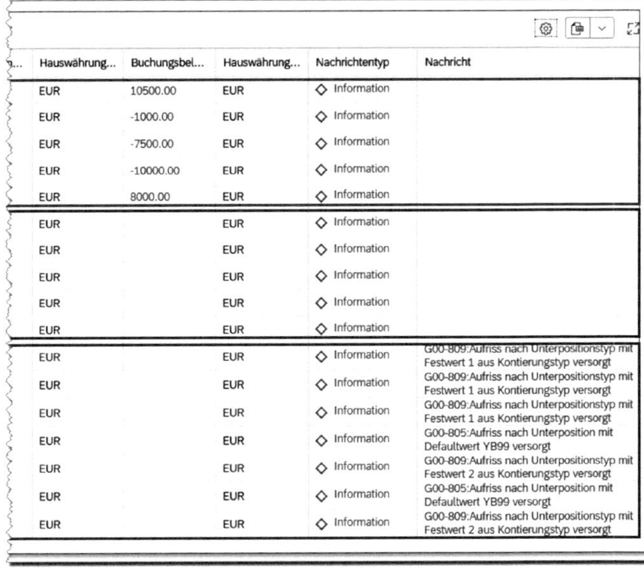

Hauswährung...	Buchungsbel...	Hauswährung...	Nachrichtentyp	Nachricht
EUR	10500.00	EUR	Information	
EUR	-1000.00	EUR	Information	
EUR	-7500.00	EUR	Information	
EUR	-10000.00	EUR	Information	
EUR	8000.00	EUR	Information	
EUR		EUR	Information	
EUR		EUR	Information	
EUR		EUR	Information	
EUR		EUR	Information	
EUR		EUR	Information	
EUR		EUR	Information	G00-809:Aufriss nach Unterpositionstyp mit Festwert 1 aus Kontierungstyp versorgt
EUR		EUR	Information	G00-809:Aufriss nach Unterpositionstyp mit Festwert 1 aus Kontierungstyp versorgt
EUR		EUR	Information	G00-809:Aufriss nach Unterpositionstyp mit Festwert 1 aus Kontierungstyp versorgt
EUR		EUR	Information	G00-805:Aufriss nach Unterposition mit Defaultwert YB99 versorgt
EUR		EUR	Information	G00-809:Aufriss nach Unterpositionstyp mit Festwert 2 aus Kontierungstyp versorgt
EUR		EUR	Information	G00-805:Aufriss nach Unterposition mit Defaultwert YB99 versorgt
EUR		EUR	Information	G00-809:Aufriss nach Unterpositionstyp mit Festwert 2 aus Kontierungstyp versorgt

Abbildung 6.5: Protokoll des flexiblen Uploads

7 Lesen aus universellem Beleg

Von den Möglichkeiten, Einzelabschlussdaten in das Group Reporting zu übertragen, ist das »Lesen aus universellem Beleg« die ideale Variante, wenn Sie über ein integriertes SAP S/4HANA Finance verfügen. Am Ende des Kapitels beschreiben wir überblicksartig noch weitere Optionen für die Datenübernahme.

7.1 Grundlagen und Systemeinstellungen

Die Datentransfermethode LESEN AUS UNIVERSELLEM BELEG können Sie verwenden, wenn der operative Einzelabschluss einer Gesellschaft in demselben SAP-S/4HANA-System erstellt wird, in dem auch die Group-Reporting-Lösung angesiedelt ist. Dann ist es möglich, die Einzelabschlussdaten der Buchungskreise aus dem Universal Journal (Tabelle ACDOCA) in die Transaktionsdatentabelle der Konsolidierung (ACDOCU) zu übernehmen. Bei dieser Übernahmemethode werden die Meldedaten auf Kontierungsebene <Leer> (siehe Abschnitt 4.4) eingebucht.

Bevor Sie die Datentransfermethode verwenden können, müssen Sie ein paar grundlegende Einstellungen im Customizing vornehmen. Zuerst legen Sie für die FI-Buchungskreise, deren ACDOCA-Daten in das Group Reporting geladen werden sollen, Gesellschaften an. Diese Einstellung nehmen Sie über den IMG-Menüeintrag UNTERNEHMENSSTRUKTUR • DEFINITION • FINANZWESEN • GESELLSCHAFT DEFINIEREN vor. Danach müssen Sie diese Gesellschaften über den IMG-Menüeintrag UNTERNEHMENSSTRUKTUR • ZUORDNUNG • FINANZWESEN • BUCHUNGSKREIS – GESELLSCHAFT ZUORDNEN den Buchungskreisen zuweisen. In Abbildung 7.1 sehen Sie, dass dem BUCHUNGSKREIS DE03 die gleichnamige GESELLSCHAFT zugeordnet ist.

Abbildung 7.1: Buchungskreis einer Gesellschaft zuordnen

Danach legen Sie über die in Abschnitt 4.2.1 beschriebene Fiori-App »Konsolidierungseinheiten – Anlegen und ändern« im Stammsatz der Konsolidierungseinheit fest, ab welchem Geschäftsjahr die ACDOCA-Daten für die Konsolidierung relevant sind (siehe Abbildung 7.2).

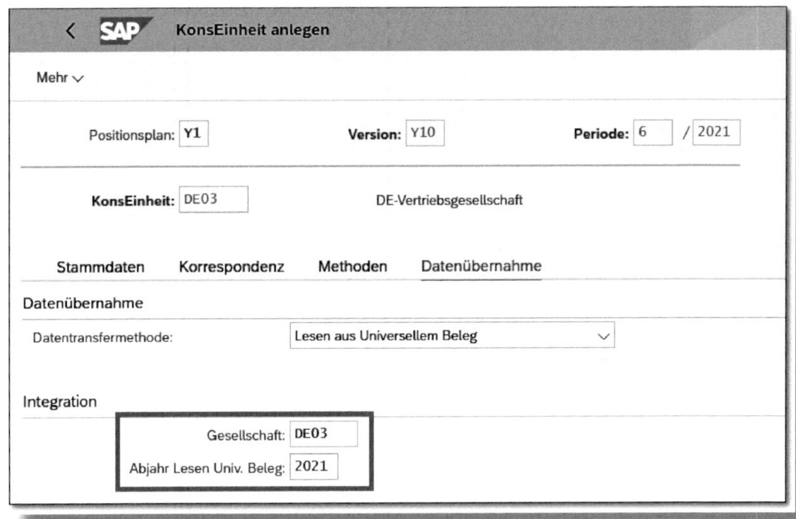

Abbildung 7.2: Zuordnung der Gesellschaft zur Konsolidierungseinheit

Schließlich müssen Sie im Stammsatz der Konsolidierungseinheit noch die *Senderhaus-* sowie die *Senderkreiswährung* und die *Geschäftsjahresvariante* hinterlegen. Die Senderkreiswährung und die Geschäftsjahresvariante definieren Sie über den Menüeintrag MEHR • SPRINGEN • GJ-VARIANTE. In Abbildung 7.3 sehen Sie, dass wir für die KONSOLIDIERUNGSEINHEIT DE03 die GESCHÄFTSJAHRESVARIANTE *K4* und als SENDERKREISWÄHRUNG die *Hauswährung* der Gesellschaft festgelegt haben.

Abbildung 7.3: Zuordnung der Geschäftsjahresvariante und der Senderkreiswährung zur Konsolidierungseinheit

Eine weitere Voraussetzung für die Integration der operativen Buchhaltung ist, dass die Sachkonten der Finanzbuchhaltung auf die Positionen des Group-Reporting-Positionsplans gemappt sind. Das Mapping können Sie entweder manuell über die App »Positionen zu Sachkonten zuordnen« einstellen oder in Excel aufbereiten und dann mithilfe der App »Positionszuordnung importieren« in das Group Reporting laden. Für die Pflege in Excel können Sie eine Vorlagedatei aus der App herunterladen. Die Zuordnung erfolgt immer auf Basis einer ZUORDNUNGS-ID, die Sie in Abhängigkeit der Kombination von

Konten- und Positionsplan anlegen. Zusätzlich wird dem Mapping manuell eine Versionsnummer (Überarbeitung) zugewiesen, anhand der die Mapping-Historie ersichtlich ist. So ist es immer möglich, auf einen älteren Stand der Positionszuordnung zurückzugehen. Abbildung 7.4 zeigt die manuelle Positionszuordnung für zwei Sachkonten aus dem Kontenplan GKR.

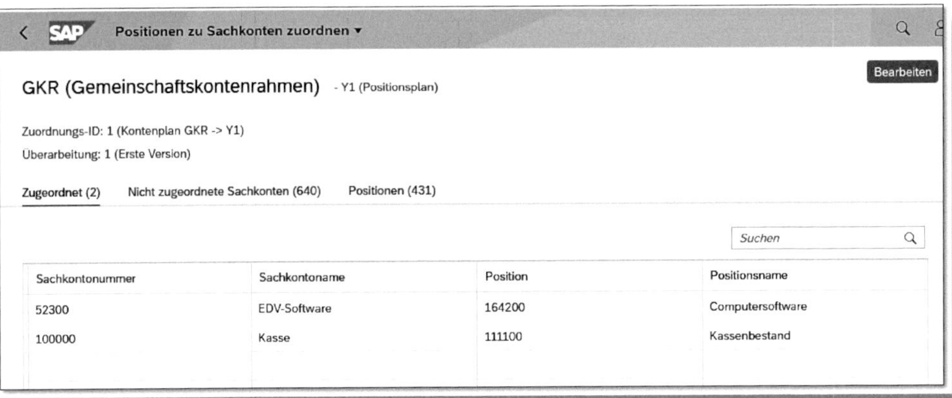

Abbildung 7.4: Positionen zu Sachkonten zuordnen

Bei der Datenintegration müssen häufig bestimmte Felder eines Hauptbuchbelegs auf Unterpositionen im Group Reporting umgeschlüsselt werden. Das ist insbesonders dann der Fall, wenn Sie die Unterpositionen oder Funktionsbereiche als Unterpositionen im Group Reporting darstellen wollen. Diese Zuordnung legen Sie in den Einstellungen des Unterpositionstyps fest (siehe Abbildung 7.5). Genauere Informationen zur Pflege der Unterpositionstypen finden Sie in Abschnitt 4.3.2.

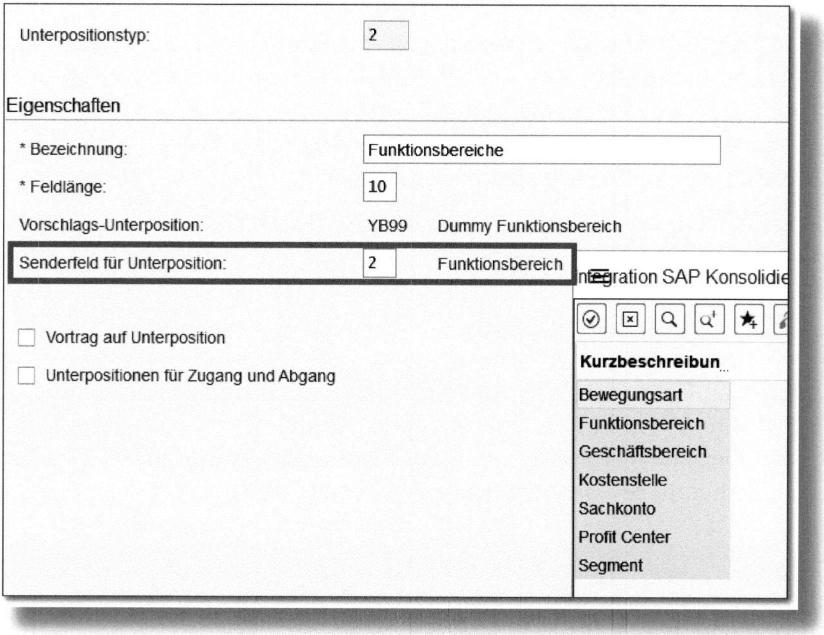

Abbildung 7.5: Senderfeld im Unterpositionstyp für die integrierte Datenübernahme

Sie können nur Sachkonten den Group-Reporting-Positionen zuweisen. Alle übrigen Felder werden unverändert aus der operativen Finanzbuchhaltung in das Group Reporting übernommen. Die SAP hat sich bewusst entschieden, die Integration möglichst einfach zu halten. Nur so ist gewährleistet, dass der Drilldown von der Konzernbuchhaltung (Tabelle ACDOCU) zu den Einzelabschlussdaten (Tabelle ACDOCA) im Reporting funktioniert. Wenn Sie komplexere Zuordnungsregeln bei der Datenübernahme abbilden möchten, müssen Sie hierfür die offene Schnittstelle (API) *FinancialConsolidationReportedFinancialDataBulkIn* verwenden.

Es gibt zwei Maßnahmen im Datenmonitor, die bei der Übernahme der ACDOCA-Daten eine Rolle spielen: Die Maßnahme Journale freigeben verwenden Sie, um die Meldedaten in das Group Reporting einzubuchen. Mit der Maßnahme Validierung von Journalen (siehe Kapitel 5) prüfen Sie die übernommenen Daten. Diese beiden Maßnahmen erklären wir im folgenden Abschnitt anhand des Anwendungsbeispiels.

7.2 Anwendungsbeispiel

Um das Lesen aus dem Universal Journal zu demonstrieren, haben wir, wie in Abschnitt 7.1 beschrieben, für den Buchungskreis DE03 die Integration aktiviert und in der Buchungsperiode 06/2021 einen Hauptbuchbeleg gebucht (siehe Abbildung 7.6).

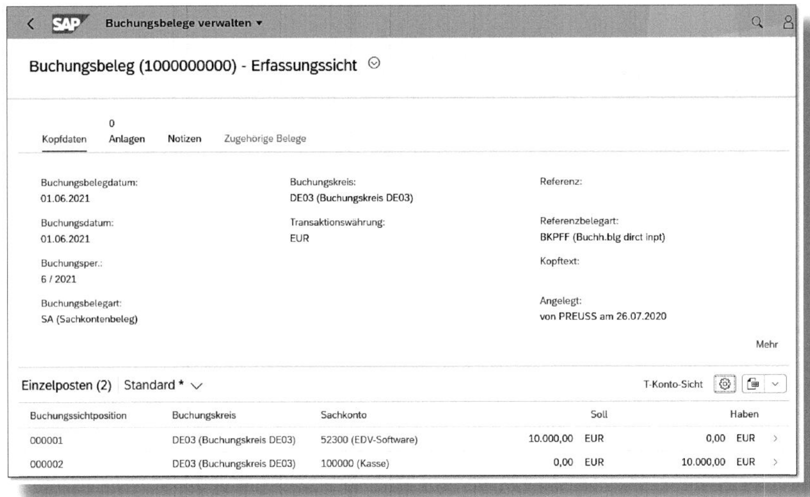

Abbildung 7.6: Hauptbuchbeleg für Buchungskreis DE03

Anschließend haben wir die automatische Datenübernahme mit der Datenmonitormaßnahme Journale freigeben gestartet. In Abbildung 7.7 sehen Sie, dass diese Maßnahme für die Konsolidierungseinheit DE03 ausgeführt werden kann.

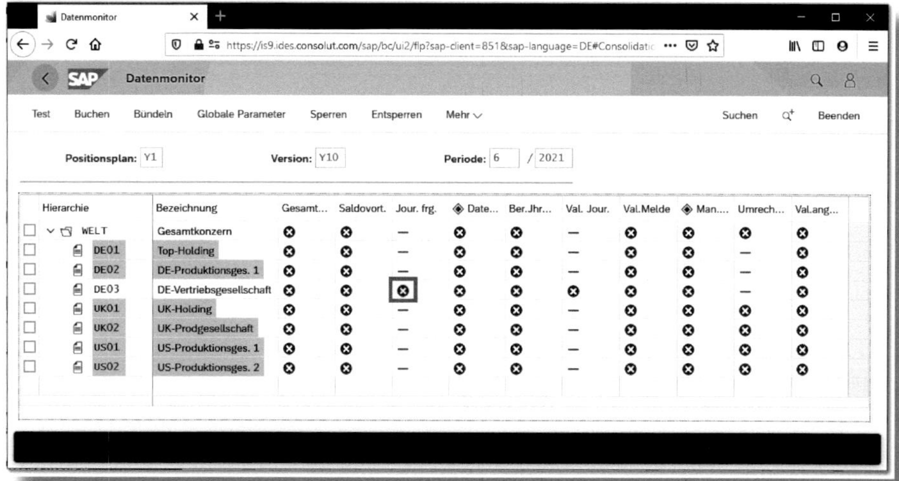

Abbildung 7.7: Maßnahme »Journale freigeben«

Wenn Sie die Maßnahme starten, gibt es die folgenden drei Optionen bei der Datenübernahme:

- Meldedaten (Gesamt): Alle Meldedaten werden auf Positionsebene angezeigt.
- Meldedaten (Differenz): Zeigt nur die Datensätze, die seit dem letzten Ladevorgang hinzugekommen sind. Gibt es also neue Buchungen in der Hauptbuchhaltung, die auch in die Konsolidierung übernommen werden müssten?
- Daten aus Vorperioden ohne Freigabe: Hierüber sieht man Daten der Vorperioden, die noch nicht in das Group Reporting übernommen wurden. Diese können in die aktuelle Periode geladen werden.

In unserem Anwendungsbeispiel haben wir die erste Option gewählt und hierüber den Hauptbuchbeleg auf der Kontierungsebene <Leer> in das Group Reporting geladen. Im oberen Teil der Abbildung 7.8 sehen Sie die Optionsauswahl. Darunter wird der Hauptbuchbeleg gezeigt, der in das Group Reporting übernommen wird. Der unterste Screenshot zeigt Datum und Uhrzeit der Übernahme.

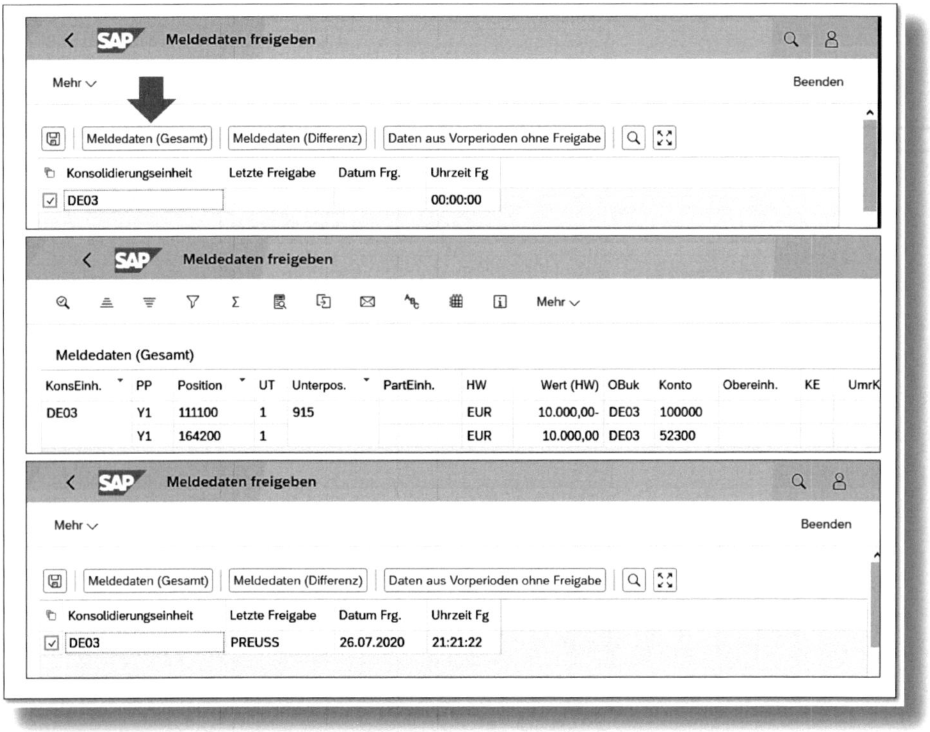

Meldedaten freigeben

Mehr | Beenden

Meldedaten (Gesamt) | Meldedaten (Differenz) | Daten aus Vorperioden ohne Freigabe

Konsolidierungseinheit	Letzte Freigabe	Datum Frg.	Uhrzeit Fg
DE03			00:00:00

Meldedaten freigeben

Mehr

Meldedaten (Gesamt)

KonsEinh.	PP	Position	UT	Unterpos.	PartEinh.	HW	Wert (HW)	OBuk	Konto	Obereinh.	KE	UmrK
DE03	Y1	111100	1	915		EUR	10.000,00-	DE03	100000			
	Y1	164200	1			EUR	10.000,00	DE03	52300			

Meldedaten freigeben

Mehr | Beenden

Meldedaten (Gesamt) | Meldedaten (Differenz) | Daten aus Vorperioden ohne Freigabe

Konsolidierungseinheit	Letzte Freigabe	Datum Frg.	Uhrzeit Fg
DE03	PREUSS	26.07.2020	21:21:22

Abbildung 7.8: Journal freigeben

Änderung mit Release 2020: Datenaggregation bei der Übernahme

Mit dem Release 2020 besteht die Möglichkeit, die Daten aus der ACDOCA-Tabelle in verdichteter Form im Group Reporting einzubuchen. Diese Erweiterung wurde aus Performancegründen hinzugefügt, da es Unternehmen gibt, die große Datenbestände in der Tabelle ACDOCA verwalten und diese Daten nicht mit dem gleichen Detaillierungsgrad noch einmal in der Tabelle ACDOCU speichern möchten.

Nach der erfolgreichen Datenübernahme haben wir über die Maßnahme VALIDIERUNG VON JOURNALEN die eingebuchten Meldedaten geprüft. Werden in dem Maßnahmenprotokoll Fehler angezeigt, sollten Sie diese in SAP S/4HANA Finance mit entsprechenden Korrekturbelegen beheben. Ist das nicht möglich, weil beispielsweise die Buchungsperiode in SAP S/4HANA Finance bereits geschlossen ist, können Sie auch eine Korrektur im Group Reporting vornehmen. In diesem Fall sollten Sie einen Beleg auf der Kontierungsebene *0C* (*Korrekturbuchung zu universellem Beleg*) buchen. Der Best Practices Content bietet hierfür die Belegart *01* (*Manuelle Korrektur des umfassenden Journals*) an. Weiterführende Informationen zur Buchung manueller Belege finden Sie in Kapitel 8.

Sie sehen in Abbildung 7.9, dass in unserem Fall bei der Maßnahme VALIDIERUNG VON JOURNALEN keine Fehler aufgetreten sind.

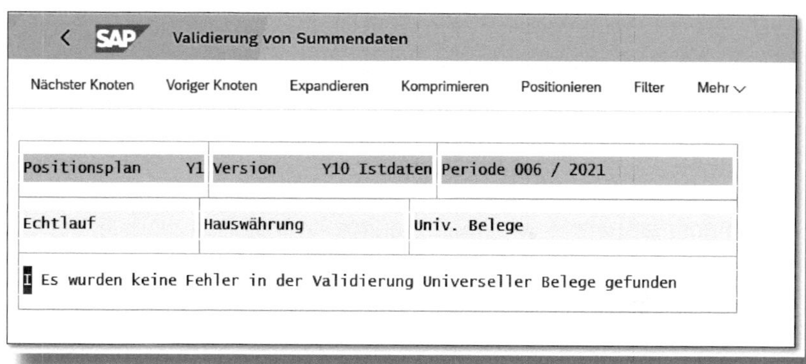

Abbildung 7.9: Validierung von Journalen

7.3 Weitere Integrationsmöglichkeiten

Neben dem »flexiblen Upload« und dem »Lesen aus universellem Beleg« existieren noch weitere Optionen, die Meldedaten der Konzerngesellschaft in das Group Reporting zu übernehmen.

Das Group Reporting bietet beispielsweise eine API an (*FinancialConsolidationReportedFinancialDataBulkIn*), über die Fremdsysteme an das SAP-S/4HANA-System angebunden werden können, um die Meldedaten automatisiert in das Group Reporting einzubuchen.

Sie können die Einzelabschlussdaten auch manuell über die App »Group Reporting Data Collection« (GRDC) erfassen. Diese Lösung wurde auf der SAP Cloud Platform (SCP) entwickelt und kann über das Fiori Launchpad in das Group Reporting integriert werden.

Hier steht dann eine Reihe von Fiori-Apps zur Verfügung, mit denen Sie ein Erfassungslayout erstellen und die Meldedaten erfassen können. Zusätzlich gibt es noch Apps, über die sich Mapping-Regeln definieren und ausführen lassen. Das bedeutet, dass Sie mit diesen Apps auch Meldedaten aus externen ERP-Systemen extrahieren, mappen und in das Group Reporting übernehmen können (siehe Abbildung 7.10). Es ist sogar möglich, die ACDOCA-Daten aus dem gleichen SAP-S/4HANA-System über die GRDC in das Group Reporting zu laden, wenn die operativen Finanzdaten vor der Einbuchung angepasst bzw. gemappt werden müssen.

Obwohl in beiden Fällen die Datenübernahme nicht über die Datenerfassungsmaßnahme im Datenmonitor angestoßen wird, findet der Prozess dennoch unter der Kontrolle der Statusverwaltung statt. Das bedeutet, dass die Daten nur dann über die API bzw. über die GRDC in das Group Reporting übernommen werden können, wenn die Buchungsperiode offen und die Datenerfassungsmaßnahme nicht gesperrt ist.

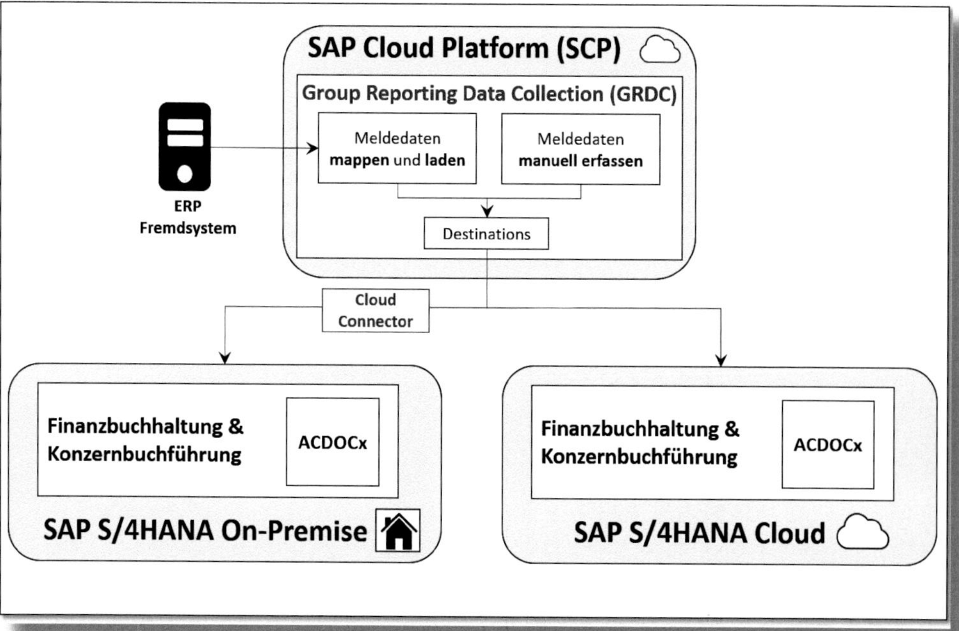

Abbildung 7.10: Grundlegende Architektur der Group Reporting Data Collection (GRDC)

8 Manuelle Buchungen

In diesem Kapitel lernen Sie, wie man im Group Reporting Belege bucht. Bevor wir Ihnen die beiden Möglichkeiten der manuellen Erfassung und des Excel-Uploads vorstellen, werden die notwendigen Grundlagen erklärt. Wie im SAP-ERP-System müssen Sie auch in der Konsolidierung Belegarten anlegen, um Buchungen absetzen zu können. Diese Belegarten werden thematisch in unterschiedliche Kontierungsebenen gruppiert.

8.1 Grundlagen und Systemeinstellungen

Mit manuellen Belegen können Sie Anpassungs- und Konsolidierungsbuchungen im Group Reporting vornehmen. Das ist beispielsweise notwendig, wenn die Meldedaten fehlerhaft sind bzw. nicht den Konzernrichtlinien entsprechen.

Wie in Abschnitt 4.4 beschrieben, werden die Group-Reporting-Daten in unterschiedliche Kontierungsebenen unterteilt. Für die meisten dieser Kontierungsebenen können Sie Belegarten für manuelle Buchungen anlegen. In Abbildung 8.1 sehen Sie die Belegarten, die mit dem Best Practices Content ausgeliefert werden. In der ersten Spalte finden Sie die Angabe, welcher Kontierungsebene (KE) diese Belegarten zugeordnet sind. In der Abbildung haben wir auch vermerkt, bei welchen Belegarten in der Folgeperiode ein automatischer Stornobeleg gebucht wird (Storno), ob bei erfolgswirksamen Buchungen automatisch eine Berechnung der latenten Steuern vorgenommen wird (Lat. St.) und welche Währungsfelder (TW, HW, KW) bei der Belegerfassung angeboten werden. Belegart 39 wird zur Erfassung der Kreisanteile verwendet. Daher können Sie hier außerdem Mengenwerte (Menge) buchen.

KE	Beschreibung	Belegart	Storno	Lat. St.		Währung		
					TW	HW	KW	Menge
0C	Korrektur ACDOCA-Daten	01				●	●	
01	Korrektur Meldedaten	02	●			●		
10	Anpassungsbuchungen Kons.Einheit	11		●	●	●		
10	Anpassungsbuchungen Kons.Einheit	12	●	●	●	●		
10	Anpassungsbuchungen Kons.Einheit	13	●		●	●		
10	Anpassungsbuchungen Kons.Einheit	14	●			●		
10	Anpassungsbuchungen Kons.Einheit	16		●		●	●	
10	Anpassungsbuchungen Kons.Einheit	17	●	●		●	●	
10	Anpassungsbuchungen Kons.Einheit	18	●		●	●	●	
10	Anpassungsbuchungen Kons.Einheit	19	●			●	●	
20	Manuelle Konzernverrechnung	21	●				●	
20	Manuelle Konzernverrechnung	22			●		●	
30	Manuelle Konsolidierungsanpassung	31	●				●	
30	Manuelle Konsolidierungsanpassung	32					●	
30	Manuelle Kapitalkonsolidierung	33					●	
30	Manuelle Buchung der Kreisanteile	39					●	●

Abbildung 8.1: Manuelle Belegarten

Sie buchen die manuellen Belege mit der Fiori-App »Konzernbuchungsbelege buchen«. Diese App wird auch verwendet, wenn Sie manuelle Belege aus dem Daten- bzw. Konsolidierungsmonitor heraus buchen. In den beiden Monitoren stellt der Best Practices Content hierfür vier Maßnahmen zur Verfügung. Diese Maßnahmen werden in Abbildung 8.2 gezeigt. Dort sehen Sie auch, welche Belegarten bei diesen Maßnahmen verwendet werden sollten. Wir haben diese Zuordnung anhand der Kontierungsebenen vorgenommen.

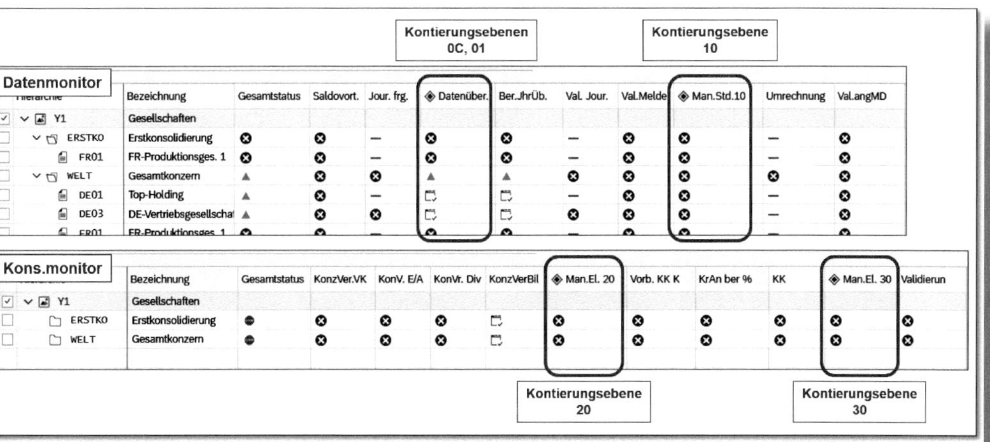

Abbildung 8.2: Maßnahmen im Daten- und Konsolidierungsmonitor zur Buchung manueller Belege

Sie haben zudem die Möglichkeit, Ihre Belege in Excel aufzubereiten und diese anschließend über die Fiori-App »Konzernbuchungsbelege importieren« in das Group Reporting zu laden. Hierfür finden Sie in der App drei unterschiedliche Vorlagedateien, die Sie für die Belegerfassung verwenden sollten (siehe Abbildung 8.3):

- Die erste Datei setzen Sie für MANUELLE KORREKTUREN auf Ebene der Konsolidierungseinheiten (Kontierungsebenen 0C, 01 und 10) ein.
- Die zweite Datei ist für PAARWEISE ELIMINIERUNGEN (Kontierungsebene 20) geeignet.
- Die dritte Datei verwenden Sie für KREISABHÄNGIGE ANPASSUNGEN (Kontierungsebene 30).

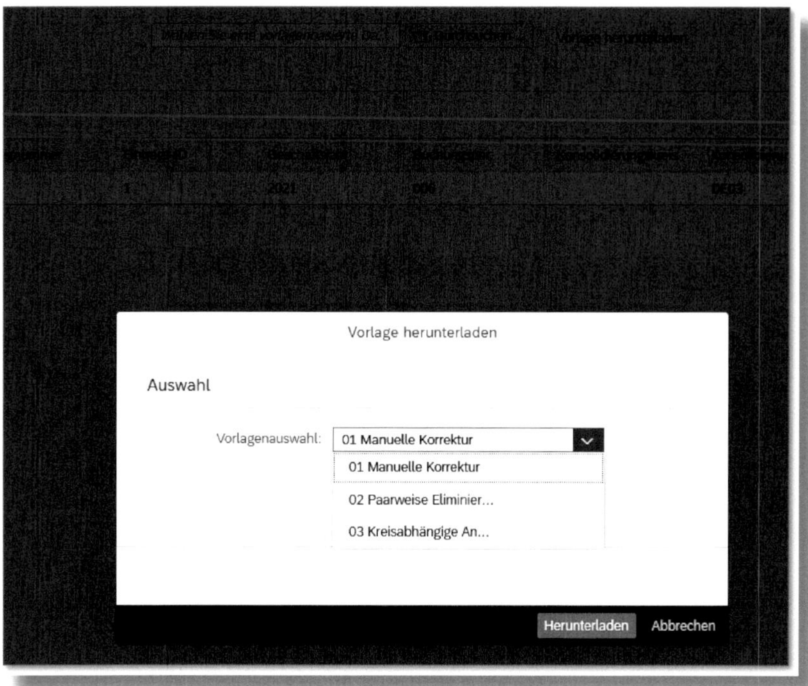

Abbildung 8.3: Vorlagedateien herunterladen

Sie können in einer Excel-Datei mehrere Belege erfassen. Beziehen sich die Belege auf die gleiche Konsolidierungseinheit, müssen Sie Ihren Belegen in Spalte A eindeutige BUCHUNGSBELEG-IDS zuweisen. Abbildung 8.4 zeigt einen Ausschnitt der Upload-Daten für die Kontierungsebene 10, in der zwei Belege für die KONSOLIDIERUNGSEINHEIT DE01 und ein Beleg für die KONSOLIDIERUNGSEINHEIT DE02 erfasst wurden.

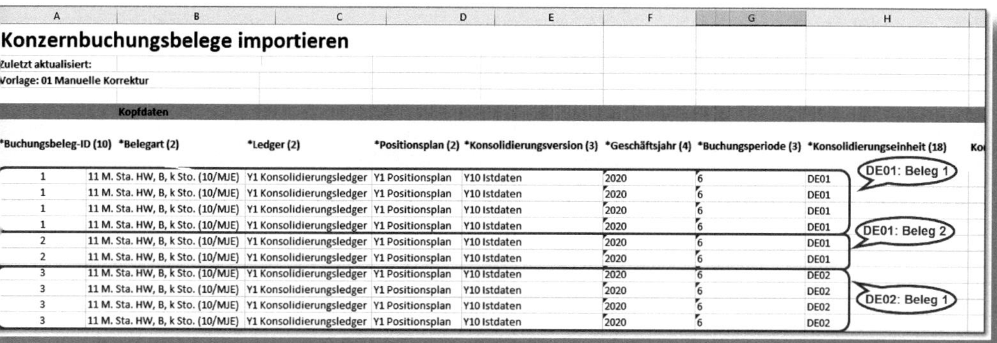

Konzernbuchungsbelege importieren

Zuletzt aktualisiert:

Vorlage: 01 Manuelle Korrektur

Kopfdaten

*Buchungsbeleg-ID (10)	*Belegart (2)	*Ledger (2)	*Positionsplan (2)	*Konsolidierungsversion (3)	*Geschäftsjahr (4)	*Buchungsperiode (3)	*Konsolidierungseinheit (18)
1	11 M. Sta. HW, B, k Sto. (10/MJE)	Y1 Konsolidierungsledger	Y1 Positionsplan	Y10 Istdaten	2020	6	DE01
1	11 M. Sta. HW, B, k Sto. (10/MJE)	Y1 Konsolidierungsledger	Y1 Positionsplan	Y10 Istdaten	2020	6	DE01
1	11 M. Sta. HW, B, k Sto. (10/MJE)	Y1 Konsolidierungsledger	Y1 Positionsplan	Y10 Istdaten	2020	6	DE01
1	11 M. Sta. HW, B, k Sto. (10/MJE)	Y1 Konsolidierungsledger	Y1 Positionsplan	Y10 Istdaten	2020	6	DE01
2	11 M. Sta. HW, B, k Sto. (10/MJE)	Y1 Konsolidierungsledger	Y1 Positionsplan	Y10 Istdaten	2020	6	DE01
2	11 M. Sta. HW, B, k Sto. (10/MJE)	Y1 Konsolidierungsledger	Y1 Positionsplan	Y10 Istdaten	2020	6	DE01
3	11 M. Sta. HW, B, k Sto. (10/MJE)	Y1 Konsolidierungsledger	Y1 Positionsplan	Y10 Istdaten	2020	6	DE02
3	11 M. Sta. HW, B, k Sto. (10/MJE)	Y1 Konsolidierungsledger	Y1 Positionsplan	Y10 Istdaten	2020	6	DE02
3	11 M. Sta. HW, B, k Sto. (10/MJE)	Y1 Konsolidierungsledger	Y1 Positionsplan	Y10 Istdaten	2020	6	DE02
3	11 M. Sta. HW, B, k Sto. (10/MJE)	Y1 Konsolidierungsledger	Y1 Positionsplan	Y10 Istdaten	2020	6	DE02

Abbildung 8.4: Belegerfassung in Microsoft Excel

8.2 Anwendungsbeispiel

In unserem Fallbeispiel gehen wir davon aus, dass für die KONSOLIDIERUNGSEINHEIT DE03 eine Korrekturbuchung vorgenommen werden muss. Die auf den Positionen 111100 und 164200 gemeldeten Werte müssen um *2.000 €* korrigiert werden. Wir buchen also den in Abbildung 8.5 gezeigten Beleg im Group Reporting.

	Position	Beschreibung	Soll	Haben
Bilanz	111100	Kassenbestand		2.000 €
Bilanz	164200	Computersoftware	2.000 €	

Abbildung 8.5: Manueller Korrekturbeleg

Wir haben uns dazu entschieden, diesen Beleg manuell mit der Fiori-App »Konzernbuchungsbelege buchen« auf Kontierungsebene 10 ohne Storno in der Folgeperiode und in Hauswährung zu erfassen. Daher verwenden wir hierfür die BELEGART 11. Erfasst wird der Beleg in der Buchungsperiode 06.2021 mit dem Belegtext *Korrektur Kaufpreis Computersoftware* (siehe Abbildung 8.6).

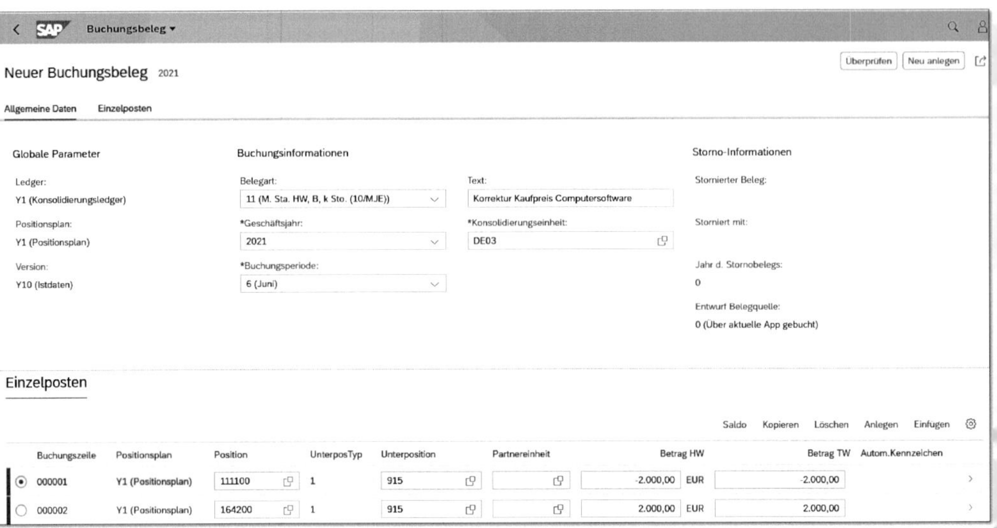

Abbildung 8.6: Manuelle Erfassung des Korrekturbelegs

Änderung mit Release 2020: Konzernbuchungsbelegen Anlagen hinzufügen

Mit dem Release 2020 können Sie über eine zusätzliche Registerkarte in der App »Konzernbuchungsbelege buchen« Anlagen zu einem Beleg hochladen oder eine URL einfügen.

Alternativ können Sie den Beleg auch in Excel erfassen und mit der App »Konzernbuchungsbelege importieren« in das Group Reporting laden. In Abbildung 8.7 sehen Sie einen Ausschnitt der ausgefüllten Belegvorlage. Abbildung 8.8 zeigt das Protokoll des Imports. Beim Import wurden KEINE FEHLER GEFUNDEN. Über die Schaltfläche BUCHEN haben wir den Beleg anschließend erfolgreich gebucht und ihm wurde die Belegnummer 1000000001 zugewiesen.

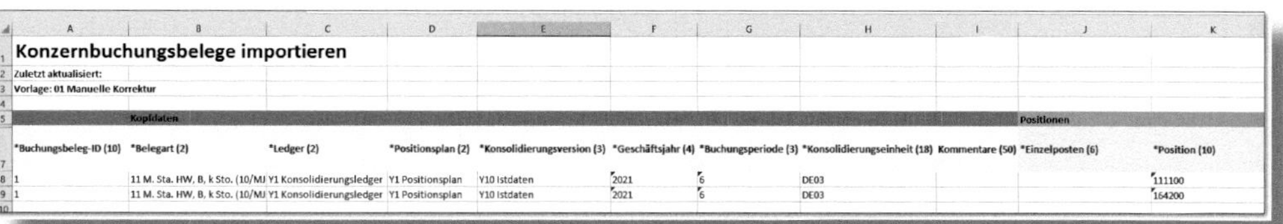

Abbildung 8.7: Import des Korrekturbelegs

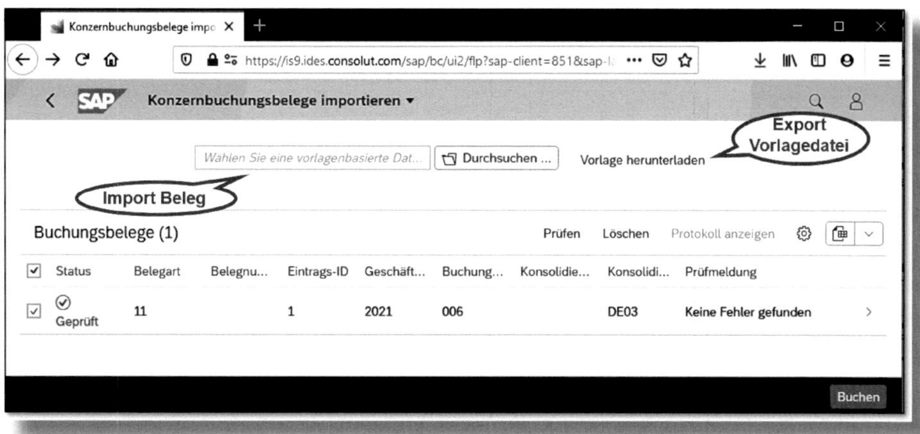

Abbildung 8.8: Protokoll des Imports

Anschließend haben wir den Beleg wieder storniert, da die Korrektur nun doppelt eingebucht wurde. Um einen Beleg zu stornieren, nutzen Sie die gleiche Fiori-App, mit der auch Belege manuell gebucht werden (»Konzernbuchungsbelege buchen«). Sie müssen in der App den zu stornierenden Beleg mit der BELEGNUMMER 1000000001 selektieren und dann den Menüeintrag STORNIEREN auswählen (siehe Abbildung 8.9).

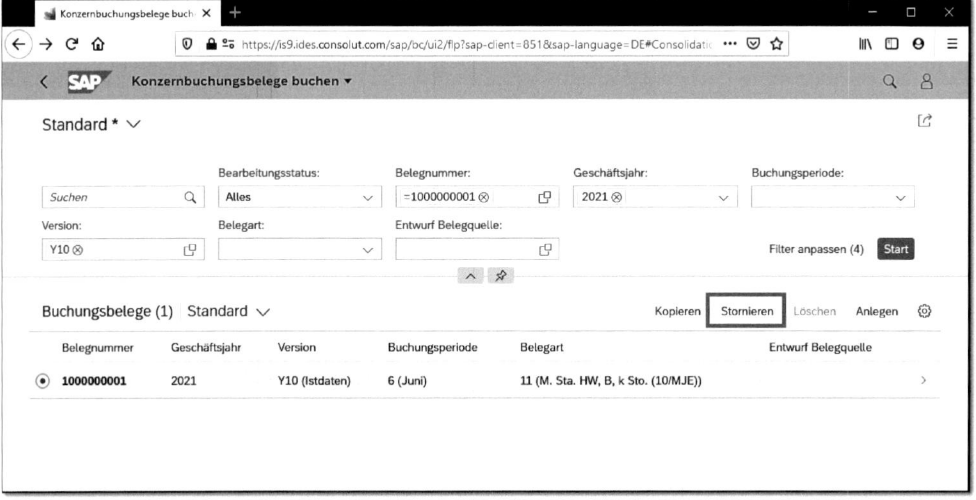

Abbildung 8.9: Beleg stornieren

In Abbildung 8.10 sehen Sie den Stornobeleg, der vom Group Reporting erzeugt wurde. Dieser hat die Belegnummer 1000000003 erhalten. Zusätzlich wird in den ALLGEMEINEN DATEN des Stornobelegs auf den STORNIERTEN BELEG verwiesen.

Im stornierten Beleg wird auch eine Referenz zum Stornobeleg hergestellt. Abbildung 8.11 zeigt den stornierten Ursprungsbeleg mit der Belegnummer 1000000001. In diesem Beleg steht im Feld STORNIERT MIT nun die Belegnummer des zugehörigen Stornobelegs (1000000003).

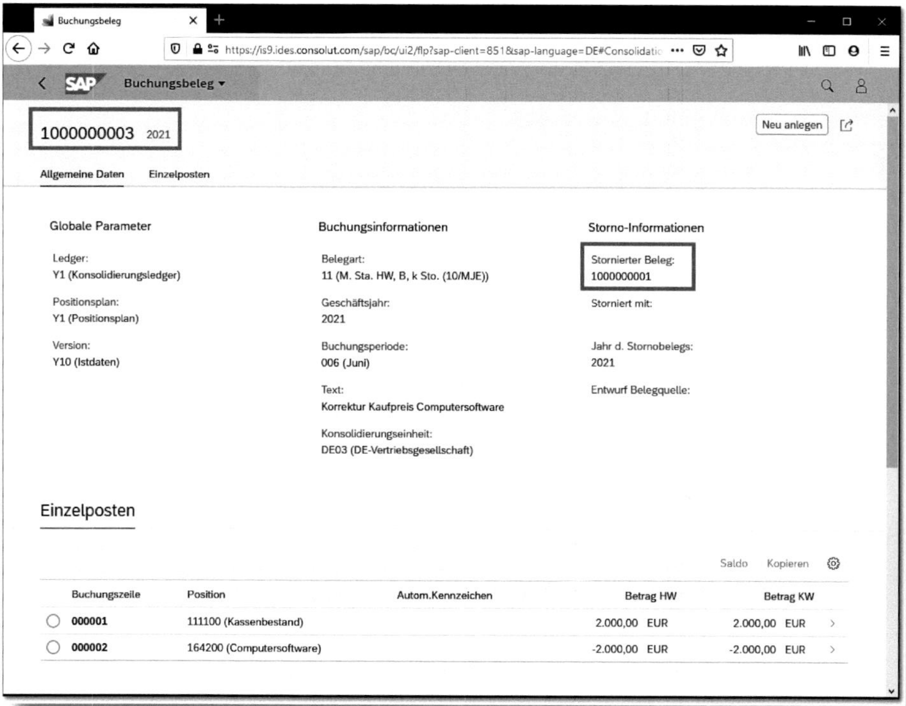

Buchungsbeleg
https://is9.ides.consolut.com/sap/bc/ui2/flp?sap-client=851&sap-language=DE#Consolidatio
Buchungsbeleg
1000000003 2021
Neu anlegen
Allgemeine Daten
Einzelposten
Globale Parameter
Ledger:
Y1 (Konsolidierungsledger)
Positionsplan:
Y1 (Positionsplan)
Version:
Y10 (Istdaten)
Buchungsinformationen
Belegart:
11 (M. Sta. HW, B, k Sto. (10/MJE))
Geschäftsjahr:
2021
Buchungsperiode:
006 (Juni)
Text:
Korrektur Kaufpreis Computersoftware
Konsolidierungseinheit:
DE03 (DE-Vertriebsgesellschaft)
Storno-Informationen
Stornierter Beleg:
1000000001
Storniert mit:
Jahr d. Stornobelegs:
2021
Entwurf Belegquelle:
Einzelposten
Saldo
Kopieren
Buchungszeile
Position
Autom.Kennzeichen
Betrag HW
Betrag KW
000001
111100 (Kassenbestand)
2.000,00 EUR
2.000,00 EUR
000002
164200 (Computersoftware)
-2.000,00 EUR
-2.000,00 EUR

Abbildung 8.10: Stornobeleg

Konzernbuchungsbeleg
https://is9.ides.consolut.com/sap/bc/ui2/flp?sap-client=851&sap-
Konzernbuchungsbeleg
1000000001 2021
Allgemeine Daten
Einzelposten
Konzernbuchungsbeleg-Einzelposten (2)
Buchungszeile
KonsEinheit
Position
Hauswährung
Storniert mit
000001
DE03 (DE-Vertriebsgesellschaft)
111100
-2.000,00 EUR
1000000003
000002
DE03 (DE-Vertriebsgesellschaft)
164200
2.000,00 EUR
1000000003

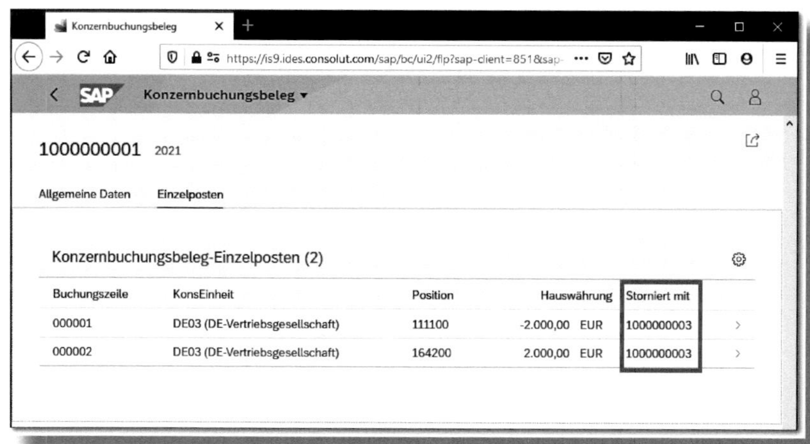

Abbildung 8.11: Referenz auf Stornobeleg in storniertem Beleg

9 Berechnung des Jahresüberschusses

In diesem Kapitel erfahren Sie, wie das Group Reporting den Jahresüberschuss berechnet und wie dieser vom System gebucht wird.

9.1 Grundlagen und Systemeinstellungen

Wenn die Meldedaten automatisiert aus der Tabelle ACDOCA übernommen werden, enthalten diese normalerweise keinen separat ausgewiesenen Jahresüberschuss. Dieser ergibt sich vielmehr rechnerisch aus dem Gesamtsaldo der Bilanz bzw. der GuV (siehe Beispiel in Abbildung 9.1).

BILANZ

Aktiva	Passiva
...	...
100.000 €	-90.000 €

Jahresüberschuss Bilanz
(Position 317000) = -10.000 €

GUV

Aufwände	Erträge
...	...
90.000 €	-100.000 €

Jahresüberschuss GuV
(Position 799000) = 10.000 €

Abbildung 9.1: Berechnung Jahresüberschuss

Im Group Reporting wird dieser Wert jedoch zwingend benötigt. Mit der im Datenmonitor verfügbaren Maßnahme BERECHNUNG JAHRESÜBERSCHUSS kann der Jahresüberschuss daher ermittelt und auf die dafür vorgesehenen Positionen gebucht werden. Im Best Practices Content sind das die beiden Positionen 317000 (JAHRESÜBERSCHUSS/

Jahresfehlbetrag Bilanz) und 799000 (Jahresüberschuss/Jahresfehlbetrag GuV).

Dass der Bilanzgewinn auf diesen beiden Positionen gebucht werden soll, ergibt sich aus den Positionsrollen S-ANI-BS (Jahresüberschuss – Bilanz) bzw. S-ANI-PL (Jahresüberschuss – GuV). Abbildung 9.2 zeigt die Auswahlattribute der Position 317000 und Abbildung 9.3 die der Position 799000.

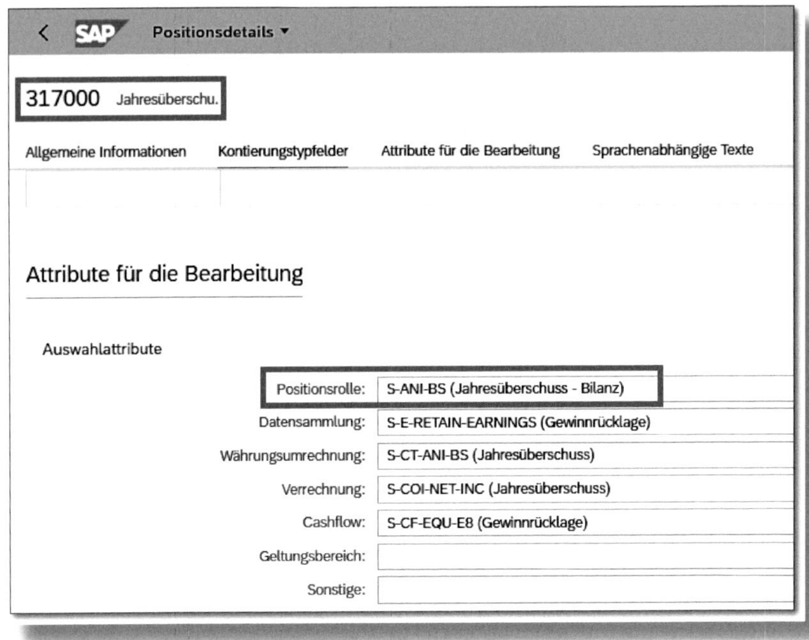

Abbildung 9.2: Stammsatz der Jahresüberschussposition 317000

Abbildung 9.3: Stammsatz der Jahresüberschussposition 799000

Es muss aber auch gewährleistet sein, dass der Jahresüberschuss fortlaufend korrigiert wird, wenn im Group Reporting ergebniswirksame Belege gebucht werden.

Das wird sichergestellt, indem sowohl manuelle als auch maschinelle Buchungen, die eine Änderung des Jahresüberschusses mit sich bringen, um zwei *automatische Buchungszeilen* ergänzt werden. Mit diesen beiden Zeilen werden dann die Jahresüberschusspositionen entsprechend korrigiert.

9.2 Anwendungsbeispiel

9.2.1 Berechnung des Jahresüberschusses für Meldedaten

Nachdem die Meldedaten aller Konsolidierungseinheiten in das Group Reporting geladen wurden, haben wir die Maßnahme Berechnung Jahresüberschuss im Datenmonitor für die Periode *1/2021* durchgeführt, um den Jahresüberschuss in der Bilanz und in der GuV zu kalkulieren. In Abbildung 9.4 sehen Sie die Maßnahme im Datenmonitor.

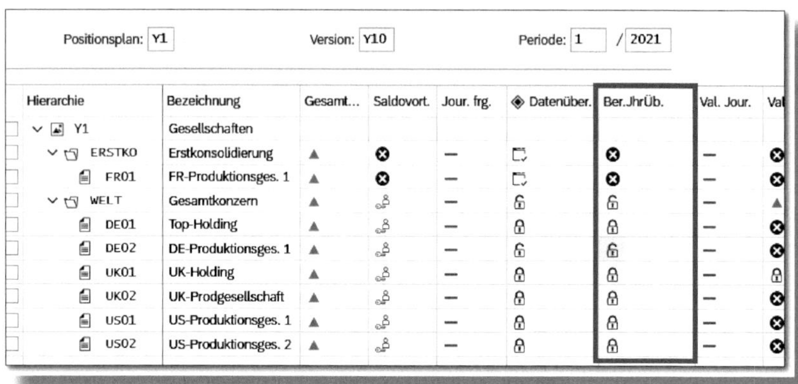

Abbildung 9.4: Maßnahme »Berechnung Jahresüberschuss«

Für die Konsolidierungseinheit DE02 errechnet und bucht die Maßnahme beispielsweise einen Jahresüberschuss in Höhe von 2.000,00 € (siehe Abbildung 9.5).

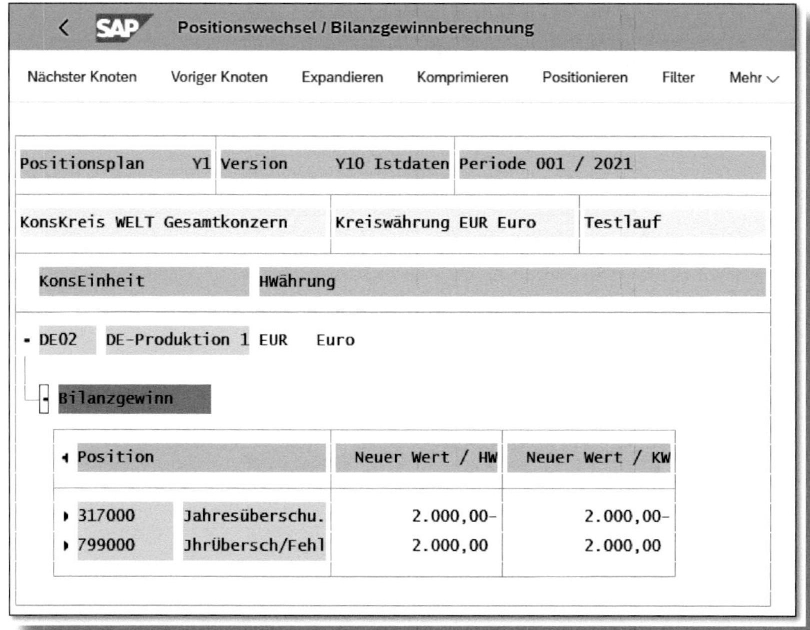

Abbildung 9.5: Protokoll der Maßnahme »Berechnung Jahresüberschuss«

9.2.2 Berechnung des Jahresüberschusses bei ergebniswirksamen Buchungen

Für die Konsolidierungseinheit DE03 haben wir eine ergebniswirksame Wertberichtigung gebucht (siehe Abbildung 9.6).

	Position	Beschreibung	Soll	Haben
Bilanz	164290	Computersoftware, Abschreibung		2.000 €
GuV	571000	Abschreibung auf Sachanlagen	2.000 €	

Abbildung 9.6: Ergebniswirksamer manueller Korrekturbeleg

Bei der manuellen Erfassung des Belegs über die App »Konzernbuchungsbelege buchen« werden automatisch die beiden Belegzeilen für die Jahresüberschusskorrekturen ergänzt. Bei diesen Belegzeilen ist immer das Autom. Kennzeichen auf »1« gesetzt (siehe Abbildung 9.7).

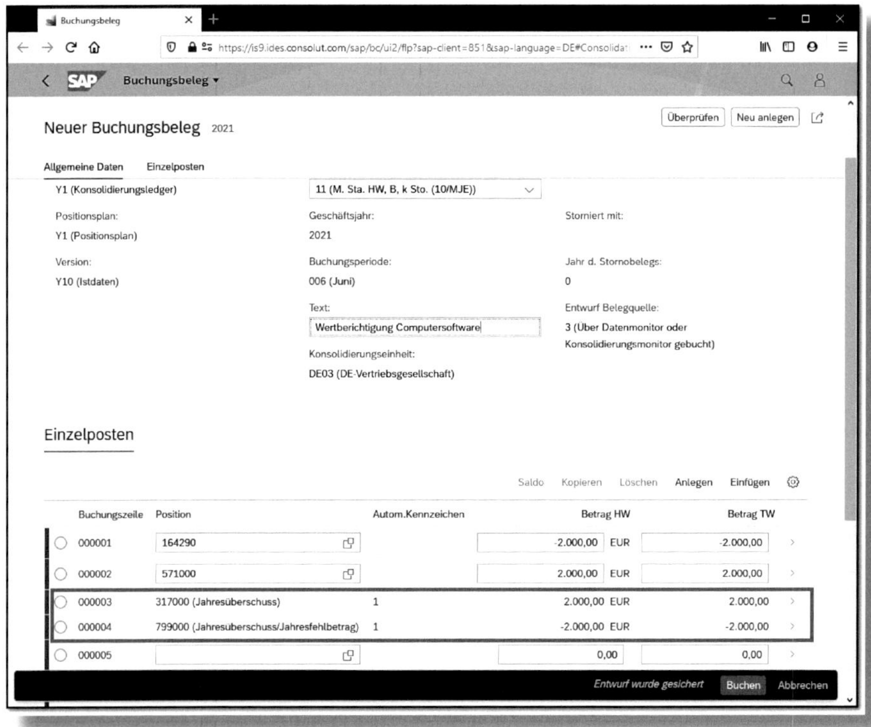

Abbildung 9.7: Ergebniswirksamer Beleg im Group Reporting

Diese beiden Zeilen werden auch hinzugefügt, wenn Sie den Beleg in Excel erfassen und anschließend mit der App »Konzernbuchungsbelege importieren« in das Group Reporting laden.

10 Buchung latenter Steuern

Latente Steuern werden bei Unterschieden zwischen der Handels- und Steuerbilanz nicht nur auf Einzelabschlussebene ermittelt. Ebenso können Buchungen bei der Konsolidierungsvorbereitung der Einzelabschlüsse oder bei der Erstellung des Konzernabschlusses temporäre Ergebnisdifferenzen verursachen, die dann zu latenten Steuern führen.

10.1 Grundlagen und Systemeinstellungen

In der Regel erfordern ergebniswirksame Buchungen bei der Anpassung der Meldedaten oder bei Erstellung des Konzernabschlusses, dass latente Steuern gebucht werden. Das Group Reporting bietet die Möglichkeit, diese latenten Steuern automatisch zu ermitteln und die Buchungsbelege um die notwendigen Steuerbuchungen zu ergänzen.

Diese Funktionalität kann belegartenabhängig genutzt werden. Bei den Einstellungen der Belegarten (siehe Abschnitt 4.4) müssen Sie entscheiden, ob bei ergebniswirksamen Buchungen automatisch eine Korrektur der latenten Steuern vorgenommen werden soll (siehe Abbildung 10.1).

Positionsplan: Y1 | Version: Y10 | Periode: 1 / 2021

Belegart: 11 | M. Sta. HW, B, k Sto. (10/MJE)

Eigenschaften

Kontierungsebene:	10	Anpassungsbuchung
Saldoprüfung:	0	Fehler wenn Saldo nicht Null
* Verwendung:	9	Sonstiges

☐ Umrechnung Kreiswährung

Buchung

◉ Manuell ◯ Maschinell

Währungen

☑ Buchung in Transaktionswährung
☑ Buchung in Hauswährung
☐ Buchung in Kreiswährung
☐ Buchung Menge

Latente Steuern

☑ aktivisch buchen
☑ passivisch buchen

Abbildung 10.1: Einstellung »Latente Steuern« in der Belegart 11

Der latente Steuerbetrag ergibt sich hierbei aus der Multiplikation des Ergebniseffekts mit dem individuellen Steuersatz der Konsolidierungseinheit, für die Sie den Beleg buchen. Wie in Abschnitt 4.2.1 beschrieben, legen Sie im Stammsatz einer Konsolidierungseinheit fest, welcher Steuersatz bei der Berechnung der latenten Steuern verwendet werden soll. Für die Konsolidierungseinheit DE03 haben wir über die in Abschnitt 4.2.1 beschriebene Fiori-App »Konsolidierungseinheiten – Anlegen und ändern« einen STEUERSATZ in Höhe von *25* Prozent festgelegt. Die Pflege des Steuersatzes ist zeitabhängig. In unserem Fall gilt dieser Steuersatz ab der Periode 1/2021 (siehe Abbildung 10.2).

Die Positionen, auf denen die latenten Steuern gebucht werden, legen Sie über spezielle Positionsrollen fest. Im Group Reporting stehen hierfür die drei Positionsrollen S-DEF-TAX-AST (Latente Steuern – Aktiva), S-DEF-TAX-LIA (Latente Steuern – Passiva) und S-DEF-TAX-PL (Latente Steuern – GuV) zur Verfügung. In den Best-Practices-Einstellungen sind diese Rollen den drei Positionen 182100, 282100 und 722000 zugeordnet. Abbildung 10.3 zeigt exemplarisch den Stammsatz der Position 282100 und in Abbildung 10.4 sehen Sie den Stammsatz der Position 722000.

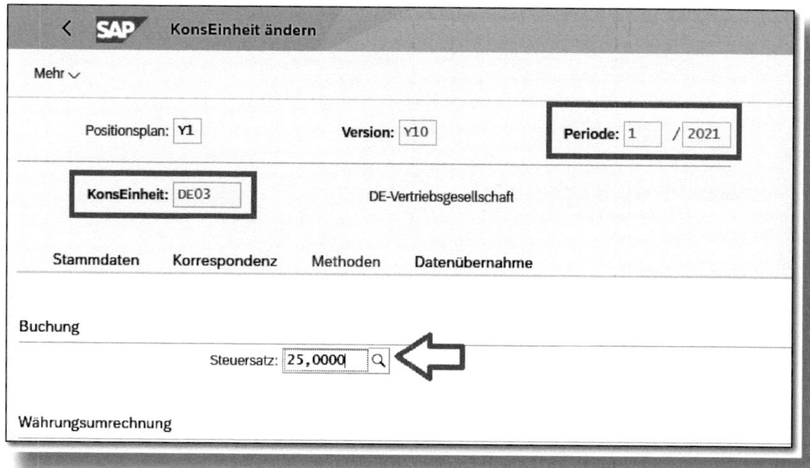

Abbildung 10.2: Steuersatz im Stammsatz der Konsolidierungseinheit

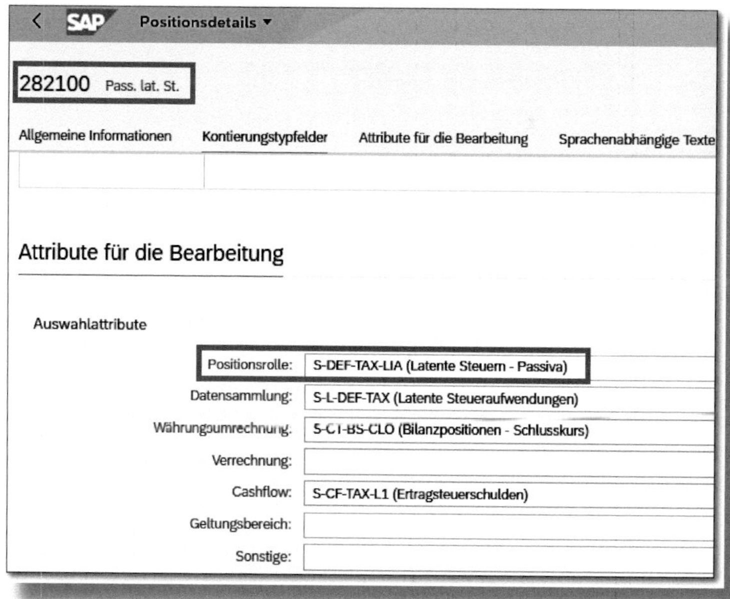

Abbildung 10.3: Stammsatz der Position 282100

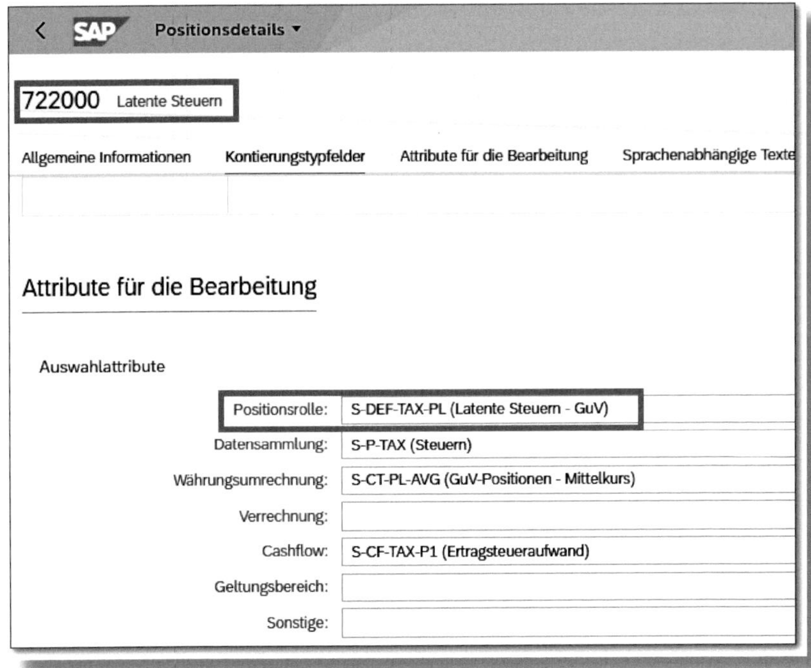

Abbildung 10.4: Stammsatz der Position 722000

10.2 Anwendungsbeispiel

Nachdem wir den Steuersatz im Stammsatz der KONSOLIDIERUNGSEINHEIT DE03 hinterlegt haben, erfassen wir erneut den ergebniswirksamen Beleg aus Abschnitt 9.2.2. Nun werden nicht nur die Belegzeilen für die Korrektur der Jahresüberschusspositionen ergänzt, sondern auch zwei Belegzeilen, um den latenten Steuerbetrag in Höhe von 500 € (25 Prozent von 2.000 €) zu korrigieren. Bei den Belegzeilen zu den latenten Steuern wird das AUTOM. KENNZEICHEN auf den Wert »2« gesetzt (siehe Abbildung 10.5).

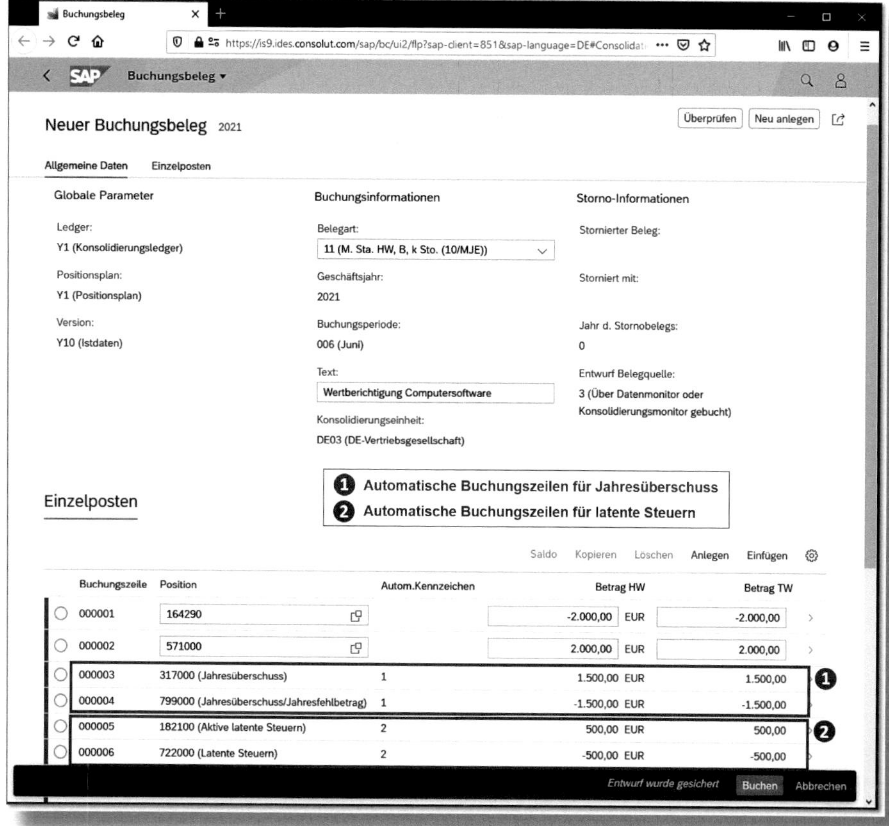

Abbildung 10.5: Automatische Buchung der latenten Steuern

11 Währungsumrechnung

Die Meldedaten der Konsolidierungseinheiten werden in der Regel in Hauswährung in das Group Reporting übernommen. Wenn die Hauswährung abweichend von der Konzernwährung ist, müssen die Hauswährungswerte der Konsolidierungseinheiten daher in die Konzernwährung umgerechnet werden. Mit diesem Schritt schaffen Sie eine einheitliche Basis, um den Konzernabschluss erstellen zu können. In diesem Kapitel erfahren Sie, welche grundlegenden Systemeinstellungen hierfür im Group Reporting vorgenommen werden müssen, und es wird anhand eines Fallbeispiels gezeigt, wie die Währungsumrechnung funktioniert.

11.1 Grundlagen und Systemeinstellungen

Um die Meldedaten einer Fremdwährungsgesellschaft in Konzernwährung umzurechnen, müssen Sie dieser Konsolidierungseinheit im Stammsatz eine Umrechnungsmethode zuweisen (siehe Abschnitt 4.2.1). Sie sehen in Abbildung 11.1, dass beispielsweise die KONSOLIDIERUNGSEINHEIT UK01 die HAUSWÄHRUNG GBP hat und ihr deshalb eine UMRECHNUNGSMETHODE (Y0901 – STANDARDUMRECHNUNG) zugeordnet wurde.

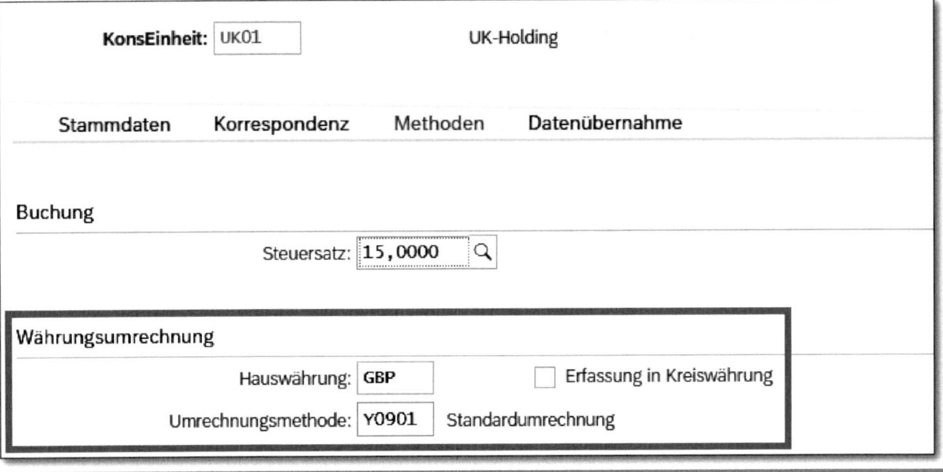

Abbildung 11.1: Zuordnung der Umrechnungsmethode

Die Umrechnungsmethoden pflegen Sie über die Customizing-Transaktion *CXD1* bzw. über den IMG-Menüeintrag SAP S/4HANA FÜR KONZERNBERICHTSWESEN • WÄHRUNGSUMRECHNUNG FÜR KONSOLIDIERUNG • WÄHRUNGSUMRECHNUNGSMETHODEN DEFINIEREN ein.

Jede Umrechnungsmethode arbeitet nach dem gleichen Prinzip:

- Zuerst werden alle Positionen zu einem festgelegten Referenzkurs (i. d. R. Schlusskurs bzw. Stichtagskurs der Periode) umgerechnet (siehe Abbildung 11.2).
- Anschließend werden die einzelnen Umrechnungsschritte der Umrechnungsmethode durchlaufen. Jedem dieser Schritte ist eine bestimmte Positions-Unterpositions-Selektion zugeordnet und es ist festgelegt, wie diese Selektion umgerechnet werden soll.
- Zusätzlich ist für jeden Schritt definiert, wo die Differenzen zwischen der Referenzumrechnung und den individuellen Umrechnungen ausgewiesen werden sollen.

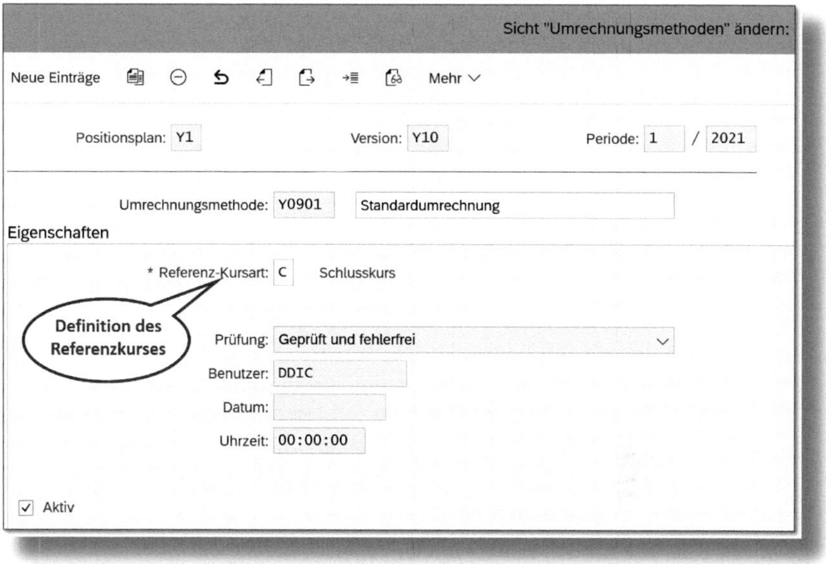

Abbildung 11.2: Umrechnungsmethode Y0901 – Standardumrechnung

Für die in unserem Beispiel verwendete STANDARDUMRECHNUNG Y0901 gilt folgende Logik für die einzelnen Umrechnungsschritte:

Die *GuV-Positionen* werden zum Durchschnittskurs bzw. Mittelkurs umgerechnet. Die Unterschiedsbeträge zwischen diesem Kurs und dem Referenzkurs werden auf eine Differenzenposition in den EK-Rücklagen (POSITION 314800) gebucht. Da diese Regel für alle GuV-Positionen (inkl. der JAHRESÜBERSCHUSSPOSITION 799000) gilt, gibt es keine Umrechnungsdifferenz aus der GuV.

Für die Umrechnung der *Bilanzpositionen* (exklusive Eigenkapital und Beteiligungen) wird der Schlusskurs bzw. Stichtagskurs verwendet. Ist eine Bilanzposition nach Unterpositionen aufgerissen, gilt zusätzlich folgende Logik: Die Anfangsbestände auf der UNTERPOSITION 900 werden nicht umgerechnet, stattdessen bleibt der Wert aus der Vorperiode unverändert erhalten. Die laufenden Bewegungen auf den UNTERPOSITIONEN 902 bis 970 werden zum Durchschnittskurs in die Konzernwährung umgerechnet. Die Unterschiedsbeträge zwischen dem Referenz-Stichtagskurs und den abweichenden Umrechnungsvorschriften für die Anfangsbestände sowie die Veränderungen des Jahres werden zwar auf der gleichen Position, aber auf der separaten Unterposition 980 gebucht. Daher wird jede Bilanzposition über alle Unterpositionen hinweg zum Schlusskurs umgerechnet.

Für *Eigenkapital- und Beteiligungspositionen* gilt die gleiche Logik wie für die zuvor beschriebenen Bilanzpositionen: Anfangsbestände werden nicht erneut umgerechnet und für die laufenden Bewegungen wird der Durchschnittskurs verwendet. Die Unterschiedsbeträge zwischen dem Referenzkurs und den individuellen Umrechnungsergebnissen werden aber auf einer separaten Differenzenposition im Eigenkapital (Position 314800) gebucht. Mit dieser Vorgehensweise stellen Sie sicher, dass das Eigenkapital sowie die Beteiligungen zu historischen Kursen umgerechnet und die Umrechnungsdifferenzen ergebnisneutral im Eigenkapital gezeigt werden.

Eine weitere Besonderheit stellt der *Jahresüberschuss in der Bilanz* (Position 317000) dar. Diese Position wird analog zu ihrer korrespondierenden GuV-Position 799000 (Jahresüberschuss/Jahresfehlbetrag GuV) umgerechnet. Nur so ist sichergestellt, dass die Jahresüberschusswerte in der Bilanz und in der GuV auch in Konzernwährung den gleichen Absolutbetrag ausweisen. Wie bei der historischen Umrechnung der Eigenkapital- und Beteiligungspositionen wird die Differenz zwischen dem Durchschnittskurs und dem Referenzkurs auf der Rücklagenposition 314800 ausgewiesen.

Wie bereits beschrieben, besteht eine Währungsumrechnungsmethode aus mehreren Schritten. Abbildung 11.3 zeigt die Umrechnungsmethode Y0901, die über die eingangs beschriebene Customizing-Transaktion *CXD1* angelegt wurde.

Umrechnungsmethode: Y0901 Standardumrechnung

Nr	R	Selektion	Bezeichnung	Kursart	UmrArt
010	☐	S-CT-BS-CLO-OPE	Bilanzpositionen - Eröffnungsbilanzen	A	5
011	☐	S-CT-BS-CLO-INC	Bilanzpositionen - eingehende Einheiten	A	5
020	☐	S-CT-BS-CLO-MOV	Bilanzpositionen - Bewegungen	A	1
025	☐	S-CT-ANI	Bilanz - Jahresüberschuss	A	1
030	☐	S-CT-BS-HIST-OPE	Beteiligungen und Kapital - EröffBilanz	A	5
031	☐	S-CT-BS-HIST-INC	Beteiligungen u. Kapital - eingeh. Einh.	A	5
040	☐	S-CT-BS-HIST-MOV	Beteiligungen und Kapital - Bewegungen	A	5
060	☐	S-CT-PL-AVG	GuV-Positionen	A	1
900	☑	S-CT-RD-BS	Bilanz (Rundung)		
901	☑	S-CT-RD-ANI	"Jahresüberschuss - Bilanz, GuV (Rundung		
902	☑	S-CT-RD-PL	Gewinn-und-Verlust-Rechnung (Rundung)		

Abbildung 11.3: Umrechnungsschritte der Methode Y0901

Für die Zuordnung der relevanten Positions-Unterpositions-Kombinationen zu den einzelnen Umrechnungsschritten werden das Positionsattribut WÄHRUNGSUMRECHNUNG aus dem Stammsatz der Position (siehe Abschnitt 4.3.3) und Selektionen (siehe Abschnitt 4.6) verwendet. Über das Positionsattribut legen Sie zuerst fest, welcher Umrechnungsschritt für die Position zu verwenden ist. In Abbildung 11.4 sehen Sie beispielsweise, dass der Bilanzposition GRUNDSTÜCKE/BAUTEN (161100) das Währungsumrechnungsattribut S-CT-BS-CLO (BILANZPOSITIONEN – SCHLUSSKURS) zugewiesen ist.

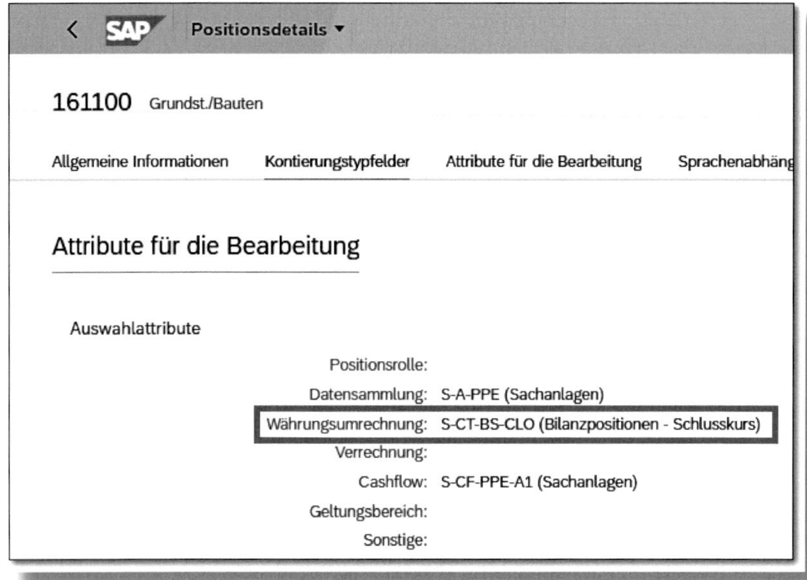

Abbildung 11.4: Positionsattribut der Währungsumrechnung

Anschließend erstellen Sie, wie in Abschnitt 4.6 beschrieben, für jeden Umrechnungsschritt eine Selektion, in der Sie den zu verwendenden Attributswert mit den hierfür relevanten Unterpositionen kombinieren. In Abbildung 11.5 sehen Sie die Selektion S-CT-BS-CLO-OPE (BILANZPOSITIONEN – ERÖFFNUNGSBILANZEN). Diese Selektion ist eine Kombination aus dem Attributwert S-CT-BS-CLO und der Unterposition 900 (Anfangsbestand).

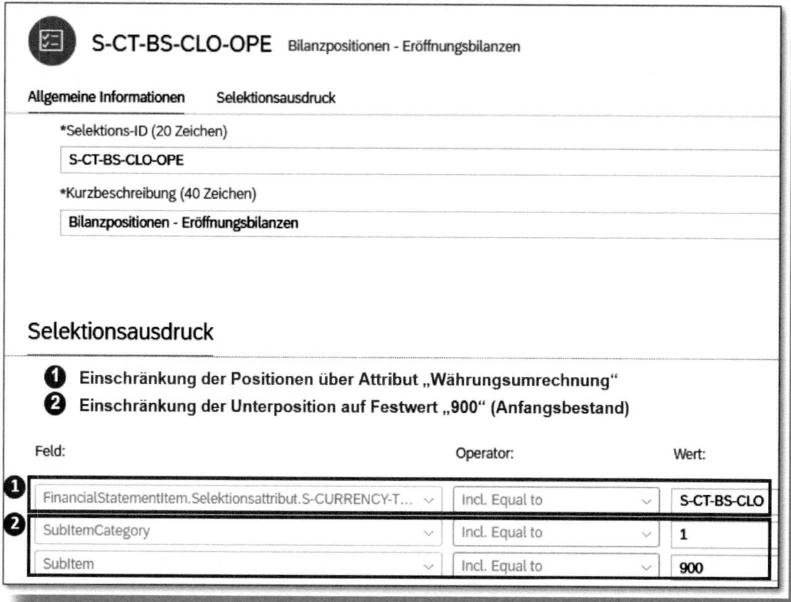

Abbildung 11.5: Selektion für die Währungsumrechnung

Bis zu diesem Punkt haben Sie nun definiert, welche Kombinationen aus Positionen und Unterpositionen Sie in einem Schritt umrechnen möchten. Als Nächstes müssen Sie mit der Customizing-Transaktion *CXD1* für jeden Umrechnungsschritt die konkrete Umrechnungsvorschrift und den Differenzenausweis festlegen.

So ist für jeden Umrechnungsschritt zu definieren, ob für die Umrechnung der periodische oder der kumulierte Hauswährungswert relevant ist. Für die GuV-Positionen und die laufenden Bewegungen in der Bilanz sind im Prinzip beide Optionen denkbar. Entweder werden die periodischen Werte zum Durchschnittskurs umgerechnet oder die kumulierten Werte werden als Datenbasis verwendet. Der jeweils zu verwendende Durchschnittskurs ist dann ein Monats- oder ein Jahresdurchschnittskurs. Beide Optionen werden in Abbildung 11.6 anhand eines Zahlenbeispiels verdeutlicht. In diesem Beispiel werden die Umsatzerlöse (Position 411100) einer US-amerikanischen Konsolidierungseinheit sowohl periodisch als auch kumuliert in die Konzernwährung Euro umgerechnet. Da für den betrachteten Zeitraum unterschiedliche Umrechnungskurse relevant sind, ergibt sich eine nicht unerhebliche Differenz zwischen den beiden Umrechnungsarten.

Monatsmittelkurse **USD nach EUR**	
31.01.	1,2
29.02.	1,1
31.03.	1,3

Umsatzerlöse *(Position 411100)*	**Periode 01** *(Januar)*	**Periode 02** *(Februar)*	**Periode 03** *(März)*	**Q3.2020** **(kumuliert)**
Hauswährungswerte				
periodische Werte [$]	$100.000	$30.000	$70.000	**$200.000**
kumulierte Werte [$]	$100.000	$130.000	$200.000	
Periodische Umrechnung				
periodische Werte [€]	**120.000 €**	**33.000 €**	**91.000 €**	**244.000 €**
kumulierte Werte [€]	120.000 €	153.000 €	244.000 €	
Kumulierte Umrechnung				
kumulierte Werte [€]	**120.000 €**	**143.000 €**	**260.000 €**	**260.000 €**
periodische Werte [€]	120.000 €	23.000 €	117.000 €	

Δ 16.000 €

Abbildung 11.6: Periodische und kumulierte Umrechnung

Im Best Practices Content gibt es beide Varianten:

- Die Umrechnungsmethode S0903 verwendet für die Umrechnung der GuV-Positionen und der laufenden Bewegungen der Bilanz die periodischen Werte.

- Bei der in Abbildung 11.1 zugeordneten Umrechnungsmethode Y0901 werden diese Selektionen kumuliert umgerechnet. Von dieser Methode sehen Sie in Abbildung 11.7 den Schritt, der für die Umrechnung der laufenden Bewegungen in der Bilanz verantwortlich ist.

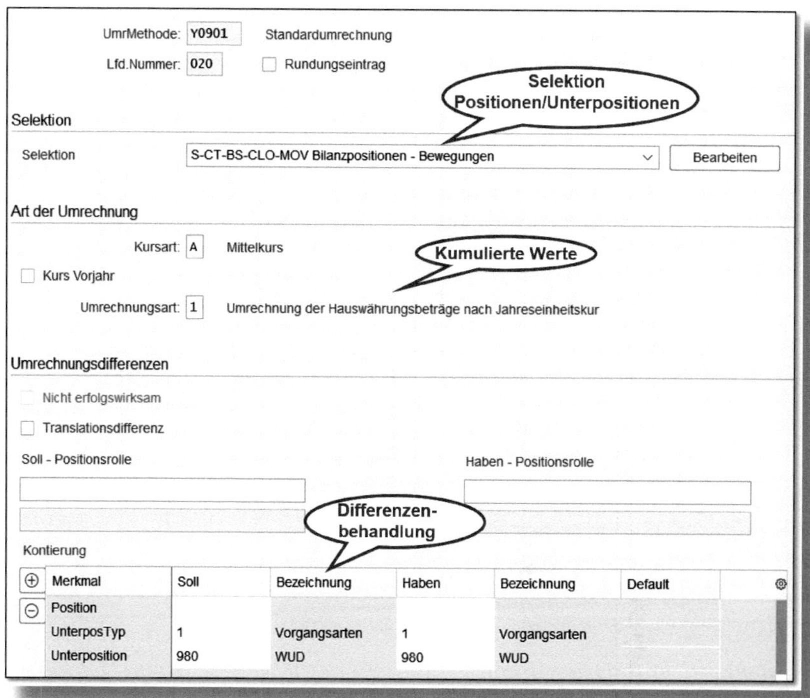

Abbildung 11.7: Umrechnung der Bewegungen in der Bilanz bei der Methode Y0901

Die Abhängigkeiten zwischen Konsolidierungseinheiten, Umrechnungsmethoden, Selektionen, Positionsattributen und Umrechnungsarten werden in Abbildung 11.8 nochmals anhand eines komplexeren Szenarios verdeutlicht. Sie sehen an diesem Beispiel auch, dass die Differenzenposition nicht direkt in den Umrechnungsschritten zugeordnet wird. Stattdessen geht man hier einen Zwischenschritt über ein spezielles Positionsattribut: Der Differenzenposition 314800 ist im Stammsatz die Positionsrolle S-CT-DIFF (Umrechnungsdifferenz) zugeordnet (siehe hierzu auch Abschnitt 4.3.3). Diese Rolle wird im Methodenschritt verwendet.

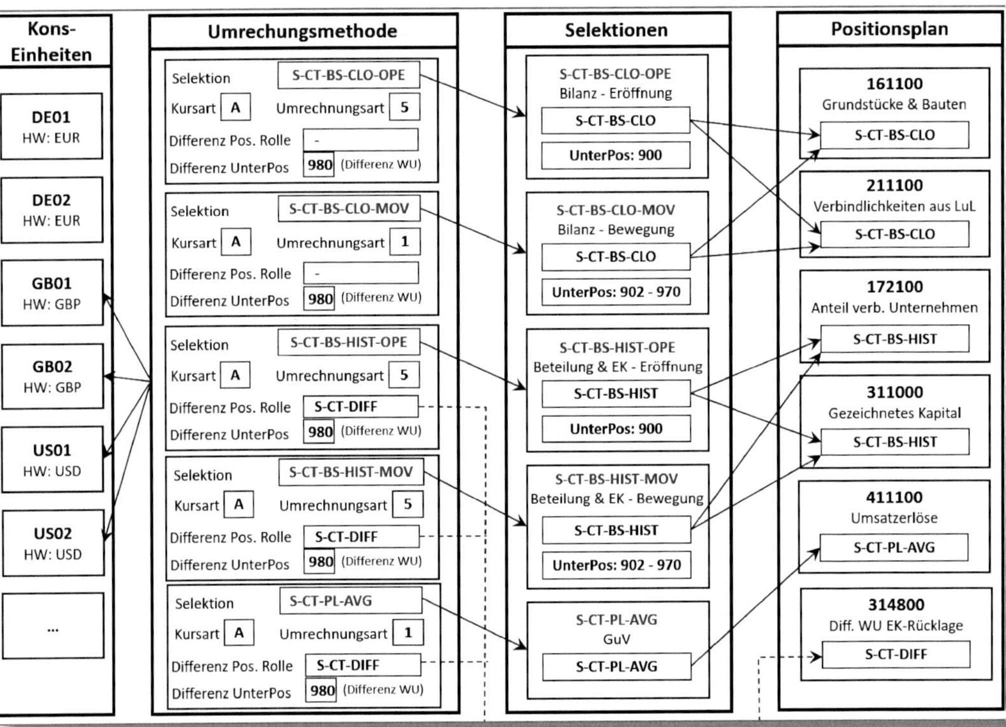

Abbildung 11.8: Umrechnungsmethode der Währungsumrechnung

Nach der Währungsumrechnung kann es durchaus vorkommen, dass der Aktiv- und der Passivsaldo einer Bilanz in Konzernwährung geringfügig voneinander abweichen. Es kann auch passieren, dass die Wertberichtigungen in der Bilanz um Centbeträge von den Abschreibungspositionen in der GuV differieren. Diese Unterschiedsbeträge führen bei der Datenvalidierung zu Warnungen oder Fehlermeldungen (siehe Kapitel 12), und das, obwohl die zugrunde liegenden Hauswährungswerte fehlerfrei sind. Um diese negativen Effekte zu vermeiden, können Sie für die Umrechnungsmethode zusätzliche *Rundungsschritte* anlegen. Abbildung 11.9 zeigt erneut die Schritte der Umrechnungsmethode Y0901. Dieses Mal haben wir die drei Rundungsschritte, die für diese Methode angelegt wurden, markiert:

- Schritt 900: Aktiva und Passiva werden so gerundet, dass die Bilanzwerte in Summe null ergeben.
- Schritt 901: Rundung der beiden Jahresüberschusspositionen, damit diese in Summe ebenfalls null sind.
- Schritt 902: Die GuV wird gerundet, damit der GuV-Saldo null ergibt.

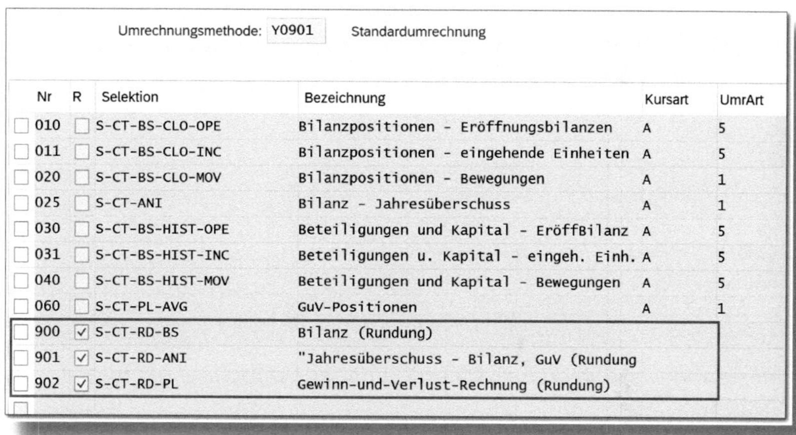

Umrechnungsmethode: Y0901 Standardumrechnung

Nr	R	Selektion	Bezeichnung	Kursart	UmrArt
010	☐	S-CT-BS-CLO-OPE	Bilanzpositionen - Eröffnungsbilanzen	A	5
011	☐	S-CT-BS-CLO-INC	Bilanzpositionen - eingehende Einheiten	A	5
020	☐	S-CT-BS-CLO-MOV	Bilanzpositionen - Bewegungen	A	1
025	☐	S-CT-ANI	Bilanz - Jahresüberschuss	A	1
030	☐	S-CT-BS-HIST-OPE	Beteiligungen und Kapital - EröffBilanz	A	5
031	☐	S-CT-BS-HIST-INC	Beteiligungen u. Kapital - eingeh. Einh.	A	5
040	☐	S-CT-BS-HIST-MOV	Beteiligungen und Kapital - Bewegungen	A	5
060	☐	S-CT-PL-AVG	GuV-Positionen	A	1
900	☑	S-CT-RD-BS	Bilanz (Rundung)		
901	☑	S-CT-RD-ANI	"Jahresüberschuss - Bilanz, GuV (Rundung		
902	☑	S-CT-RD-PL	Gewinn-und-Verlust-Rechnung (Rundung)		

Abbildung 11.9: Rundungsschritte der Umrechnungsmethode Y0901

Die Anlage eines Rundungsschritts unterscheidet sich nur unwesentlich von der eines regulären Methodenschritts. Sie müssen nur im Kopfbereich des Methodeneintrags die Schaltfläche RUNDUNGSEINTRAG aktivieren. Abbildung 11.10 zeigt den Umrechnungsschritt 902, mit dem die GuV gerundet wird.

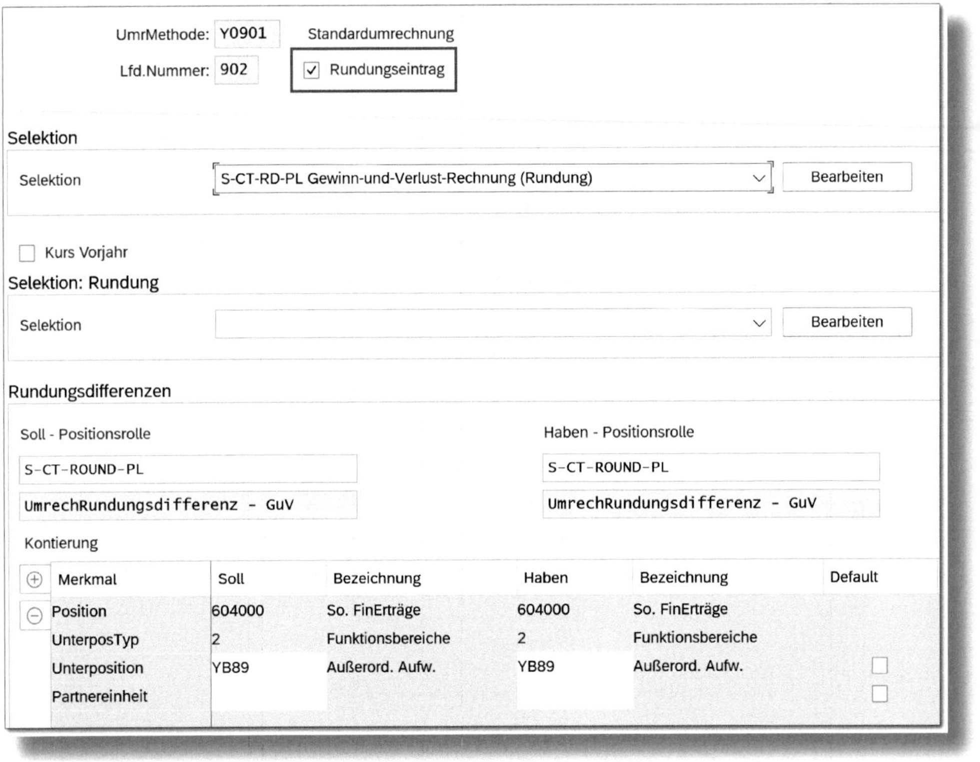

UmrMethode: Y0901 Standardumrechnung

Lfd.Nummer: 902 ☑ Rundungseintrag

Selektion

Selektion S-CT-RD-PL Gewinn-und-Verlust-Rechnung (Rundung) Bearbeiten

☐ Kurs Vorjahr

Selektion: Rundung

Selektion Bearbeiten

Rundungsdifferenzen

Soll - Positionsrolle

S-CT-ROUND-PL

UmrechRundungsdifferenz - GuV

Haben - Positionsrolle

S-CT-ROUND-PL

UmrechRundungsdifferenz - GuV

Kontierung

Merkmal	Soll	Bezeichnung	Haben	Bezeichnung	Default
Position	604000	So. FinErträge	604000	So. FinErträge	
UnterposTyp	2	Funktionsbereiche	2	Funktionsbereiche	
Unterposition	YB89	Außerord. Aufw.	YB89	Außerord. Aufw.	☐
Partnereinheit					☐

Abbildung 11.10: Rundungsschritt 902 der Umrechnungsmethode Y0901

11.2 Anwendungsbeispiel

In dem Anwendungsbeispiel haben wir allen Fremdwährungsgesellschaften die Umrechnungsmethode Y0901 zugeordnet. Sie führen die Währungsumrechnung mit einer eigenen Maßnahme im Datenmonitor durch (siehe Abbildung 11.11).

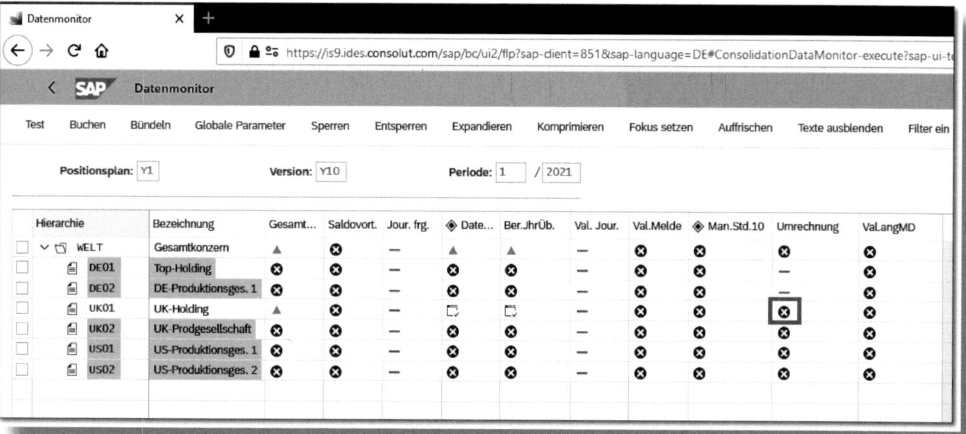

Abbildung 11.11: Umrechnungsmaßnahme im Datenmonitor

Das Protokoll zur Währungsumrechnung können Sie anschließend über die App »Maßnahmenprotokolle« abrufen (siehe Abbildung 11.12).

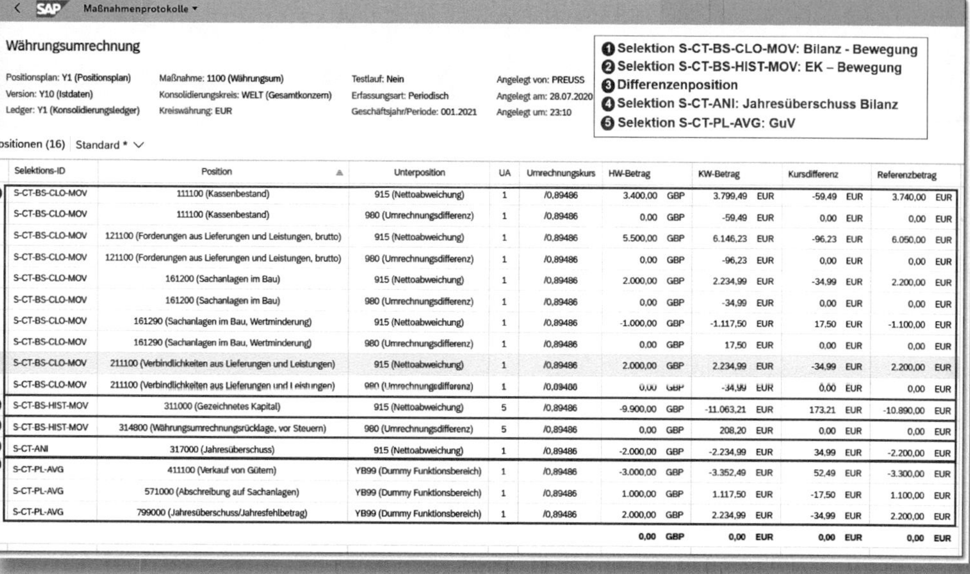

Selektions-ID	Position	Unterposition	UA	Umrechnungskurs	HW-Betrag	KW-Betrag	Kursdifferenz	Referenzbetrag
S-CT-BS-CLO-MOV	111100 (Kassenbestand)	915 (Nettoabweichung)	1	/0,89486	3.400,00 GBP	3.799,49 EUR	-59,49 EUR	3.740,00 EUR
S-CT-BS-CLO-MOV	111100 (Kassenbestand)	980 (Umrechnungsdifferenz)	1	/0,89486	0,00 GBP	-59,49 EUR	0,00 EUR	0,00 EUR
S-CT-BS-CLO-MOV	121100 (Forderungen aus Lieferungen und Leistungen, brutto)	915 (Nettoabweichung)	1	/0,89486	5.500,00 GBP	6.146,23 EUR	-96,23 EUR	6.050,00 EUR
S-CT-BS-CLO-MOV	121100 (Forderungen aus Lieferungen und Leistungen, brutto)	980 (Umrechnungsdifferenz)	1	/0,89486	0,00 GBP	-96,23 EUR	0,00 EUR	0,00 EUR
S-CT-BS-CLO-MOV	161200 (Sachanlagen im Bau)	915 (Nettoabweichung)	1	/0,89486	2.000,00 GBP	2.234,99 EUR	-34,99 EUR	2.200,00 EUR
S-CT-BS-CLO-MOV	161200 (Sachanlagen im Bau)	980 (Umrechnungsdifferenz)	1	/0,89486	0,00 GBP	-34,99 EUR	0,00 EUR	0,00 EUR
S-CT-BS-CLO-MOV	161290 (Sachanlagen im Bau, Wertminderung)	915 (Nettoabweichung)	1	/0,89486	-1.000,00 GBP	-1.117,50 EUR	17,50 EUR	-1.100,00 EUR
S-CT-BS-CLO-MOV	161290 (Sachanlagen im Bau, Wertminderung)	980 (Umrechnungsdifferenz)	1	/0,89486	0,00 GBP	17,50 EUR	0,00 EUR	0,00 EUR
S-CT-BS-CLO-MOV	211100 (Verbindlichkeiten aus Lieferungen und Leistungen)	915 (Nettoabweichung)	1	/0,89486	2.000,00 GBP	2.234,99 EUR	-34,99 EUR	2.200,00 EUR
S-CT-BS-CLO-MOV	211100 (Verbindlichkeiten aus Lieferungen und Leistungen)	980 (Umrechnungsdifferenz)	1	/0,89486	0,00 GBP	-34,99 EUR	0,00 EUR	0,00 EUR
S-CT-BS-HIST-MOV	311000 (Gezeichnetes Kapital)	915 (Nettoabweichung)	5	/0,89486	-9.900,00 GBP	-11.063,21 EUR	173,21 EUR	-10.890,00 EUR
S-CT-BS-HIST-MOV	314800 (Währungsumrechnungsrücklage, vor Steuern)	980 (Umrechnungsdifferenz)	5	/0,89486	0,00 GBP	208,20 EUR	0,00 EUR	0,00 EUR
S-CT-ANI	317000 (Jahresüberschuss)	915 (Nettoabweichung)	1	/0,89486	-2.000,00 GBP	-2.234,99 EUR	34,99 EUR	-2.200,00 EUR
S-CT-PL-AVG	411100 (Verkauf von Gütern)	YB99 (Dummy Funktionsbereich)	1	/0,89486	-3.000,00 GBP	-3.352,49 EUR	52,49 EUR	-3.300,00 EUR
S-CT-PL-AVG	571000 (Abschreibung auf Sachanlagen)	YB99 (Dummy Funktionsbereich)	1	/0,89486	1.000,00 GBP	1.117,50 EUR	-17,50 EUR	1.100,00 EUR
S-CT-PL-AVG	799000 (Jahresüberschuss/Jahresfehlbetrag)	YB99 (Dummy Funktionsbereich)	1	/0,89486	2.000,00 GBP	2.234,99 EUR	-34,99 EUR	2.200,00 EUR
					0,00 GBP	0,00 EUR	0,00 EUR	0,00 EUR

Abbildung 11.12: Protokoll der Währungsumrechnung

12 Validierungen

Validierungen sind Regeln, mit denen die Konsistenz des Datenbestands in der Konsolidierungslösung überprüft wird. Sie werden abhängig von den Konzernrichtlinien angelegt.

12.1 Grundlagen und Systemeinstellungen

Das Regelwerk, anhand dessen die Konzerndaten geprüft werden sollen, können Sie frei definieren. Grundsätzlich werden die Prüfregeln zu einer Methode zusammengefasst. Diese Methode wird anschließend einer Validierungsmaßnahme zugeordnet. Dort definieren Sie auch, für welche Konsolidierungseinheiten bzw. -kreise die Maßnahme relevant ist. Abbildung 12.1 verdeutlicht den Zusammenhang zwischen Prüfregeln, Validierungsmethoden und Validierungsmaßnahmen im Group Reporting.

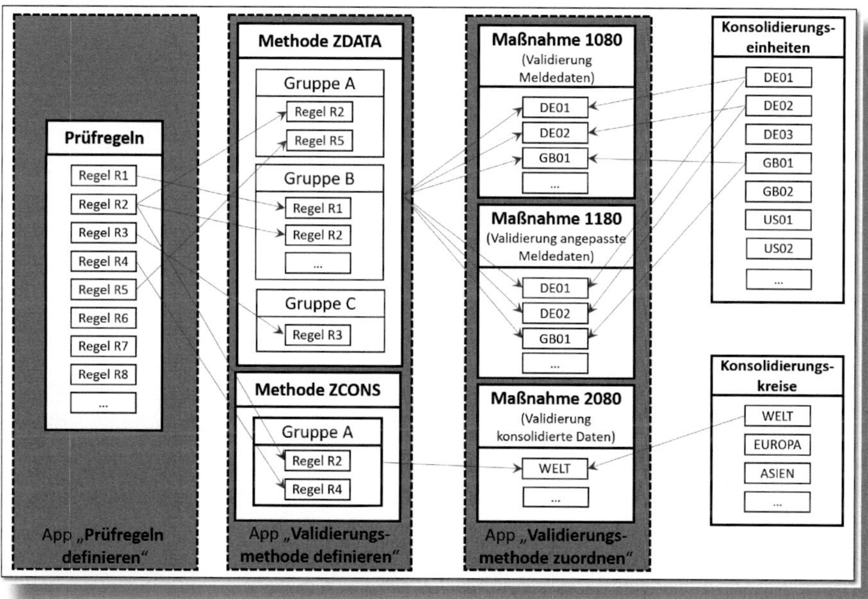

Abbildung 12.1: Zusammenhang zwischen Prüfregeln, Validierungsmethoden und Validierungsmaßnahmen

Grundsätzlich werden die in Abbildung 12.2 dargestellten drei Ebenen unterschieden. Für jede dieser Ebenen gibt es eigene Maßnahmen im Daten- bzw. im Konsolidierungsmonitor. Auf der ersten Ebene werden die übernommenen Einzelabschlussdaten (*Meldedaten*) validiert, auf der zweiten Ebene die *angepassten Meldedaten* und auf der dritten Ebene der *konsolidierte Konzernabschluss*.

Ebene	Monitor	Maßnahme-ID	Bezeichnung	Kontierungsebene
1	DM	1080	Validierung Meldedaten	<Leer>, 00, 0C
2	DM	1180	Validierung angepasste Meldedaten	<Leer>, 00, 0C, 01, 10
3	KM	2080	Validierung konsolidierte Daten	<Leer>, 00, 0C, 01, 10, 20, 30

DM Datenmonitor
KM Konsolidierungsmonitor

Abbildung 12.2: Ebenen der Validierungsmaßnahmen

Für die Pflege des Validierungsregelwerks benötigen Sie die drei Fiori-Apps »Prüfregeln definieren«, »Validierungsmethode definieren« und »Validierungsmethode zuordnen«.

Mit der App »Prüfregeln definieren« legen Sie die Validierungsregeln an, mit denen Sie den Buchungsstoff in den drei Validierungsmaßnahmen prüfen möchten. Abbildung 12.3 zeigt eine Prüfregel, mit der sichergestellt werden kann, dass die Summe aller Aktivpositionen mit der Summe aller Passivpositionen übereinstimmt.

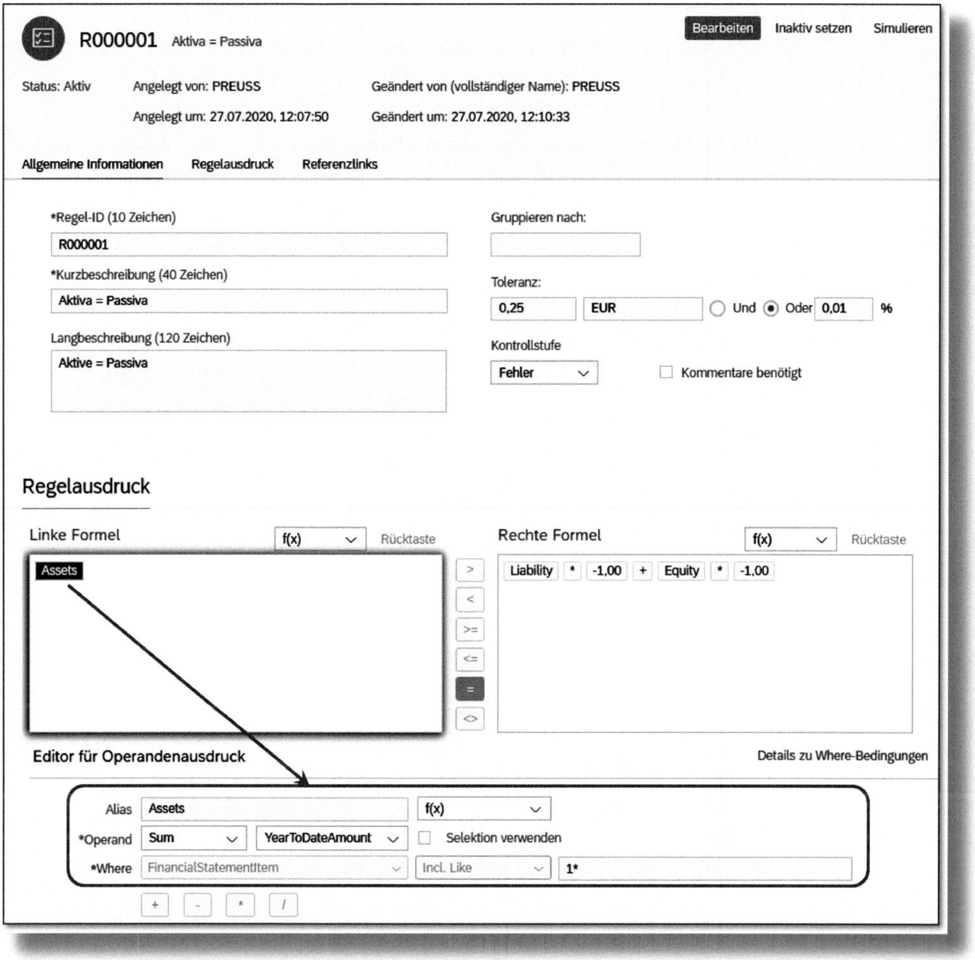

R000001 Aktiva = Passiva

Bearbeiten Inaktiv setzen Simulieren

Status: Aktiv

Angelegt von: PREUSS

Angelegt um: 27.07.2020, 12:07:50

Geändert von (vollständiger Name): PREUSS

Geändert um: 27.07.2020, 12:10:33

Allgemeine Informationen Regelausdruck Referenzlinks

*Regel-ID (10 Zeichen)

R000001

*Kurzbeschreibung (40 Zeichen)

Aktiva = Passiva

Langbeschreibung (120 Zeichen)

Aktive = Passiva

Gruppieren nach:

Toleranz:

0,25 EUR Und Oder 0,01 %

Kontrollstufe

Fehler

Kommentare benötigt

Regelausdruck

Linke Formel f(x) Rücktaste

Assets

> < >= <= = <>

Rechte Formel f(x) Rücktaste

Liability * -1,00 + Equity * -1,00

Editor für Operandenausdruck

Details zu Where-Bedingungen

Alias Assets f(x)

*Operand Sum YearToDateAmount Selektion verwenden

Where FinancialStatementItem Incl. Like 1

+ - * /

Abbildung 12.3: Prüfregel definieren

Grundsätzlich besteht eine Validierungsregel aus einer linken und einer rechten Formel. Im linken Formelteil (ALIAS: ASSETS) werden die kumulierten Werte (OPERAND: SUM YEARTODATEAMOUNT) aller Aktivpositionen summiert (WHERE: FINANCIALSTATEMENTITEM LIKE 1*). Der rechte Teil der Formel addiert alle Verbindlichkeiten (WHERE: FINANCIALSTATEMENTITEM LIKE 2*) und alle Eigenkapitalpositionen (WHERE: FINANCIALSTATEMENTITEM LIKE 3*). Aufgrund der Soll-/Haben-Logik müssen die Passivpositionen noch mit -1 multipliziert werden. Die KONTROLLSTUFE legt fest, ob bei einem Regelverstoß eine Fehlermeldung, eine Warnung oder eine Informationsmeldung ausgegeben werden soll. Sie können auch einen TOLERANZ-Wert für eine Regel festlegen, damit beispielsweise Centdifferenzen bei der Prüfung ignoriert werden. In diesem Beispiel liegt der Toleranzwert bei 0,25 € oder alternativ bei 0,01 Prozent.

Nachdem eine Validierungsregel gesichert und aktiviert wurde, kann sie in einer Validierungsmethode verwendet werden. Diese Methoden pflegen Sie über die App »Validierungsmethode definieren«. Jede Validierungsmethode benötigt eine maximal fünfstellige *Method ID*. Zur besseren Strukturierung können die Regeln einer Methode in verschiedenen Gruppen zusammengefasst werden. In Abbildung 12.4 sehen Sie die Validierungsmethode mit der ID ZDATA, der die fünf Validierungsregeln R000001 bis R000005 zugeordnet sind. Dabei wurde eine Gruppierung nach BILANZ-REGELN und sonstigen KONSISTENZ-PRÜFUNGEN vorgenommen.

Abbildung 12.4: Validierungsmethode definieren

Nachdem die Validierungsregeln angelegt und diese einer Validierungsmethode zugeordnet wurden, bestimmen Sie im nächsten Schritt für die beiden Validierungsmaßnahmen im Datenmonitor, welche Methoden für welche Konsolidierungseinheiten verwendet werden sollen. Anschließend müssen Sie noch definieren, welche Methoden für welche Konsolidierungskreise im Konsolidierungsmonitor relevant sind. Diese Zuordnung nehmen Sie mit der App »Validierungsmethode zuordnen« vor. In Abbildung 12.5 sehen Sie beispielsweise, dass alle sechs Konsolidierungseinheiten DE01, DE02, UK01, UK02, US01 und US02 im Datenmonitor in allen Perioden die gleiche Validierungsmethode ZDATA verwenden.

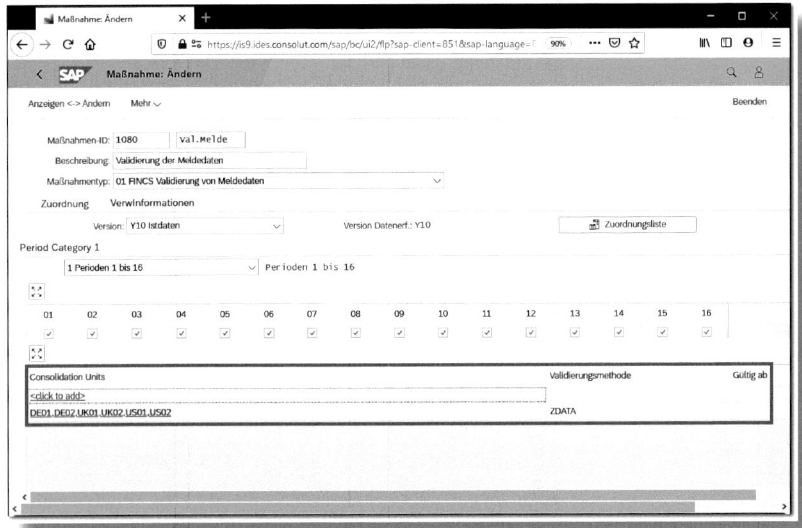

Abbildung 12.5: Zuordnung der Validierungsmethode zur Maßnahme

Bei der Maßnahmendefinition können Sie die Zuordnung der Methoden auch abhängig vom Periodentyp (PERIOD CATEGORY) vornehmen. Das gibt Ihnen beispielsweise die Möglichkeit, bei den Monatsabschlüssen weniger Validierungsprüfungen zu verwenden als bei einem Quartals- oder Jahresabschluss. In unserem Beispiel gilt für alle 16 Perioden die gleiche Zuordnung.

12.2 Anwendungsbeispiel

Die Validierung der Meldedaten und der angepassten Meldedaten kann über die entsprechenden Maßnahmen im Datenmonitor gestartet werden (siehe Abbildung 12.6). Wenn der konsolidierte Konzernabschluss geprüft werden soll, muss die Validierungsmaßnahme aus dem Konsolidierungsmonitor eingesetzt werden (siehe Abbildung 12.7).

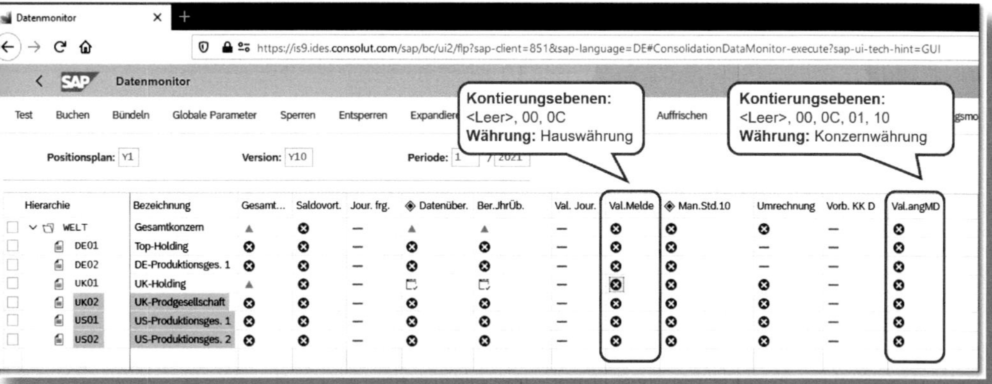

Abbildung 12.6: Validierungsmaßnahmen im Datenmonitor

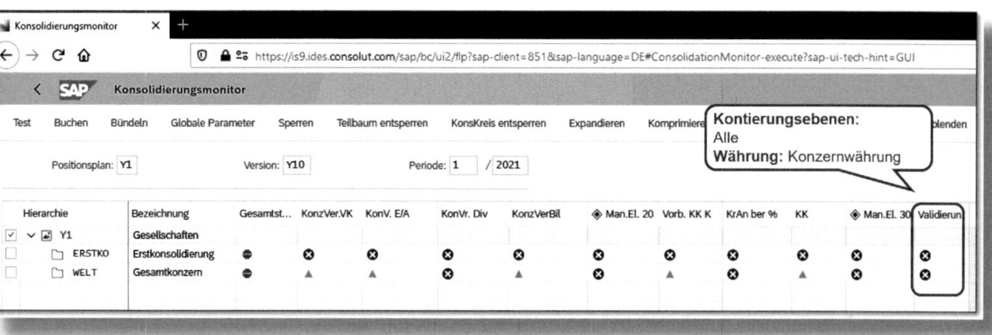

Abbildung 12.7: Validierungsmaßnahme im Konsolidierungsmonitor

Das Ergebnis des Validierungslaufs sehen Sie anschließend über das korrespondierende Maßnahmenprotokoll.

Bei den Validierungsergebnissen lassen sich auch Kommentare erfassen. Das ist insbesondere dann interessant, wenn die Konzerngesellschaften die Validierungen dezentral durchführen. In Ausnahmefällen können die Buchhalter der Konzerngesellschaften begründen, warum eine bestimmte Validierungsregel mit Fehlern abgeschlossen wird.

13 Reklassifikation

Die Reklassifikation gehört zu den wesentlichen Maßnahmen des Konsolidierungsprozesses. Mit dieser Funktionalität wird beispielsweise die Eliminierung von konzerninternen Vorgängen abgebildet. In diesem Kapitel erfahren Sie, welche Systemeinstellungen Sie hierfür vornehmen müssen.

13.1 Grundlagen und Systemeinstellungen

Reklassifikationen (Umgliederungen) werden üblicherweise dazu verwendet, um Werte automatisch von einer Position auf eine andere umzubuchen. Ein Beispiel hierfür ist die Umbuchung von der Position »Umsatzerlöse« auf die Position »Sonstige Erträge«. Diese Umgliederungslogik ist im oberen Teil von Abbildung 13.1 dargestellt. Ein anderes Beispiel sehen Sie in der unteren Abbildungshälfte. Hier wird zwischen einer Von- und einer Nach-Position umgebucht, der umzubuchende Wert leitet sich aber von einer dritten Position (auszulösende Position) ab. Zusätzlich gilt, dass nur ein bestimmter Anteil umgegliedert wird: in diesem Fall 80 Prozent.

Die Umgliederungsfunktionalität wird im Group Reporting insbesondere dafür benutzt, um konzerninterne Vorgänge zu eliminieren. In den Konsolidierungsprodukten SAP EC-CS und SAP SEM-BCS wird hierfür mit der Konzernverrechnung eine eigene Funktionalität angeboten.

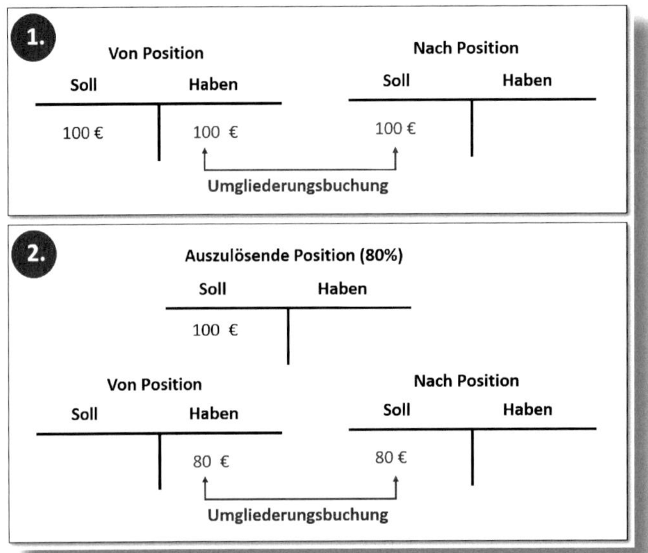

Abbildung 13.1: Zwei einfache Umgliederungsbeispiele

Wenn Sie die Umgliederung nutzen möchten, müssen Sie über die Customizing-Transaktion *CXEB* bzw. über den IMG-Eintrag SAP S/4HANA FÜR KONZERNBERICHTSWESEN • REKLASSIFIKATION • UMGLIEDERUNGSMETHODEN DEFINIEREN eine Umgliederungsmethode anlegen. Sie finden im Best Practices Content sechs vordefinierte Methoden, von denen vier Konzernverrechnungen abbilden und zwei von der regelbasierten Kapitalkonsolidierung (siehe Abschnitt 16.2) verwendet werden. Abbildung 13.2 zeigt die sechs Umgliederungsmethoden des Best Practices Content. Sie können einer Umgliederungsmethode maximal 999 Umgliederungsregeln zuordnen, die dann schrittweise abgearbeitet werden.

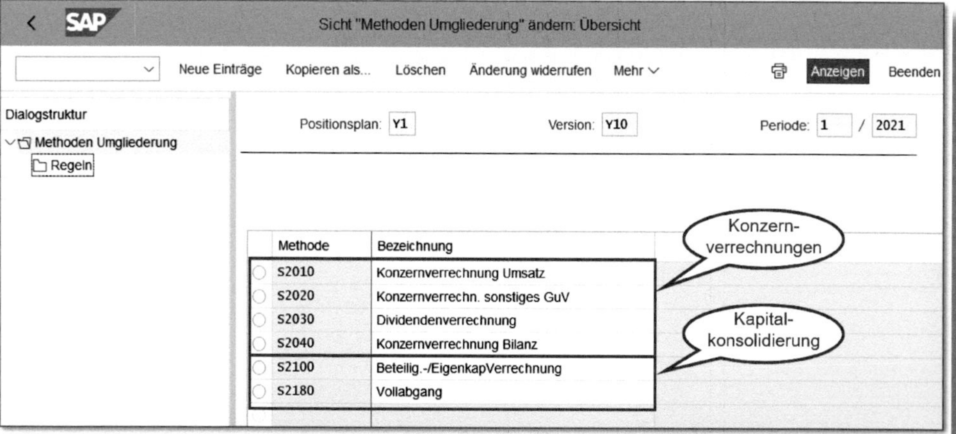

Abbildung 13.2: Umgliederungsmethoden im Best Practices Content

Am Beispiel der Umgliederungsmethode S2040 (KONZERNVERRECHNUNG BILANZ) werden wir Ihnen erklären, wie die Konzernverrechnungen im Group Reporting funktionieren.

Grundsätzlich besteht eine Umgliederungsmethode aus einer beliebigen Anzahl an Regelschritten. Für jeden dieser Schritte legen Sie einen Auslöser, Von-nach-Regeln, einen Prozentsatz und individuelle Einstellungen fest.

In Abbildung 13.3 sehen Sie den AUSLÖSER und die VON-NACH-Regeln für den ersten Regelschritt der Umgliederungsmethode S2040.

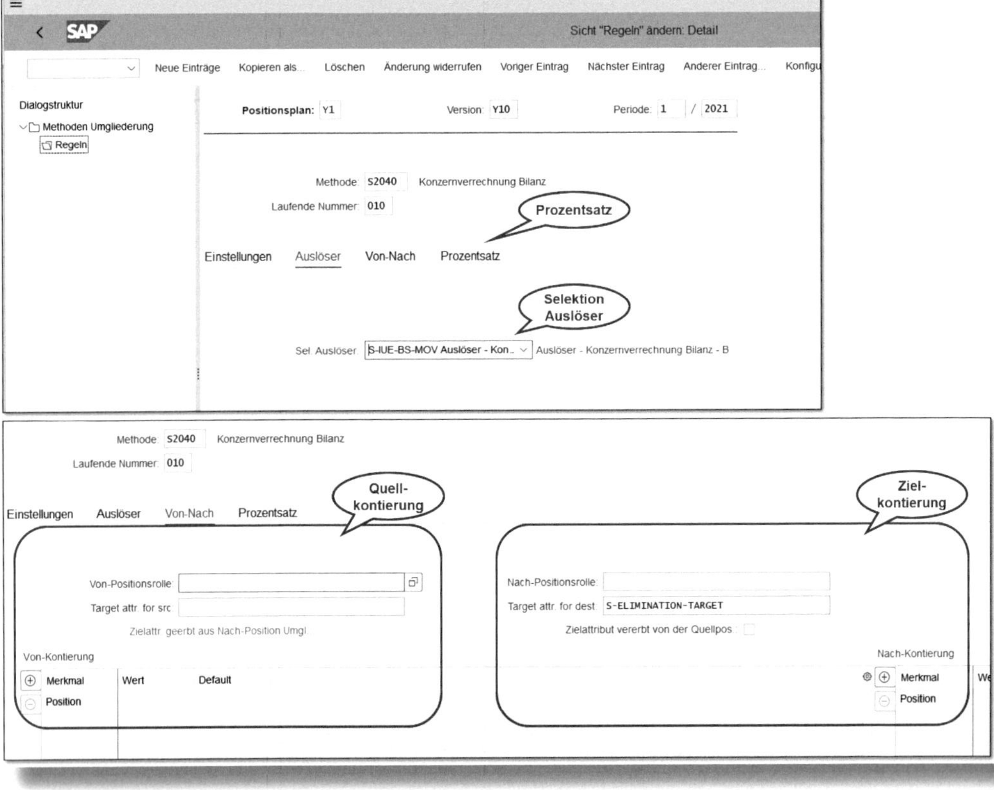

Abbildung 13.3: Auslöser und Von-nach-Angaben des Regelschritts 010 der Umrechnungsmethode S2040

Als AUSLÖSER der Eliminierungsbuchungen dient uns die Selektion S-IUE-BS-MOV. Wie diese komplexe Selektion definiert ist, sehen Sie in Abbildung 13.4. Die Selektion wird u. a. auf alle Datensätze eingeschränkt, bei denen das Selektionsattribut S-ELIMINATION im Positionsstammsatz den Wert S-IUE-BS-AR oder S-IUE-BS-AP hat. Diese Attributwerte sind beispielsweise den Positionen 121100 (Forderungen aus LuL) und 211100 (Verbindlichkeiten aus LuL) zugeordnet.

S-IUE-BS-MOV Auslöser - Konzernverrechnung Bilanz - B

Bearbeite

Allgemeine Informationen Selektionsausdruck

Selektionsausdruck

Details zu Selektionsbedingungen

Feld:	Operator:	Wert:		
ConsolidationDocumentType	Incl. Between	00	And	1Z
ConsolidationDocumentType	Incl. Between	2Z	And	3Z
PartnerConsolidationUnit	Incl. Between	0	And	ZZZZZZ
SubItem	Incl. Between	901	And	998
ConsolidationChartOfAccounts	Incl. Equal to	Y1		
ConsolidationDocumentType	Incl. Equal to	2G		
FinancialStatementItem.Selektionsattribut.S-ELI...	Incl. Equal to	S-IUE-BS-AR		
FinancialStatementItem.Selektionsattribut.S-ELI...	Incl. Equal to	S-IUE-BS-AP		
FinancialStatementItem.Selektionsattribut.S-ELI...	Incl. Equal to	S-IUE-BS-OR-C		
FinancialStatementItem.Selektionsattribut.S-ELI...	Incl. Equal to	S-IUE-BS-OP-C		
FinancialStatementItem.Selektionsattribut.S-ELI...	Incl. Equal to	S-IUE-BS-DIV-REC		
FinancialStatementItem.Selektionsattribut.S-ELI...	Incl. Equal to	S-IUE-BS-DIV-PAY		
FinancialStatementItem.Selektionsattribut.S-ELI...	Incl. Equal to	S-IUE-BS-OR-NC		
FinancialStatementItem.Selektionsattribut.S-ELI...	Incl. Equal to	S-IUE-BS-OP-NC		
FinancialStatementItem.Selektionsattribut.S-ELI...	Incl. Equal to	S-IUE-BS-FA-NC		
FinancialStatementItem.Selektionsattribut.S-ELI...	Incl. Equal to	S-IUE-BS-FL-NC		
FinancialStatementItem.Selektionsattribut.S-ELI...	Incl. Equal to	S-IUE-BS-FA-C		
FinancialStatementItem.Selektionsattribut.S-ELI...	Incl. Equal to	S-IUE-BS-FL-C		
SubItemCategory	Incl. Equal to	1		

Abbildung 13.4: Selektion für den Auslöser der Schuldenkonsolidierung

Die selektierten Datensätze werden von der Umgliederungsmethode ausgebucht und auf der Position eingebucht, die als ZIELATTRIBUT DER VERRECHNUNG in den Positionsstammsätzen festgelegt ist. Bei den Positionen 121100 (FORDERUNGEN AUS LUL) und 211100 (VERBINDLICHKEITEN AUS LUL) ist das 21110D (VERRECHNUNGSKONTO FORD./VBL. LUL).

Im unteren Teil der Abbildung 13.3 sehen Sie die VON-NACH-Angaben des Regelschritts. Da der Wert der Auslöser-Positionen direkt auf die Nach-Position gebucht werden soll, muss die Von-Position leer bleiben.

Abbildung 13.5 verdeutlicht noch einmal den Zusammenhang zwischen der Umgliederungsmethode, den Positionsattributen und den Selektionen.

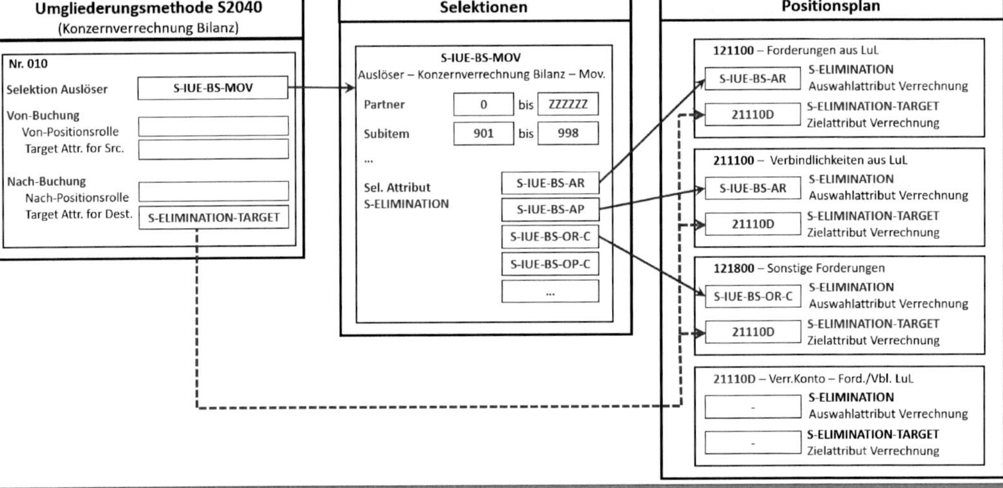

Abbildung 13.5: Umgliederungsmethode der Schuldenkonsolidierung

In den Einstellungen zum Regelschritt können Sie zusätzliche Steuerungsmöglichkeiten festlegen.

Abbildung 13.6 zeigt die Einstellungen für den Regelschritt 010:

❶ Mit der Schaltfläche PERIODISCHE BEHANDLUNG legen Sie fest, ob der Wert der aktuellen Periode oder der kumulierte Wert (also inkl. der Vorperiodenwerte) umgegliedert werden soll. In unserem Fall werden die kumulierten Forderungen und Verbindlichkeiten eliminiert.

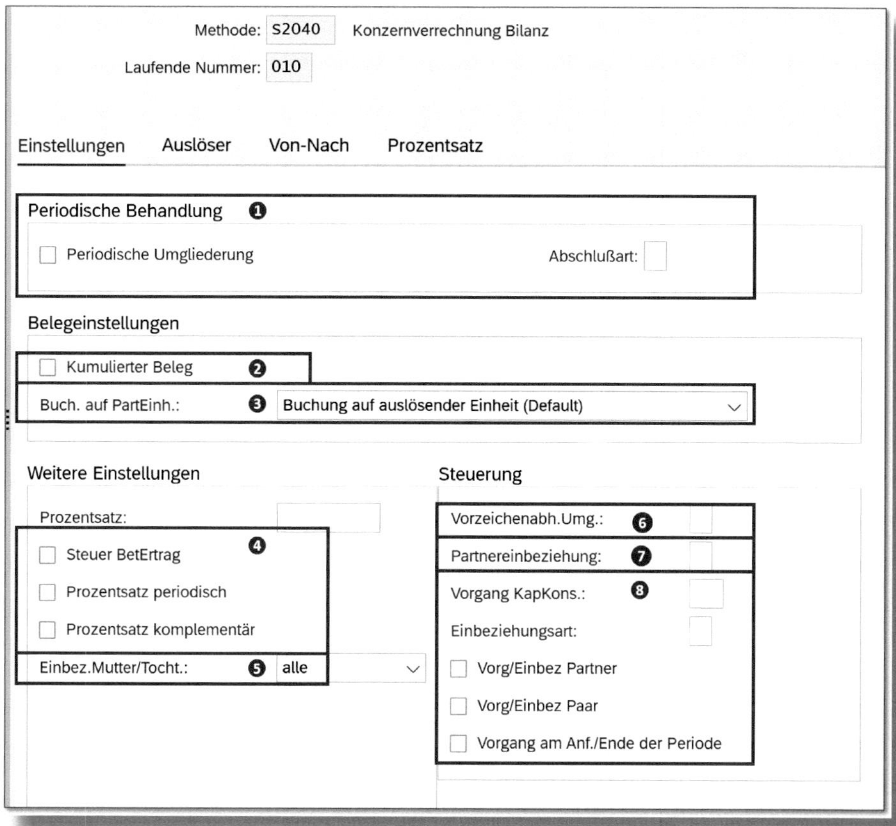

Abbildung 13.6: Einstellungen des Regelschritts 010 der Umrechnungsmethode S2040

❷ Standardmäßig erzeugt die Umgliederung pro auslösender Position einen Beleg. Dies kann zu einer Vielzahl an Belegen führen. Über die Schaltfläche Kumulierter Beleg können Sie das Belegvolumen reduzieren.

❸ Mit der Einstellung Buch. auf PartEinh. legen Sie fest, welche Konsolidierungseinheiten für die Umgliederungsbuchungen verwendet werden sollen. Bei der gezeigten Regel werden die Belege bei der auslösenden Einheit gebucht.

❹ Mithilfe des Prozentsatzes können Sie steuern, dass nur anteilige Werte umgegliedert werden. Diese Funktionalität lässt sich beispielsweise für die Quotenkonsolidierung nutzen. Für die Schuldenkonsolidierung ist sie irrelevant.

❺ Über die Systemeinstellung Einbez. Mutter/Tocht. legen Sie fest, ob eine Umgliederungsbuchung nur für die Muttergesellschaft oder auch für die Tochtergesellschaften eines Konsolidierungskreises bzw. für alle durchgeführt werden soll. Bei der Schuldenkonsolidierung müssen die Muttergesellschaft und die Tochtergesellschaften einbezogen werden.

❻ Die Vorzeichenabh. Umgliederung wird für unsere Schuldenkonsolidierung nicht benötigt. Hierüber können Sie definieren, dass eine Umgliederung nur dann gebucht werden soll, wenn der Wert der auslösenden Position das von Ihnen festgelegte Vorzeichen hat.

❼ Mit der Schaltfläche Partnereinbeziehung können Sie Umgliederungen auf der Kontierungsebene 30 in Abhängigkeit von der Partnereinheit auslösen.

❽ Der letzte Block umfasst Einstellungsmöglichkeiten, die von der regelbasierten Kapitalkonsolidierung genutzt werden (siehe Abschnitt 16.2).

Die Umgliederungsmethode weisen Sie schließlich über die Customizing-Transaktion *CXEA* bzw. über den IMG-Eintrag SAP S/4HANA für Konzernberichtswesen • Reklassifikation • Umgliederungs-

MASSNAHME DEFINIEREN einer Maßnahme im Konsolidierungsmonitor zu. Zusätzlich müssen Sie eine Belegart festlegen, mit der die Umgliederungen gebucht werden sollen. Grundsätzlich können Umgliederungen auf den Kontierungsebenen 01, 10, 20 und 30 durchgeführt werden. In unserem Beispiel nutzen wir die Umgliederung zur Eliminierung konzerninterner Vorgänge. Daher erhält diese Umgliederungsmethode eine Belegart der Kontierungsebene 20.

13.2 Anwendungsbeispiel

Die Konzernverrechnungsmaßnahmen starten Sie über die Fiori-App »Konsolidierungsmonitor«. In Abbildung 13.7 sehen Sie, dass es vier Maßnahmen für die Konzernverrechnungen gibt. Die im vorherigen Abschnitt beschriebene Methode für die Schuldenkonsolidierung ist der Maßnahme 2041 (KONZERNVERRECHNUNG BILANZ) zugeordnet.

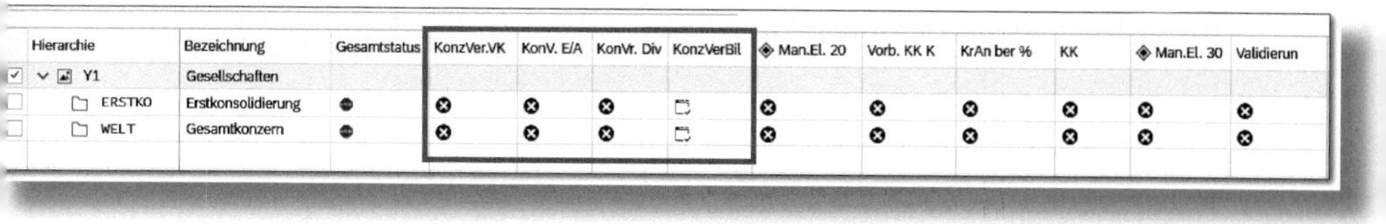

Hierarchie	Bezeichnung	Gesamtstatus	KonzVer.VK	KonV. E/A	KonVr. Div	KonzVerBil	Man.El. 20	Vorb. KK K	KrAn ber %	KK	Man.El. 30	Validierun
Y1	Gesellschaften											
ERSTKO	Erstkonsolidierung	●	⊗	⊗	⊗		⊗	⊗	⊗	⊗	⊗	⊗
WELT	Gesamtkonzern	●	⊗	⊗	⊗		⊗	⊗	⊗	⊗	⊗	⊗

Abbildung 13.7: Konzernverrechnungen im Konsolidierungsmonitor

In unserem Anwendungsbeispiel hat die Konsolidierungseinheit UK01 Forderungen gegenüber der Konsolidierungseinheit UK02 in Höhe von 6.050 € (5.000 £). Die Konsolidierungseinheit UK02 weist in gleicher Höhe Verbindlichkeiten gegenüber der UK01 aus. Diese konzerninternen Verflechtungen werden im Rahmen der Schuldenkonsolidierung durch zwei Umgliederungsbuchungen eliminiert: Zuerst werden die Forderungen der UK01 und dann die Verbindlichkeiten der UK02 gegen die Verrechnungsposition 21110D ausgebucht (siehe Abbildung 13.8).

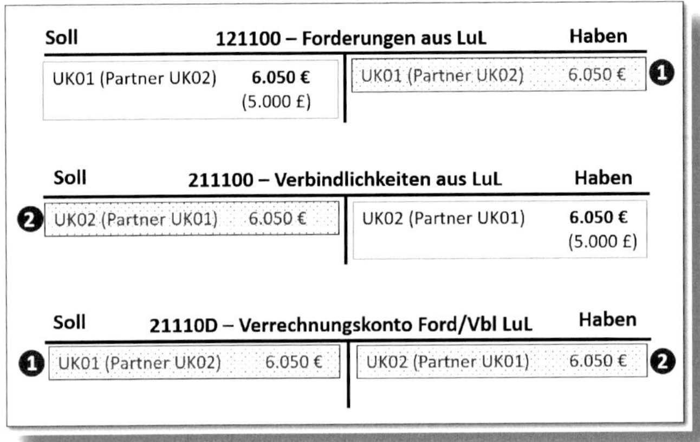

Abbildung 13.8: Umgliederungsbuchungen Schuldenkonsolidierung

Abbildung 13.9 zeigt abschließend das Protokoll der Umgliederungsmaßnahme. Neben der eigentlichen Umgliederungsbuchung sehen Sie in dem Protokoll auch den Auslöser, der die Buchung verursacht hat.

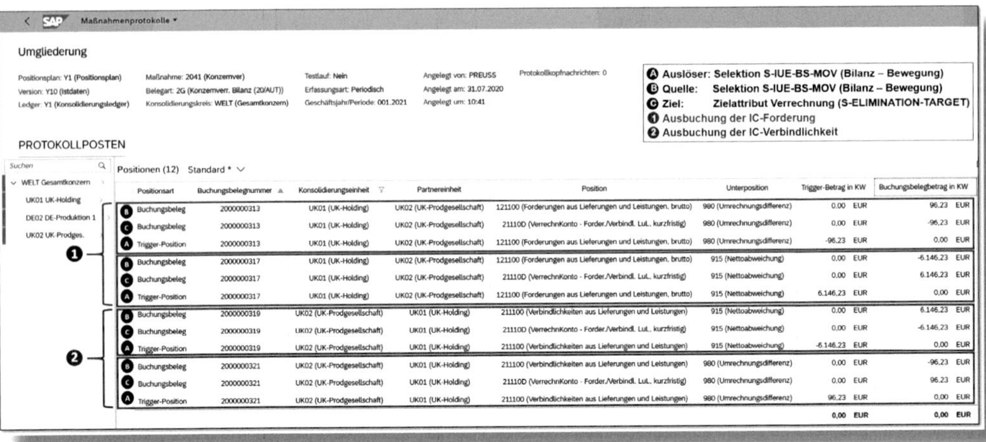

	Positionsart	Buchungsbelegnummer	Konsolidierungseinheit	Partnereinheit	Position	Unterposition	Trigger-Betrag in KW	Buchungsbelegbetrag in KW
1	B Buchungsbeleg	2000000313	UK01 (UK-Holding)	UK02 (UK-Prodgesellschaft)	121100 (Forderungen aus Lieferungen und Leistungen, brutto)	980 (Umrechnungsdifferenz)	0,00 EUR	96,23 EUR
	C Buchungsbeleg	2000000313	UK01 (UK-Holding)	UK02 (UK-Prodgesellschaft)	21110D (VerrechnKonto - Forder./Verbindl. LuL, kurzfristig)	980 (Umrechnungsdifferenz)	0,00 EUR	-96,23 EUR
	A Trigger-Position	2000000313	UK01 (UK-Holding)	UK02 (UK-Prodgesellschaft)	121100 (Forderungen aus Lieferungen und Leistungen, brutto)	980 (Umrechnungsdifferenz)	-96,23 EUR	0,00 EUR
	B Buchungsbeleg	2000000317	UK01 (UK-Holding)	UK02 (UK-Prodgesellschaft)	121100 (Forderungen aus Lieferungen und Leistungen, brutto)	915 (Nettoabweichung)	0,00 EUR	-6.146,23 EUR
	C Buchungsbeleg	2000000317	UK01 (UK-Holding)	UK02 (UK-Prodgesellschaft)	21110D (VerrechnKonto - Forder./Verbindl. LuL, kurzfristig)	915 (Nettoabweichung)	0,00 EUR	6.146,23 EUR
	A Trigger-Position	2000000317	UK01 (UK-Holding)	UK02 (UK-Prodgesellschaft)	121100 (Forderungen aus Lieferungen und Leistungen, brutto)	915 (Nettoabweichung)	6.146,23 EUR	0,00 EUR
2	B Buchungsbeleg	2000000319	UK02 (UK-Prodgesellschaft)	UK01 (UK-Holding)	211100 (Verbindlichkeiten aus Lieferungen und Leistungen)	915 (Nettoabweichung)	0,00 EUR	6.146,23 EUR
	C Buchungsbeleg	2000000319	UK02 (UK-Prodgesellschaft)	UK01 (UK-Holding)	21110D (VerrechnKonto - Forder./Verbindl. LuL, kurzfristig)	915 (Nettoabweichung)	0,00 EUR	-6.146,23 EUR
	A Trigger-Position	2000000319	UK02 (UK-Prodgesellschaft)	UK01 (UK-Holding)	211100 (Verbindlichkeiten aus Lieferungen und Leistungen)	915 (Nettoabweichung)	-6.146,23 EUR	0,00 EUR
	B Buchungsbeleg	2000000321	UK02 (UK-Prodgesellschaft)	UK01 (UK-Holding)	211100 (Verbindlichkeiten aus Lieferungen und Leistungen)	980 (Umrechnungsdifferenz)	0,00 EUR	-96,23 EUR
	C Buchungsbeleg	2000000321	UK02 (UK-Prodgesellschaft)	UK01 (UK-Holding)	21110D (VerrechnKonto - Forder./Verbindl. LuL, kurzfristig)	980 (Umrechnungsdifferenz)	0,00 EUR	96,23 EUR
	A Trigger-Position	2000000321	UK02 (UK-Prodgesellschaft)	UK01 (UK-Holding)	211100 (Verbindlichkeiten aus Lieferungen und Leistungen)	980 (Umrechnungsdifferenz)	96,23 EUR	0,00 EUR
							0,00 EUR	**0,00 EUR**

Abbildung 13.9: Protokoll der Schuldenkonsolidierung

14 Saldovortrag

In diesem Kapitel erläutern wir, wofür der Saldovortrag grundsätzlich verwendet wird und welche Besonderheiten im Group Reporting zu beachten sind.

14.1 Grundlagen und Systemeinstellungen

Der *Saldovortrag* wird in der ersten Abschlussperiode eines Geschäftsjahres durchgeführt und ist nur in dieser Periode vorhanden. Er dient dazu, die Eröffnungsbilanz in Periode 000 zu erstellen. Basis hierfür ist die Schlussbilanz des Vorjahres. Über die Positionsart in den Positionsstammdaten wird festgelegt, wie die Saldovortragsmaßnahme diesen kumulierten Datenbestand vorträgt (siehe Abschnitt 4.3.1). Grundsätzlich gilt:

- *Aktiv- und Passivpositionen* der Bilanz (Positionsarten AST und LEQ) werden im Folgejahr auf die gleiche Position vorgetragen.
- *GuV-Positionen* (Positionsarten INC und EXP) werden nicht auf das Folgejahr vorgetragen.
- *Statistische Positionen* (Positionsart STAT) werden nur vorgetragen, wenn es explizit angegeben wird.

Sofern Sie für die Unterpositionstypen den VORTRAG AUF UNTERPOSITION aktiviert haben, können Sie auch für jede Unterposition eine Vortragsunterposition festlegen (siehe Abschnitt 4.3.2). Hiermit wird sichergestellt, dass beispielsweise die Anfangsbestände für den Anlagespiegel korrekt ermittelt werden.

Eine weitere Besonderheit stellt der Jahresüberschuss auf der Position 317000 (siehe Kapitel 9) dar. Dieser Betrag wird auf die Gewinnrücklagen (Position 316000) im Folgejahr vorgetragen. Solche Sonderfälle werden über die Customizing-Transaktion *CXS3* bzw. den IMG-Eintrag SAP S/4HANA FÜR KONZERNBERICHTSWESEN • KONSOLIDIERUNGS-

POSITIONSKONFIGURATION • VORZUTRAGENDE POSITIONEN FESTLEGEN definiert (siehe Abbildung 14.1).

Positionsplan: Y1 Version: Y10 Periode: 1 / 2020

Version Spezielle Positionen: Y10 Spezielle Version für Ist

Position im alten Jahr

Position:	317000	Jahresüberschu.
Unterpositionstyp:	1	Vorgangsarten
Unterposition:	915	Nettoabweichung

Soll-Position im neuen Jahr

Position:	316000	Gewinnrücklage
Unterpositionstyp:	1	Vorgangsarten
Unterposition:	900	Anfangsbestand

Haben-Position im neuen Jahr

Position:	316000	Gewinnrücklage
Unterpositionstyp:	1	Vorgangsarten
Unterposition:	900	Anfangsbestand

Abbildung 14.1: Saldovortrag des Jahresüberschusses

Wenn Sie das lokale Konto (GL ACCOUNT) als zusätzliches Feld im Group-Reporting-Datenmodell aktiviert haben (siehe Abschnitt 4.5), dann können Sie zusätzlich über die Customizing-Transaktion *CX8BCF_RACCT* bzw. den IMG-Eintrag SAP S/4HANA FÜR KONZERNBERICHTSWESEN • KONSOLIDIERUNGSPOSITIONSKONFIGURATION • VORZUTRAGENDE KONTONUMMER ANGEBEN festlegen, auf welches Sachkonto der Jahresüberschuss vorgetragen werden soll.

Grundsätzlich wird in den Datensätzen des Saldovortrags die ursprüngliche Belegart des Vorjahres beibehalten. Einzige Ausnahme sind Belege der Kontierungsebene 01. Diese werden vom Saldovortrag auf die Kontierungsebene 00 vorgetragen.

Abbildung 14.2 verdeutlich noch einmal anhand eines Beispiels die Saldovortragslogik im Group Reporting.

					2021					2022	
Position	**UPos**	**KE**	**...**	**...**	**00**	**01**	**...**	**16**	**0-16**	**00**	**...**
111100 Kassenbestand	**900**	00			100 €				**100 €**	190 €	
	915	00				30 €			**90 €**		
121100 Forderungen	**900**	00			90 €				**90 €**	210 €	
	915	01				20 €		5 €	**120 €**		
161200 Sachanlagen WB	**900**	00			-130 €				**-130 €**	-430 €	
	915	00				-80 €			**-300 €**		
311000 Gezeichnetes Kapital	**900**	00			-200 €				**-200 €**	-200 €	
	900	10								-40 €	
	915	10				-40 €			**-40 €**		
316000 Gewinnrücklagen	**900**	00			-80 €				**-80 €**	-120 €	
317000 Jahresüberschuss	**915**	10				-20 €		-5 €	**-40 €**		
411000 Umsatzerlöse		10				-30 €		- 5 €	**-400 €**		
571000 Abschreibung		01				-80 €			**300 €**		
799000 Jahresüberschuss GuV		10				20 €		5 €	**40 €**		
...	...	...			...	...		...	...	...	

Saldovortrag

Abbildung 14.2: Beispiel für Saldovortrag

14.2 Anwendungsbeispiel

Wir haben in unserem Anwendungsbeispiel den Saldovortrag in der PERIODE *01/2022* durchgeführt. Hiermit werden die Eröffnungsbilanzwerte für das Geschäftsjahr 2022 generiert. Wie Sie in Abbildung 14.3 sehen, steht diese Maßnahme in der ersten Abschlussperiode eines jeden Geschäftsjahres im Datenmonitor zur Verfügung.

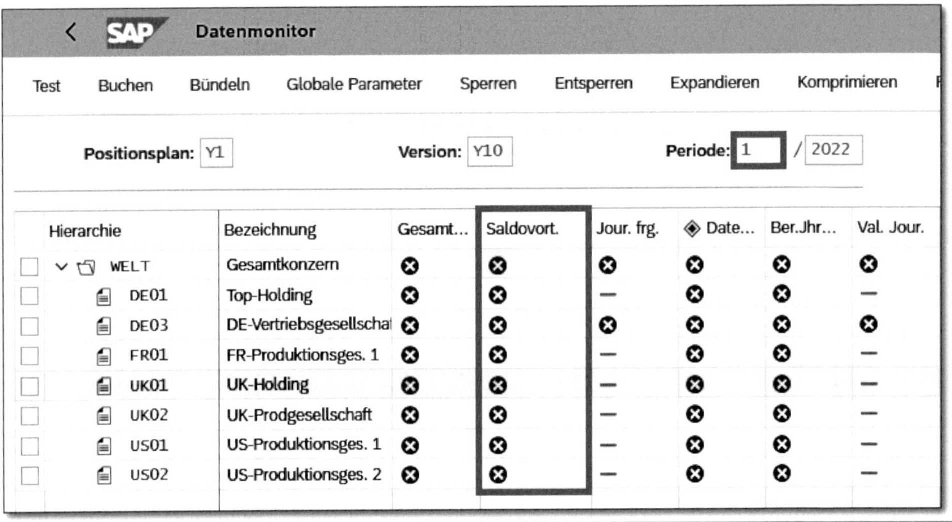

Abbildung 14.3: Saldovortragsmaßnahme im Datenmonitor

Nachdem Sie den Saldovortrag durchgeführt haben, werden in einem Protokoll die Positionen angezeigt, für die Sie über die in Abschnitt 14.1 beschriebene Customizing-Transaktion *Vorzutragende Positionen festlegen* eine besondere Vortragslogik definiert haben. Hierzu gehört insbesondere die Vortragslogik für den Jahresüberschuss, die Sie in Abbildung 14.4 am Beispiel der Konsolidierungseinheit DE03 sehen.

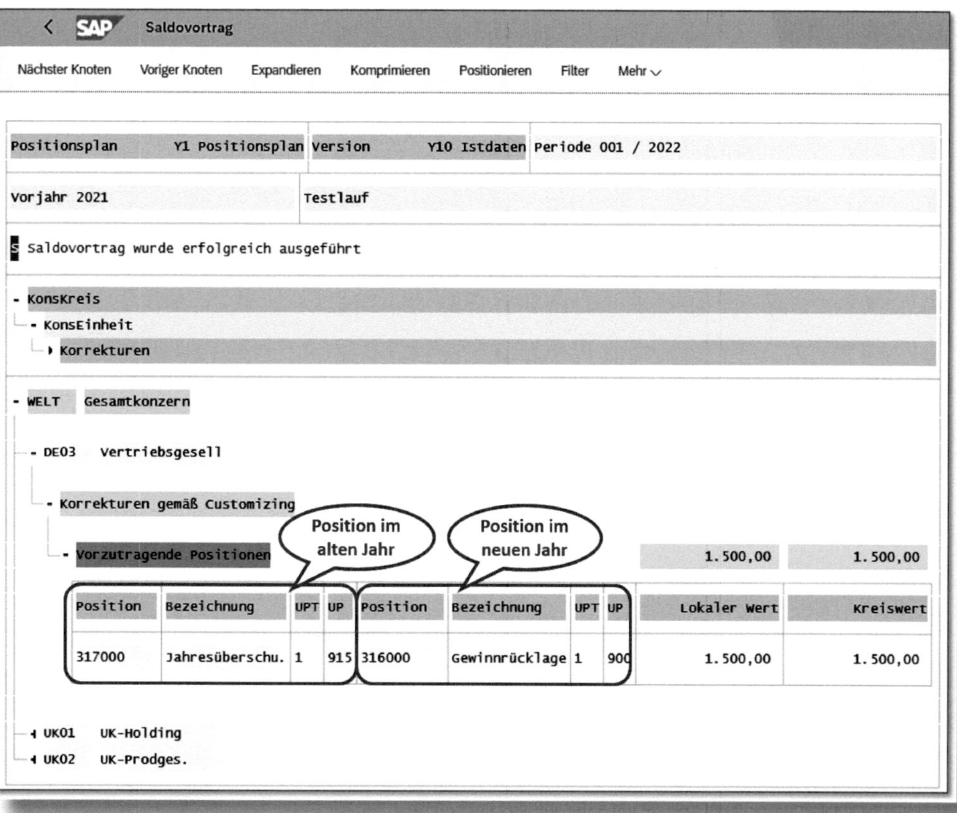

Abbildung 14.4: Protokoll der Saldovortragsmaßnahme

15 Vorbereitung der Konsolidierungskreisänderungen

In diesem Kapitel erklären wir Ihnen, welche Aktivitäten Sie bei Änderungen des Konsolidierungskreises, also bei Erst- oder Entkonsolidierungen, durchführen müssen.

15.1 Grundlagen und Systemeinstellungen

Mit dem Erwerb oder dem Verkauf von Beteiligungen kann sich die Zusammensetzung eines Konsolidierungskreises im Zeitablauf ändern. Des Weiteren führen konzerninterne Transfers möglicherweise zur Veränderung der Konsolidierungskreise.

Das Group Reporting unterstützt Sie bei der Vorbereitung dieser Umstrukturierungen. Dies gilt sowohl für den Fall, dass eine Konsolidierungseinheit einem Konsolidierungskreis hinzugefügt wird (*Zugangsvorbereitung*), als auch für den Fall, dass eine Konsolidierungseinheit den Konsolidierungskreis verlässt (*Abgangsvorbereitung*).

In Abbildung 15.1 sehen Sie, welche automatischen Korrekturbuchungen in diesen beiden Fällen vom Group Reporting durchgeführt werden.

	Zugangsvorbereitung	Abgangsvorbereitung
Positionen der Gewinn- und Verlustrechnung	Ausbuchung der GuV-Werte, die vor dem Zugang entstanden sind.	Keine Ausbuchung notwendig, da nach dem Abgang keine neuen GuV-Werte mehr gebucht werden.
Bilanzpositionen ohne Aufriss nach Unterpositionen	**n/a**	Ausbuchung der Bilanzwerte
Bilanzpositionen mit Aufriss nach Unterpositionen	Umgliederung der Bilanzwerte, die vor dem Zugang entstanden sind, auf eine **spezielle Unterposition (901)**	Ausbuchung der Bilanzwerte unter Verwendung einer **speziellen Unterposition (998)**

Abbildung 15.1: Korrekturbuchungen der Vorbereitung für Konsolidierungskreisänderungen

Ziel der *Zugangsvorbereitung* ist es, den Datenbestand der zugehenden Konsolidierungseinheit so zu korrigieren, dass die Aufwendungen und Erträge, die vor der Erstkonsolidierung entstanden sind, ausgebucht werden. Bei Bilanzpositionen werden, sofern der Unterpositionstyp das vorsieht, die Werte auf eine spezielle Zugangsunterposition umgegliedert, damit die Erstkonsolidierung korrekt in den Spiegelberichten ausgewiesen wird. Hierfür wird im Best Practices Content bei allen Unterpositionen die Zugangsunterposition 901 verwendet.

Bei der *Abgangsvorbereitung* müssen alle Bilanzwerte der abgehenden Konsolidierungseinheit ausgebucht werden. Sind die Bilanzpositionen analog zur Zugangsvorbereitung nach Unterpositionen aufgegliedert, muss für diese Ausbuchung zusätzlich eine spezielle Abgangsunterposition verwendet werden. Hiermit stellt das Group Reporting sicher, dass die Entkonsolidierung in den Spiegelberichten ebenfalls richtig dargestellt wird. Der Best Practices Content benutzt bei allen Unterpositionen die Abgangsunterposition 998. In Abbildung 15.2 sieht man den Stammsatz der Unterposition 915 mit Zugangsunterposition und Abgangsunterposition. Weitere Informationen zur Pflege der Unterpositionen finden Sie in Abschnitt 4.3.2.

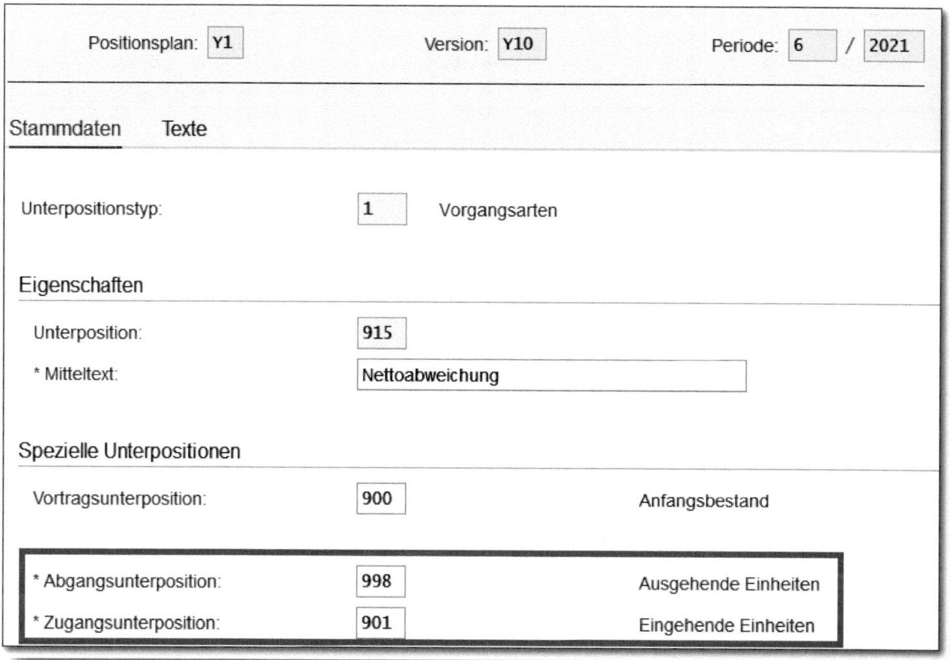

Positionsplan: Y1 Version: Y10 Periode: 6 / 2021

Stammdaten Texte

Unterpositionstyp: 1 Vorgangsarten

Eigenschaften

Unterposition: 915

* Mitteltext: Nettoabweichung

Spezielle Unterpositionen

Vortragsunterposition: 900 Anfangsbestand

* Abgangsunterposition: 998 Ausgehende Einheiten

* Zugangsunterposition: 901 Eingehende Einheiten

Abbildung 15.2: Definition der Abgangs- und Zugangsunterpositionen

Der Auslöser für die Buchung der *Zugangsvorbereitung* ist der Erstkonsolidierungszeitpunkt, der bei der Pflege der Konsolidierungseinheit in der Konsolidierungskreisstruktur angegeben wird (siehe Abschnitt 4.2.2). In Abbildung 15.3 sehen Sie beispielsweise, dass die Konsolidierungseinheit FR01 ab dem Periodenanfang (Erstkonsolidierung zum Periodenende: *Nein*) der Periode 002.2021 in den Konsolidierungskreis WELT einbezogen werden soll.

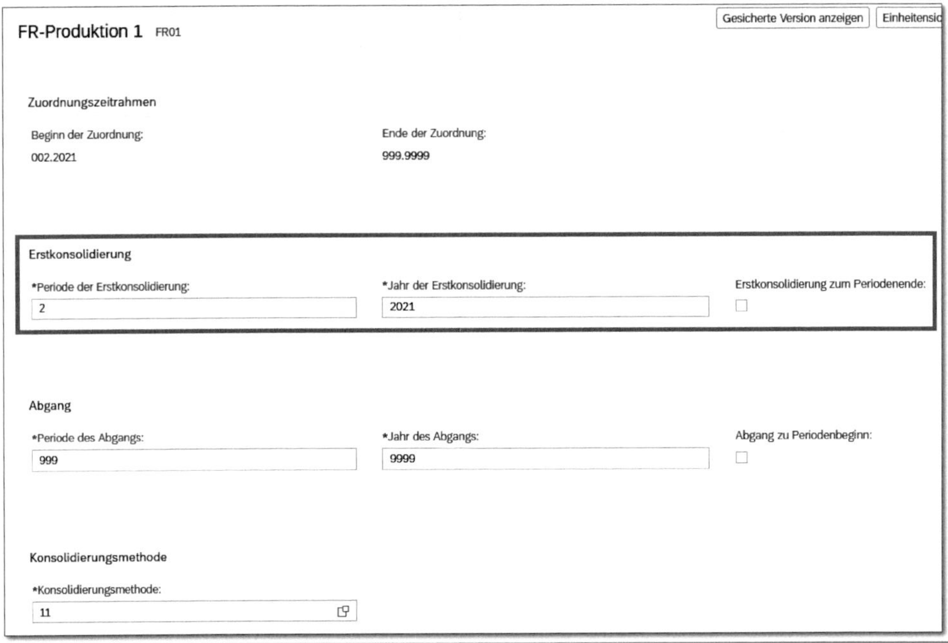

FR-Produktion 1 FR01

Gesicherte Version anzeigen | Einheitensic

Zuordnungszeitrahmen

Beginn der Zuordnung: 002.2021

Ende der Zuordnung: 999.9999

Erstkonsolidierung

*Periode der Erstkonsolidierung: 2

*Jahr der Erstkonsolidierung: 2021

Erstkonsolidierung zum Periodenende: ☐

Abgang

*Periode des Abgangs: 999

*Jahr des Abgangs: 9999

Abgang zu Periodenbeginn: ☐

Konsolidierungsmethode

*Konsolidierungsmethode: 11

Abbildung 15.3: Pflege des Erstkonsolidierungszeitpunkts für die Konsolidierungseinheit FR01

In diesem Fall müssen also durch die *Vorbereitung für Konsolidierungskreisänderungen* die GuV-Daten der Periode 001.2021 ausgebucht werden, und bei den Bilanzpositionen, die nach Unterposition aufgerissen sind, muss eine Umbuchung auf die Zugangsunterposition vorgenommen werden. Wenn der Zugang zum Ende der Periode 002.2021 stattfände, würde das Group Reporting auch noch die Daten der Periode 002 bei den Korrekturbuchungen berücksichtigen.

Die *Abgangsvorbereitung* wird über den Entkonsolidierungszeitpunkt ausgelöst, der für eine Konsolidierungseinheit in der Konsolidierungskreisstruktur angegeben ist. Im Fall der Konsolidierungseinheit DE02 ist das zum Ende der Periode 006.2021 (siehe Abbildung 15.4).

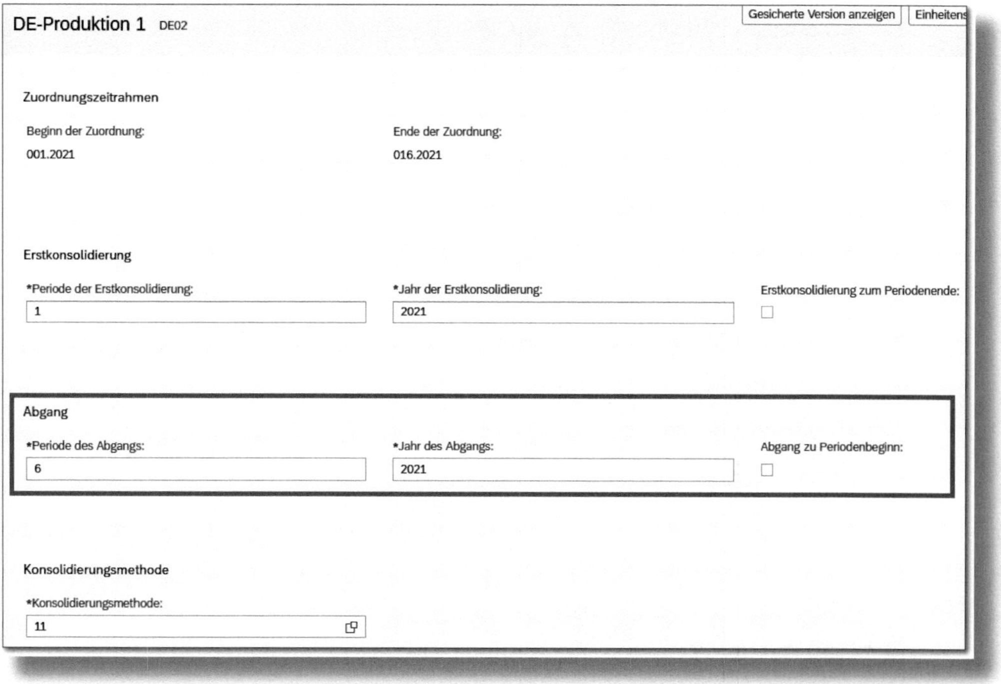

DE-Produktion 1 DE02
Gesicherte Version anzeigen
Einheitens

Zuordnungszeitrahmen
Beginn der Zuordnung: 001.2021
Ende der Zuordnung: 016.2021

Erstkonsolidierung
*Periode der Erstkonsolidierung: 1
*Jahr der Erstkonsolidierung: 2021
Erstkonsolidierung zum Periodenende:

Abgang
*Periode des Abgangs: 6
*Jahr des Abgangs: 2021
Abgang zu Periodenbeginn:

Konsolidierungsmethode
*Konsolidierungsmethode: 11

Abbildung 15.4: Pflege des Entkonsolidierungszeitpunkts für die Konsolidierungseinheit DE02

Um die Funktionalität der Zugangs- und Abgangsvorbereitung nutzen zu können, legen Sie mit der Transaktion *CXED* bzw. über den IMG-Eintrag SAP S/4HANA für Konzernberichtswesen • Vorbereitung für Änderungen im Konsolidierungskreis • Maßnahmen definieren eine separate Maßnahme für den Konsolidierungsmonitor an. Wenn Sie diese Maßnahme ausführen, werden die Buchungen auf den Kontierungsebenen 02, 12 und 22 vorgenommen (siehe hierzu auch Abschnitt 4.4). Daher müssen Sie über diese Transaktion für jede Kontierungsebene eine separate Belegart festlegen. Zusätzlich können Sie auch noch für die Zugangs- und die Abgangsvorbereitung sowie für den Methodenwechsel in der Kapitalkonsolidierung (siehe Abschnitt 16.3) unterschiedliche Belegarten verwenden. In unserem Fallbeispiel nutzen wir für alle drei Vorgänge dieselben Belegarten (siehe Abbildung 15.5).

KonsMaßnahme: 2060 Vorb. KonsKreisänderung 22

Abjahr: 2010

Abperiode: 12

Belegarten Zugangsvorbereitungen

Meldedaten:	0Z	Vorbereit. Kreisänd. (02/AUT)
Anpassungen:	1Z	Vorbereit. Kreisänd. (12/AUT)
Konzernaufrechnung:	2Z	Vorbereit. Kreisänd. (22/AUT)

Belegarten Abgangsvorbereitungen

Meldedaten:	0Z	Vorbereit. Kreisänd. (02/AUT)
Anpassungen:	1Z	Vorbereit. Kreisänd. (12/AUT)
Konzernaufrechnung:	2Z	Vorbereit. Kreisänd. (22/AUT)

Belegarten Methodenwechsel

Meldedaten	0Z	Vorbereit. Kreisänd. (02/AUT)
Anpassungen	1Z	Vorbereit. Kreisänd. (12/AUT)
Konzernaufrechnung	2Z	Vorbereit. Kreisänd. (22/AUT)

Abbildung 15.5: Zuordnung der Belegarten zur Maßnahme »Vorbereitung für Konsolidierungskreisänderungen«

Anhand von Abbildung 15.6 erkennen Sie, wie die Kontierungsebenen der umzubuchenden Daten und die Kontierungsebenen, die von der Konsolidierungskreisänderungsmaßnahme verwendet werden, zusammenhängen.

Originäre Kontierungsebene		Kontierungsebene für Konsolidierungskreisänderung	
<Leer>	Datenübernahme aus Tabelle ACDOCA	02	Meldedaten - Konsolidierungskreisänderungen
00	Meldedatenerfassung (Upload, API, manuelle Eingabe)		
0C	Korrektur der übernommen Daten aus Tabelle ACDOCA		
01	Korrekturen der Meldedaten		
10	Anpassung der Meldedaten	12	Anpassungsbuchungen – Konsolidierungskreisänderungen
20	Konzerneliminierungen	22	Konzerneliminierungen – Konsolidierungskreisänderungen

Abbildung 15.6: Zuordnung der Kontierungsebenen

15.2 Anwendungsbeispiel

In unserem Anwendungsbeispiel buchen wir in der Periode 02.2021 den Zugang der Konsolidierungseinheit FR01 und in der Periode 06.2021 den Abgang der Konsolidierungseinheit DE02. In beiden Fällen wird die in Abbildung 15.7 markierte Maßnahme »Vorbereitung Konsolidierungskreisänderung« (Vorb. KK K) eingesetzt.

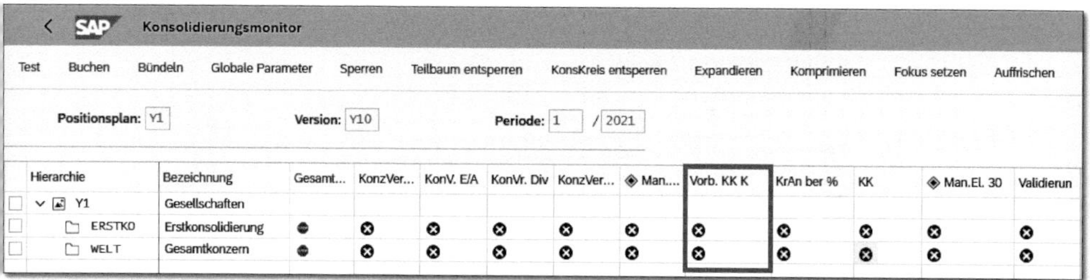

SAP Konsolidierungsmonitor

Test | Buchen | Bündeln | Globale Parameter | Sperren | Teilbaum entsperren | KonsKreis entsperren | Expandieren | Komprimieren | Fokus setzen | Auffrischen

Positionsplan: Y1 Version: Y10 Periode: 1 / 2021

Hierarchie	Bezeichnung	Gesamt...	KonzVer...	KonV. E/A	KonVr. Div	KonzVer...	Man....	Vorb. KK K	KrAn ber %	KK	Man.El. 30	Validierun
Y1	Gesellschaften											
ERSTKO	Erstkonsolidierung											
WELT	Gesamtkonzern											

Abbildung 15.7: Ausführen der Vorbereitung für Konsolidierungskreisänderung

Vorab haben wir für die Gesellschaft FR01 in der Periode 1/2021 die Eröffnungsbilanz zur Erstkonsolidierung über den flexiblen Upload (siehe Kapitel 6) in das System geladen. Da die Konsolidierungseinheit in der Periode 1/2021 noch nicht dem Konsolidierungskreis WELT zugeordnet ist, haben wir sie in der ersten Periode dem separaten Konsolidierungskreis ERSTKO zugeordnet (siehe Abbildung 15.8).

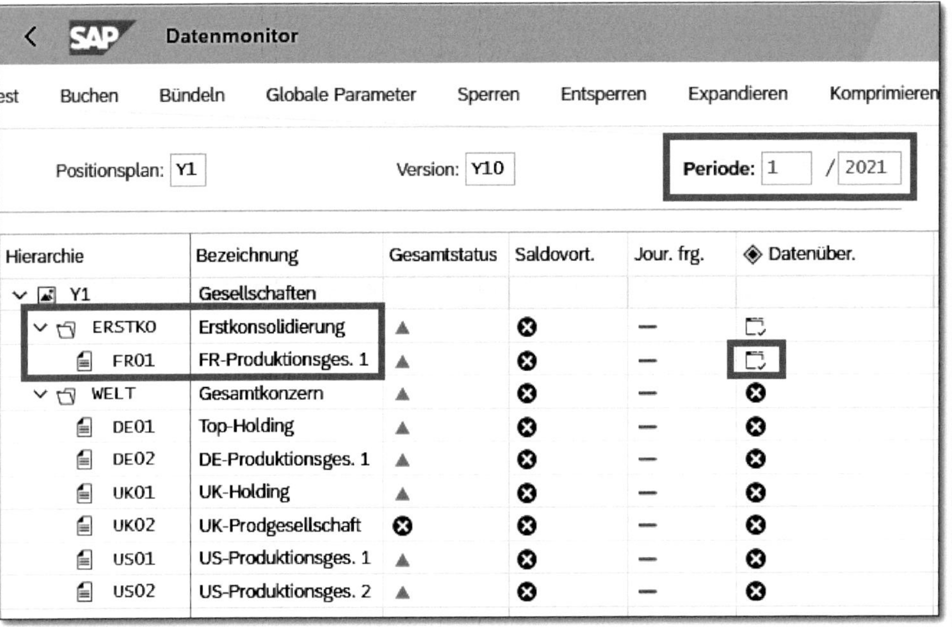

Abbildung 15.8: Erfassung der Eröffnungsbilanzwerte in Periode 1/2021 für die Gesellschaft FR01

Abbildung 15.9 zeigt den Datenbestand, den wir in der Periode 01.2021 auf der Kontierungsebene 00 in das Group-Reporting-System geladen haben.

In der Buchungsperiode 02.2021 haben sich die Bilanz- und GuV-Werte weiterentwickelt. Diese haben wir als kumulierte Daten mit dem flexiblen Upload auf Kontierungsebene 00 in das Group-Reporting-System übernommen (siehe Abbildung 15.10).

Konsolidierungseinheit FR01 - Periode 01.2021

Aktiva	BILANZ		Passiva
BGA	2.500	Gezeichnetes Kapital	-1.000
Sachlagen	2.000	Jahresüberschuss	-500
Kasse	1.000	Verbindlichkeiten	-4.000
	5.500 €		-5.500 €

Aufwand	GuV		Ertrag
Bez. Leistungen	1.000	Umsatzerlöse	-1.600
Jahresüberschuss	500		
	1.600 €		-1.600 €

Abbildung 15.9: Bilanz- und GuV-Werte der Periode 01.2021

Konsolidierungseinheit FR01 - Periode 02.2021

Aktiva	BILANZ		Passiva
BGA	2.500	Gezeichnetes Kapital	-1.000
Sachlagen	2.100	Jahresüberschuss	-1.100
Kasse	1.500	Verbindlichkeiten	-4.000
	6.100 €		-6.100 €

Aufwand	GuV		Ertrag
Bez. Leistungen	1.200	Umsatzerlöse	-2.300
Jahresüberschuss	1.100		
	2.300 €		-2.300 €

Abbildung 15.10: Erfasste kumulierte Bilanz- und GuV-Werte der Periode 02.2021

Im Konzernabschluss erhalten wir nach dem Ausführen der Maßnahme »Vorbereitung für Konsolidierungskreisänderungen« das in Abbildung 15.11 gezeigte Bild.

Konsolidierungseinheit FR01 - Periode 02.2021

BILANZ

Aktiva		**Passiva**	
BGA	2.500	Gezeichnetes Kapital	-1.000
Sachlagen	2.100	JÜ vor Erstkons.	-500
Kasse	1.500	Jahresüberschuss (JÜ)	-600
		Verbindlichkeiten	-4.000
	6.100 €		-6.100 €

GuV

Aufwand		**Ertrag**	
Bez. Leistungen	200	Umsatzerlöse	-800
Jahresüberschuss	600		
	800 €		-800 €

Abbildung 15.11: Kumulierte Bilanz- und periodische GuV-Werte der Periode 02.2021 auf den Kontierungsebenen 00–02

Die Eröffnungsbilanzwerte der Periode 01.2021 wurden auf die Zugangsunterposition 901 umgebucht, während die laufenden Bewegungen der Periode 02.2021 unverändert sind. Zusätzlich wurden die GuV-Werte, die vor dem Erstkonsolidierungszeitpunkt entstanden sind (Periode 01.2021), ausgebucht. Das Ganze wird in Abbildung 15.12 nochmals anhand der Datenbankanlistung (siehe Abschnitt 3.4) für die Periode 02.2021 verdeutlicht. Sie sehen in der Darstellung exemplarisch die Werte für die Positionen 111100 (Kasse) und 411100 (Umsatzerlöse).

Um Veränderungen in der Bilanz und in der GuV vor der Entkonsolidierung der Konsolidierungseinheit DE02 zeigen zu können, haben wir Meldedaten mit dem flexiblen Upload in die Perioden 01.2021 und

06.2021 geladen. Abbildung 15.13 zeigt den Datenbestand der Periode 01.2021.

Positionsplan

Ledger Y1 Konsolidierungsledger

❶ Umbuchung der Eröffnungsbilanzwerte der Periode 01.2021
❷ Gemeldete Bilanzdaten der Perioden 01.2021 und 02.2021
❸ Umbuchung der Eröffnungsbilanzwerte der Periode 01.2021
❹ Gemeldete Umsatzerlöse der Perioden 01.2021 und 02.2021
❺ Ausbuchung der Umsatzerlöse aus der Periode 01.2021

	KEinh.	Position	UPT	Unterpos.	PEinh.	KE	Quo	UmrK	BA	TW	S	Wert (TW)	HW	Wert (HW)	Wert (KW)
❶	FR01	111100	1	901		02			0Z	EUR	0	0,00	EUR	0,00	1.000,00
❷	FR01	111100	1	915		00			00	EUR	0	1.500,00	EUR	1.500,00	1.500,00
❸	FR01	111100	1	915		02			0Z	EUR	A	1.000,00-	EUR	1.000,00-	1.000,00-
	*	111100								EUR		500,00	EUR	500,00	1.500,00
❹	FR01	411100	2	YB99		00			00	EUR	0	2.300,00-	EUR	2.300,00-	2.300,00-
❺	FR01	411100	2	YB99		02			0Z	EUR	A	1.500,00	EUR	1.500,00	1.500,00
	*	411100								EUR		800,00-	EUR	800,00-	800,00-
	**									EUR		300,00-	EUR	300,00-	700,00

Abbildung 15.12: Datenbankanlistung für ausgewählte Positionen in Periode 02.2021 nach Buchung der Zugangsvorbereitung

Konsolidierungseinheit DE02 - Periode 01.2021

Aktiva		BILANZ	Passiva
Kasse	10.500	Gezeichnetes Kapital	-7.500
		Jahresüberschuss	-2.000
		Verbindlichkeiten	-1.000
	10.500 €		-10.500 €

Aufwand		GuV	Ertrag
Bez. Leistungen	8.000	Umsatzerlöse	-10.000
Jahresüberschuss	2.000		
	10.000 €		-10.000 €

Abbildung 15.13: Bilanz- und GuV-Werte der Periode 01.2021

In der Periode 06.2021 haben wir insbesondere die GuV-Daten weiterentwickelt, um die Effekte der Konsolidierungskreisänderung sowie die Kapitalkonsolidierung (siehe Abschnitt 16.3) besser zeigen zu können. Den Datenbestand der Periode 06.2021 sehen Sie in Abbildung 15.14.

Konsolidierungseinheit DE02 - Periode 06.2021

BILANZ

Aktiva		**Passiva**	
Kasse	12.000	Gezeichnetes Kapital	-7.500
		Jahresergebnis	-3.500
		Verbindlichkeiten	-1.000
	10.500 €		-10.500 €

GuV

Aufwand		**Ertrag**	
Bez. Leistungen	9.500	Umsatzerlöse	-13.000
Jahresergebnis	3.500		
	13.000 €		-13.000 €

Abbildung 15.14: Bilanz- und GuV-Werte der Periode 06.2021

Bei der Abgangsvorbereitung werden Bilanzwerte mit der Unterposition 998 ausgebucht. Eine Sonderrolle nimmt hierbei das Jahresergebnis ein. Dieses wird nicht aus der Position 317000 (Jahresergebnis), sondern aus der Position 319000 (Jahresergebnis Verrechnung) ausgebucht. Die GuV-Daten werden von der Abgangsvorbereitung nicht ausgebucht, da diese während der Konzernzugehörigkeit entstanden und somit auch nach dem Abgang weiterhin Bestandteil der Konzern-GuV sind. Abbildung 15.15 zeigt ausgewählte Positionen der Periode 06.2021, nachdem die Abgangsvorbereitung gebucht wurde.

Positionsplan

Ledger Y1 Konsolidierungsledger

❶ Gemeldete Bilanzdaten in Periode 06.2021
❷ Ausbuchung Bilanzdaten der Periode 06.2021
❸ Ausbuchung des Jahresergebnis über separate EK-Position
❹ Keine Ausbuchung der gemeldeten Umsatzerlöse der Perioden 06.2021

KEinh.	Position	UPT	Unterpos.	PEinh.	KE	Quo	UmrK	BA	TW	S	Wert (TW)	HW	Wert (HW)	Wert (KW)
DE02	111100	1	915		00			00	EUR	0	12.000,00	EUR	12.000,00	12.000,00
DE02	111100	1	998		02			0Z	EUR	0	0,00	EUR	0,00	12.000,00-
*	111100								EUR		12.000,00	EUR	12.000,00	0,00
DE02	317000	1	915		00			00	EUR	0	1.500,00-	EUR	1.500,00-	1.500,00-
DE02	317000	1	915		00			00	EUR	0	2.000,00-	EUR	2.000,00-	2.000,00-
*	317000								EUR		3.500,00-	EUR	3.500,00-	3.500,00-
DE02	319000	1	998		02			0Z	EUR	0	0,00	EUR	0,00	3.500,00
*	319000								EUR		0,00	EUR	0,00	3.500,00
DE02	411100	2	YB99		00			00	EUR	0	13.000,00-	EUR	13.000,00-	13.000,00-
*	411100								EUR		13.000,00-	EUR	13.000,00-	13.000,00-
**									EUR		4.500,00-	EUR	4.500,00-	13.000,00-

Abbildung 15.15: Datenbankanlistung für ausgewählte Positionen in Periode 06.2021 nach Buchung der Abgangsvorbereitung

16 Kapitalkonsolidierung

Die Kapitalkonsolidierungsbuchungen werden durch die Einbeziehungsarten der Konsolidierungseinheiten ausgelöst. Sie unterscheiden hierbei zwischen der Vollkonsolidierung, bei der die kompletten Bilanzen sowie Gewinn- und Verlustrechnungen der Tochtergesellschaften in den Konzernabschluss eingehen, und der At-Equity-Bewertung, bei der lediglich eine Ergebnisfortschreibung innerhalb des Beteiligungsbuchwerts vorgenommen wird.

16.1 Grundlagen

Bei der *Vollkonsolidierung* werden die Beteiligungsbuchwerte der Muttergesellschaft eines Konsolidierungskreises gegen das (anteilige) Eigenkapital ihrer Tochtergesellschaften aufgerechnet. Wird eine Tochtergesellschaft erstmals in einen Konsolidierungskreis aufgenommen, spricht man von einer *Erstkonsolidierung*.

Die bei diesem Vorgang stattfindenden Buchungsvorgänge werden in Abbildung 16.1 in vereinfachter Form gezeigt. In diesem Beispiel kauft die Muttergesellschaft 80 Prozent der Anteile an der Tochtergesellschaft für 1.000 Euro, und die Tochtergesellschaft weist ein Eigenkapital von 800 Euro aus.

Aus Konzernsicht müssen nun die Beteiligung und das anteilige Eigenkapital eliminiert werden. Das verbleibende Eigenkapital wird in der Konzernbilanz als »nicht beherrschende Anteile« (NCI) ausgewiesen.

Schließlich ergibt sich ein Unterschiedsbetrag (360 Euro) aus der Verrechnung des Beteiligungsbuchwerts mit dem anteiligen Eigenkapital (640 Euro), welcher in der Konzernbilanz auszuweisen ist. Der Unterschiedsbetrag kann einen positiven oder negativen Wert annehmen. Abhängig von den zu verwendenden Rechnungslegungsvorschriften ist dieser Unterschiedsbetrag als (positiver oder negativer) *Goodwill* auszuweisen oder direkt mit dem Konzerneigenkapital zu verrechnen. In unserem Beispiel zeigen wir einen positiven Goodwill.

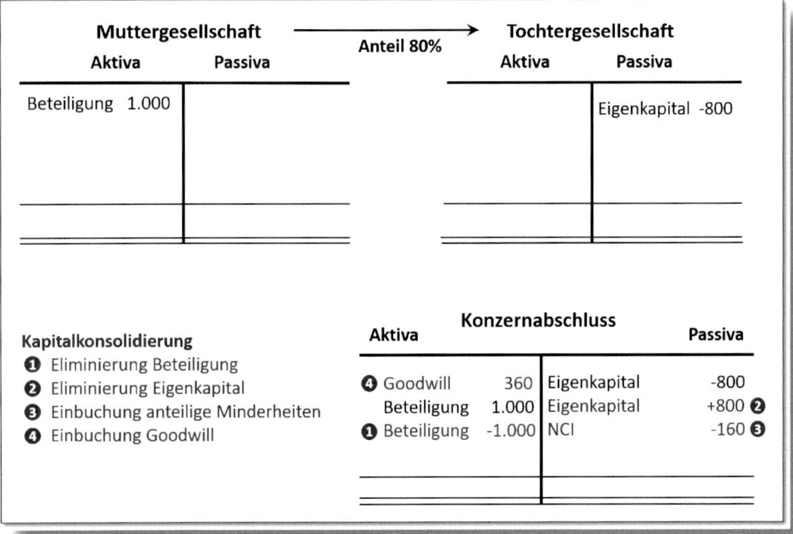

Abbildung 16.1: Beispiel der Erstkonsolidierung

Während der Zugehörigkeit zu einem Konsolidierungskreis können unterschiedliche Vorgänge Kapitalkonsolidierungsbuchungen auslösen. Zu den häufigsten Vorgängen gehören:

- *Folgekonsolidierung*
- *sukzessiver Erwerb* (Erhöhung des Anteilsprozentsatzes)
- *Kapitalerhöhungen* bei der Tochtergesellschaft
- *Kapitalherabsetzungen* bei der Tochtergesellschaft
- *Teilabgang* (teilweiser Verkauf des Anteilsbesitzes und Fortführung der Vollkonsolidierung)
- *Vollabgang* (teilweiser oder vollständiger Verkauf des Anteilsbesitzes sowie Beendigung der Vollkonsolidierung)
- *Verschmelzung* von Konzerngesellschaften

Im Gegensatz zur Vollkonsolidierung bei Tochtergesellschaften werden bei der *At-Equity-Bewertung* die Bilanzen und GuV-Daten der sogenannten assoziierten Gesellschaften nicht in den Konzernabschluss übernommen. Es findet daher auch keine Eliminierung des Beteiligungsbuchwerts mit dem korrespondierenden Eigenkapital statt. Stattdessen wird im Wesentlichen der Beteiligungsbuchwert immer in Höhe des anteiligen Eigenkapitals fortgeschrieben. Hierbei wird auch ein möglicherweise vorhandener Goodwill berücksichtigt.

Im Group Reporting gibt es zwei unterschiedliche Optionen, mit denen diese Kapitalkonsolidierungsbuchungen automatisiert werden können:

- *Regelbasierte Kapitalkonsolidierung*: Mithilfe von Reklassifikationen (siehe Kapitel 13) können Sie ein eigenes, freies Regelwerk erstellen und damit bis zu einem gewissen Grad eine Automatisierung der Kapitalkonsolidierung erreichen. Dieser Lösungsansatz wird auch in den Konsolidierungsprodukten SAP BPC und SAP FC verwendet.
- *Vorgangsbasierte Kapitalkonsolidierung*: Der zweite Ansatz ist aus den Konsolidierungsprodukten SAP EC-CS und SAP SEM-BCS bekannt und seit dem Release 1909 auch im Group Reporting verfügbar. Bei dieser Option wird die Vollkonsolidierung mit den Kapitalkonsolidierungsvorgängen Erstkonsolidierung, Folgekonsolidierung, sukzessiver Erwerb, Kapitalerhöhung und -herabsetzung sowie Teil- und Vollabgang unterstützt. Darüber hinaus kann die At-Equity-Bewertung automatisiert gebucht werden. Auf dieses Spezialthema wird in diesem Buch nicht weiter eingegangen. Weiterführende Informationen finden Sie beispielsweise im SAP Help Portal zu SAP S/4HANA.

Änderung mit Release 2020: Vorgangsbasierte Kapitalkonsolidierung

Mit dem Release 2020 werden zusätzlich die folgenden automatischen Kapitalkonsolidierungsvorgänge angeboten: Teilumbuchung, Vollumbuchung, horizontale und vertikale Fusion.

Ob die regelbasierte oder die vorgangsbasierte Kapitalkonsolidierung genutzt wird, bestimmen Sie durch die verwendeten Maßnahmen im Konsolidierungsmonitor.

Wir haben uns dazu entschieden, in diesem Buch die vorgangsbasierte Kapitalkonsolidierung eingehender zu behandeln, und haben hierfür auch das Anwendungsbeispiel erstellt. Die Grundlagen zur regelbasierten Kapitalkonsolidierung werden im nachfolgenden Abschnitt daher nur kurz erläutert.

16.2 Regelbasierte Kapitalkonsolidierung

Wenn Sie die regelbasierte Kapitalkonsolidierung für einen Konsolidierungskreis nutzen möchten, müssen die folgenden Voraussetzungen erfüllt sein:

- Die Muttergesellschaft eines Konsolidierungskreises muss festgelegt und für die übrigen Konsolidierungseinheiten müssen die Einbeziehungsarten hinterlegt werden (siehe Abschnitt 4.2.2).
- Die Erst- und Entkonsolidierungszeitpunkte der Konsolidierungseinheiten müssen gepflegt sein, damit diese als Auslöser für unterschiedliche Kapitalkonsolidierungsvorgänge verwendet werden können (siehe Abschnitt 4.2.2).
- Die Anteilsprozentsätze müssen auf vordefinierten statistischen Positionen erfasst und anschließend die Funktionalität »Kreisanteile berechnen« ausgeführt werden.

Da die regelbasierte Kapitalkonsolidierung auf Umgliederungen basiert, gibt es hierfür keinen eigenständigen Bereich in der Customizing-Umgebung. Stattdessen wird die gleiche Customizing-Transaktion verwendet, die Sie bereits aus Abschnitt 13.1 (Reklassifikationen) kennen. Für die Erstkonsolidierung, Folgekonsolidierung, Kapitalerhöhung und -herabsetzung sowie für die Änderung des Konzernanteils gibt es im SAP Best Practices Content die vordefinierte Umgliederungsmethode S2100 (BETEILIGUNG/EIGENKAPVERRECHNUNG).

Den Vorgang Vollabgang können Sie mit der Methode S2180 (VOLLABGANG) automatisieren.

In Abbildung 16.2 sehen Sie einen Ausschnitt der Umgliederungsschritte, die für die Methode S2100 (BETEILIGUNG/EIGENKAPVERRECHNUNG) angelegt wurden (siehe Kapitel 13).

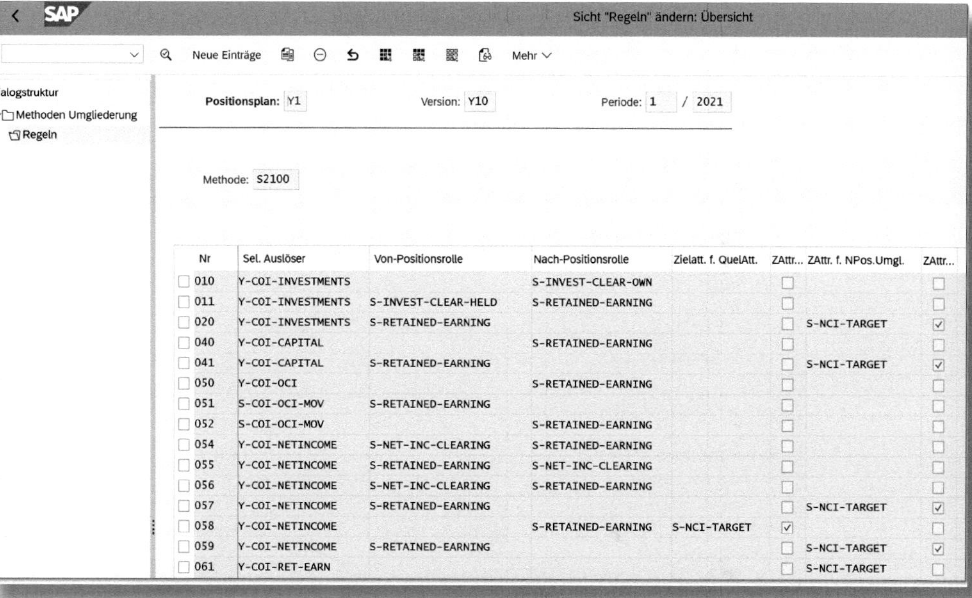

Nr	Sel. Auslöser	Von-Positionsrolle	Nach-Positionsrolle	Zielatt. f. QuelAtt.	ZAttr...	ZAttr. f. NPos.Umgl.	ZAttr...
010	Y-COI-INVESTMENTS		S-INVEST-CLEAR-OWN		☐		☐
011	Y-COI-INVESTMENTS	S-INVEST-CLEAR-HELD	S-RETAINED-EARNING		☐		☐
020	Y-COI-INVESTMENTS	S-RETAINED-EARNING			☐	S-NCI-TARGET	☑
040	Y-COI-CAPITAL		S-RETAINED-EARNING		☐		☐
041	Y-COI-CAPITAL	S-RETAINED-EARNING			☐	S-NCI-TARGET	☑
050	Y-COI-OCI		S-RETAINED-EARNING		☐		☐
051	S-COI-OCI-MOV	S-RETAINED-EARNING			☐		☐
052	S-COI-OCI-MOV		S-RETAINED-EARNING		☐		☐
054	Y-COI-NETINCOME	S-NET-INC-CLEARING	S-RETAINED-EARNING		☐		☐
055	Y-COI-NETINCOME	S-RETAINED-EARNING	S-NET-INC-CLEARING		☐		☐
056	Y-COI-NETINCOME	S-NET-INC-CLEARING	S-RETAINED-EARNING		☐		☐
057	Y-COI-NETINCOME	S-RETAINED-EARNING			☐	S-NCI-TARGET	☑
058	Y-COI-NETINCOME		S-RETAINED-EARNING	S-NCI-TARGET	☑		☐
059	Y-COI-NETINCOME	S-RETAINED-EARNING			☐	S-NCI-TARGET	☑
061	Y-COI-RET-EARN				☐	S-NCI-TARGET	☐

Abbildung 16.2: Umgliederungsschritte der Methode S2100

Grundsätzlich werden in dieser Methode zuerst die Beteiligungswerte gegen ein Verrechnungskonto ausgebucht. Anschließend wird das Eigenkapital ebenfalls über ein Verrechnungskonto eliminiert, und die Minderheitenanteile werden über eine prozentuale Umgliederung ermittelt. Sofern aus der Eliminierung von Beteiligung und Eigenkapital ein Unterschiedsbetrag entsteht, sind manuelle Buchungen zum Auflösen der stillen Reserven und Lasten erforderlich. Einen danach ggf. verbleibenden positiven oder negativen Goodwill müssen Sie abschließend ebenfalls manuell buchen.

Damit die Kapitalkonsolidierungsvorgänge mithilfe von Umgliederungen automatisiert werden können, müssen in den Methodenschritten mehr Steuerungselemente als bei der Automatisierung der Konzernverrechnungen verwendet werden. Beträgt der Anteil der Muttergesellschaft an dem Tochterunternehmen beispielsweise weniger als 100 Prozent, werden die Berechnung und die Buchung der Minderheitenanteile automatisch vorgenommen. Wie Sie in Abbildung 16.3 sehen, sind die hierfür angelegten Umgliederungsschritte auf den Kapitalkonsolidierungsvorgang 02 (Folgekonsolidierung) eingeschränkt. So erreichen Sie, dass diese Umgliederungsschritte nicht für erst- oder entkonsolidierte Gesellschaften ausgeführt werden.

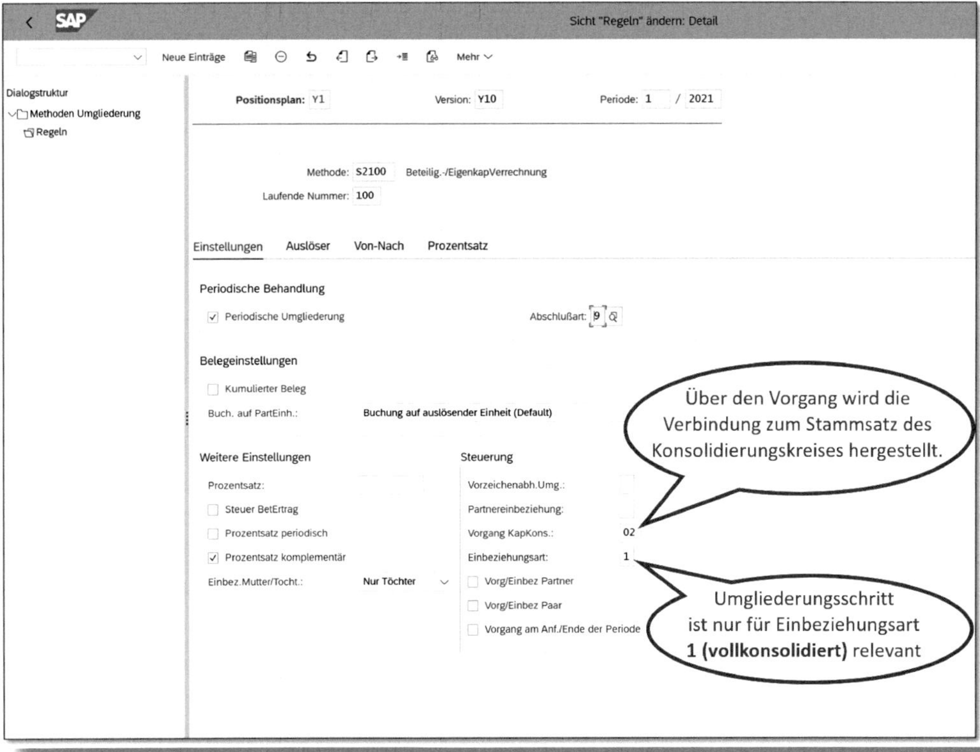

Abbildung 16.3: Exemplarischer Umgliederungsschritt der Folgekonsolidierung

Grundsätzlich gilt, dass, abhängig vom Vorgang, vom Jahr sowie von der Periode der Erst- und Entkonsolidierung, einzelne Umgliederungsschritte ausgeführt oder ignoriert werden.

Die Umgliederungsschritte der Methode S2180 (VOLLABGANG) werden beispielsweise nur für die Konsolidierungseinheiten durchlaufen, deren Abgangsperiode und Abgangsjahr im Konsolidierungskreis mit der aktuellen Berichtsperiode übereinstimmen.

Mit der regelbasierten Kapitalkonsolidierung erreichen Sie einen guten Automatisierungsgrad. Allerdings muss festgehalten werden, dass bei der manuellen Nachbearbeitung der Kapitalkonsolidierungsvorgänge ein höherer Zusatzaufwand entsteht, als bei der im Folgenden beschriebenen vorgangsbasierten Kapitalkonsolidierung.

16.3 Vorgangsbasierte Kapitalkonsolidierung

16.3.1 Allgemeine Grundlagen

Für die vorgangsbasierte Kapitalkonsolidierung gibt es einen eigenständigen Bereich im Einführungsleitfaden, in dem Sie alle relevanten Customizing-Transaktionen finden. Die folgenden vier Transaktionen haben aber nur informativen Charakter, Customizing-Einstellungen können Sie hier nicht vornehmen (siehe Abbildung 16.4):

- NUTZUNG DER KAPITALKONSOLIDIERUNG BESTIMMEN
- GLOBALE EINSTELLUNGEN VORNEHMEN
- KAPITALPOSITIONEN UND POSITIONEN FÜR STATISTISCHE KAPITALBUCHUNGEN FESTLEGEN
- POSITIONEN FÜR MINDERHEITENANTEILE FESTLEGEN

Obwohl Sie die Einstellungen nicht ändern können, werden wir kurz auf diese Transaktionen eingehen, damit Sie verstehen, wie die vorgangsbasierte Kapitalkonsolidierung funktioniert.

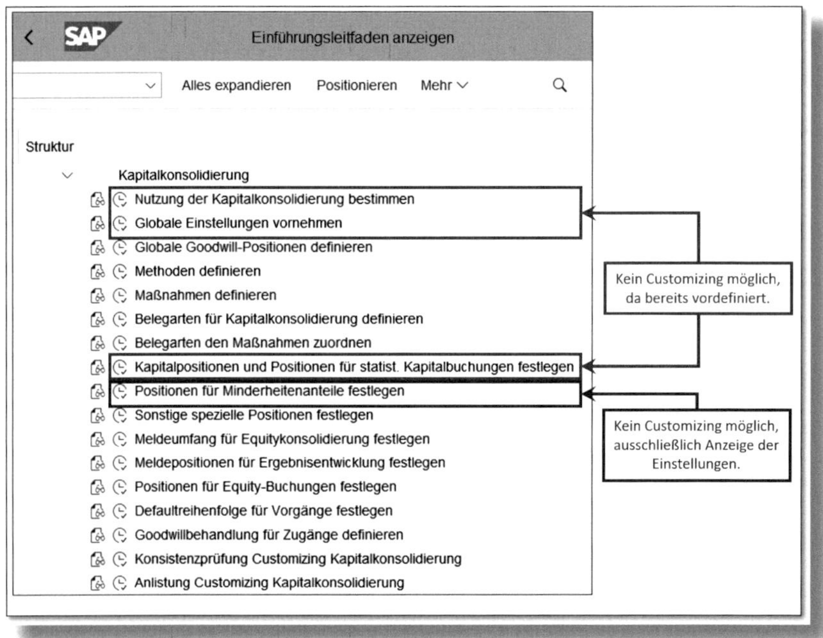

Abbildung 16.4: Customizing-Transaktionen im Einführungsleitfaden

Über die Customizing-Transaktion *CXI2* bzw. den IMG-Eintrag SAP S/4HANA FÜR KONZERNBERICHTSWESEN • KAPITALKONSOLIDIERUNG können Sie sich die NUTZUNG DER KAPITALKONSOLIDIERUNG anzeigen lassen (siehe Abbildung 16.5). Sie sehen in dieser Transaktion, dass das Group Reporting die in Abschnitt 16.1 besprochenen Einbeziehungsarten VOLLKONSOLIDIERUNG und EQUITYKONSOLIDIERUNG unterstützt. Des Weiteren wird hier festgelegt, dass bei Teilabgängen und konzerninternen Transfers keine Anpassung des Goodwills bzw. des negativen Goodwills vorgenommen wird.

Unter den weiteren Einstellungen sehen Sie, dass im Group Reporting ein etwaiger Goodwill aktiviert und außerplanmäßig abgeschrieben, direkt abgeschrieben oder mit den Rücklagen verrechnet werden kann. Dasselbe gilt auch für einen negativen Goodwill. Wenn Sie eigene Kapitalkonsolidierungsmethoden anlegen, legen Sie fest, welche dieser Goodwill-Behandlungen zu verwenden ist.

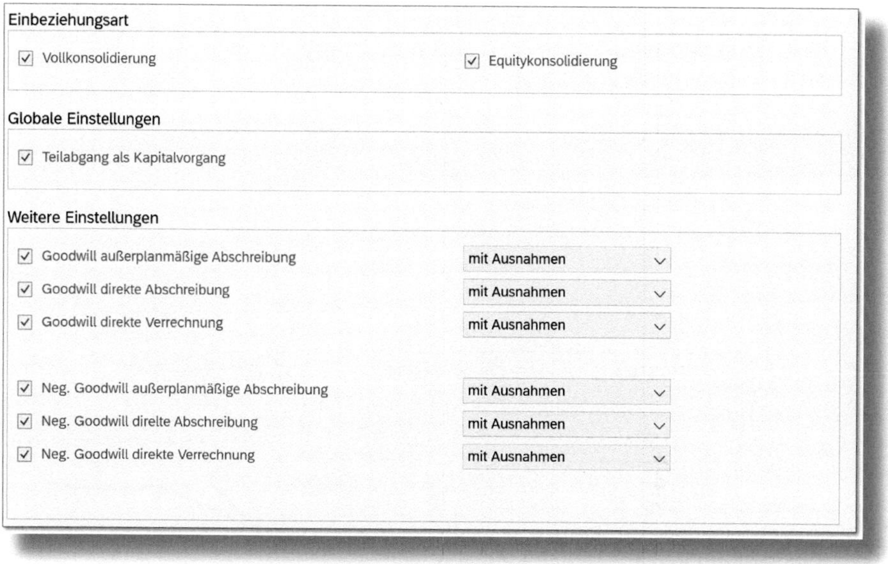

Einbeziehungsart

☑ Vollkonsolidierung ☑ Equitykonsolidierung

Globale Einstellungen

☑ Teilabgang als Kapitalvorgang

Weitere Einstellungen

☑ Goodwill außerplanmäßige Abschreibung	mit Ausnahmen
☑ Goodwill direkte Abschreibung	mit Ausnahmen
☑ Goodwill direkte Verrechnung	mit Ausnahmen
☑ Neg. Goodwill außerplanmäßige Abschreibung	mit Ausnahmen
☑ Neg. Goodwill direlte Abschreibung	mit Ausnahmen
☑ Neg. Goodwill direkte Verrechnung	mit Ausnahmen

Abbildung 16.5: Nutzung der Kapitalkonsolidierung

Über die Transaktion *CXI0* bzw. den IMG-Eintrag SAP S/4HANA FÜR KONZERNBERICHTSWESEN • KAPITALKONSOLIDIERUNG können Sie GLOBALE EINSTELLUNGEN VORNEHMEN. Einige Einstellungen dieser Customizing-Transaktion sind für das Group Reporting nicht relevant, andere haben nur einen informativen Charakter, da sie nicht geändert werden können.

Da es im Group Reporting keine Zusatzmeldedaten wie in den Konsolidierungslösungen SAP EC-CS und SAP SEM-BCS gibt, sind die Angaben zur DATENHERKUNFT falsch (siehe Abbildung 16.6). Die WEITEREN EINSTELLUNGEN sind inhaltlich korrekt, können aber im SAP-S/4HANA-Release 1909 nicht geändert werden:

- Als Berechnungsbasis für die Kapitalkonsolidierung werden die Daten der Kontierungsebenen <Leer> bis 10 verwendet.
- Der vorgangsbasierten Kapitalkonsolidierung kann nur eine Belegart zugeordnet werden. Es ist also nicht möglich, vorgangsbezogen unterschiedliche Belegarten zu nutzen.

- Die Änderung des Anteilsbesitzes, beispielsweise durch einen Teilabgang, hat immer eine anteilsproportionale Reduktion des Goodwills zur Folge.

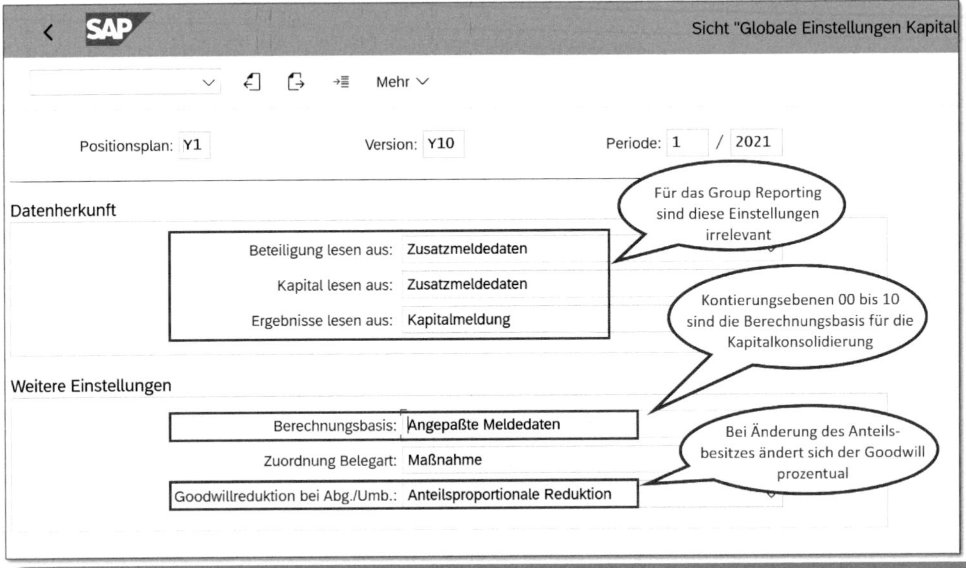

Abbildung 16.6: Globale Einstellungen der Kapitalkonsolidierung

Der Customizing-Eintrag KAPITALPOSITIONEN UND POSITIONEN FÜR STATISTISCHE KAPITALBUCHUNGEN FESTLEGEN ist ebenfalls ein Relikt vorheriger Konsolidierungslösungen und wird vermutlich in einem zukünftigen Release entfernt werden.

Wiederum über den IMG-Eintrag SAP S/4HANA FÜR KONZERNBERICHTSWESEN • KAPITALKONSOLIDIERUNG erreichen Sie den Menüpunkt POSITIONEN FÜR MINDERHEITENANTEILE FESTLEGEN (Transaktion *CXH1*). In dieser Transaktion sehen Sie, welche Minderheitenpositionen den Eigenkapitalpositionen zugeordnet sind. Diese Zuordnung wird aber nicht über diese Customizing-Transaktion vorgenommen, sondern leitet sich aus den Attributen der Eigenkapitalpositionen ab.

Sie sehen in Abbildung 16.7, dass der Position 311000 (Gezeichnetes Kapital) über das Zielattribut Minderheitenanteil die Minderheitenposition 321100 zugeordnet ist.

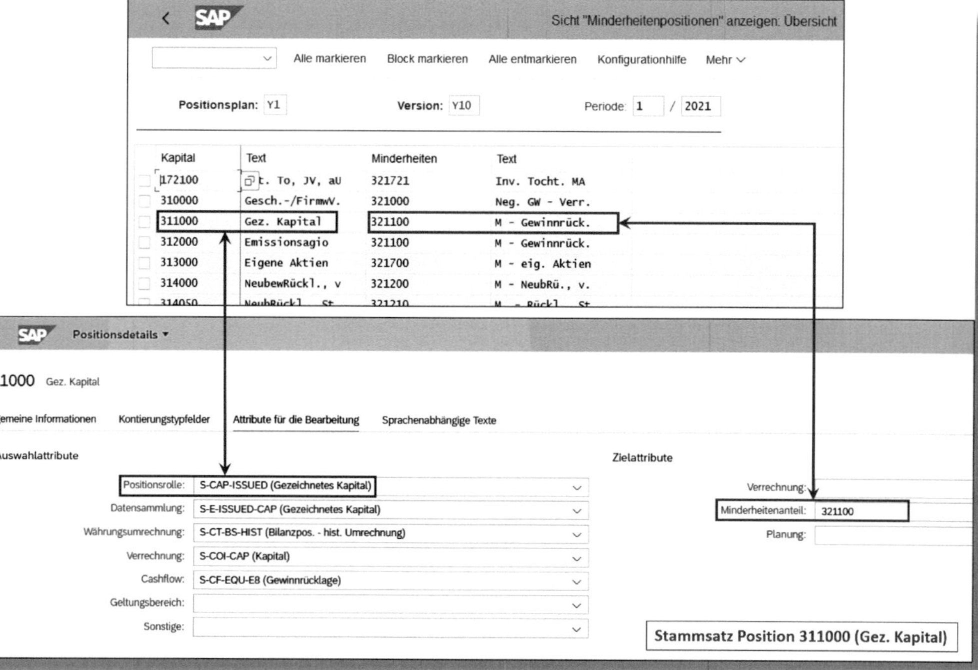

Abbildung 16.7: Minderheitenpositionen anzeigen

Alle übrigen in Abbildung 16.8 gezeigten Customizing-Transaktionen müssen Sie zwingend pflegen, ansonsten arbeitet die vorgangsbasierte Kapitalkonsolidierung fehlerhaft. Aus didaktischen Gründen erklären wir diese Transaktionen in der angegebenen Reihenfolge.

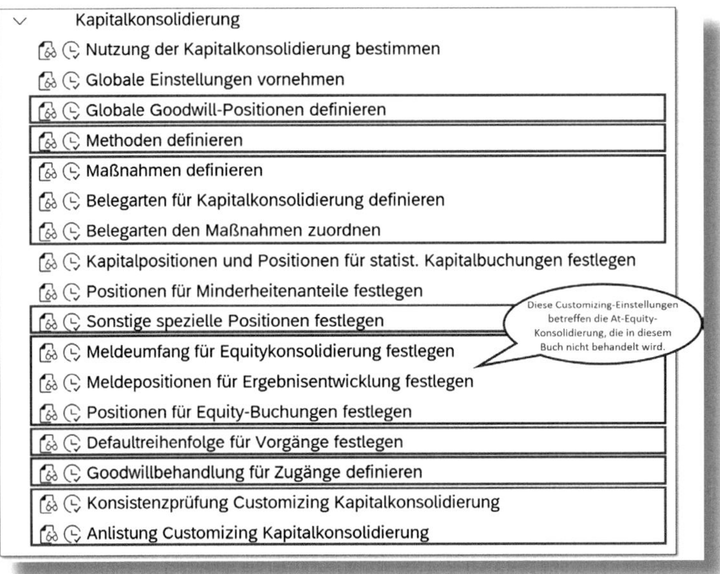

Abbildung 16.8: Relevante Customizing-Transaktionen für die Kapitalkonsolidierung

16.3.2 Globale Goodwill-Positionen

Die Customzing-Transaktion *CXI7* bzw. der IMG-Eintrag SAP S/4HANA für Konzernberichtswesen • Kapitalkonsolidierung • Globale Goodwill-Positionen definieren dienen dazu, alle Positionsrollen und Unterpositionen festzulegen, die Sie für die Buchungsvorgänge eines positiven oder negativen Goodwills benötigen. Sie müssen also definieren, welche Positionsrollen für die Aktivierung des Goodwills und dessen Fortschreibung in der Bilanz sowie in der GuV verwendet werden sollen. Die konkreten Positionen werden aus den Positionsrollen abgeleitet.

Abbildung 16.9 zeigt exemplarisch das Customizing für die Aktivierung des Goodwills. Hier ist die Positionsrolle S-A-GOODWILL angegeben. Diese Positionsrolle ist dann wiederum der Position 163100 im Positionsstammsatz zugeordnet.

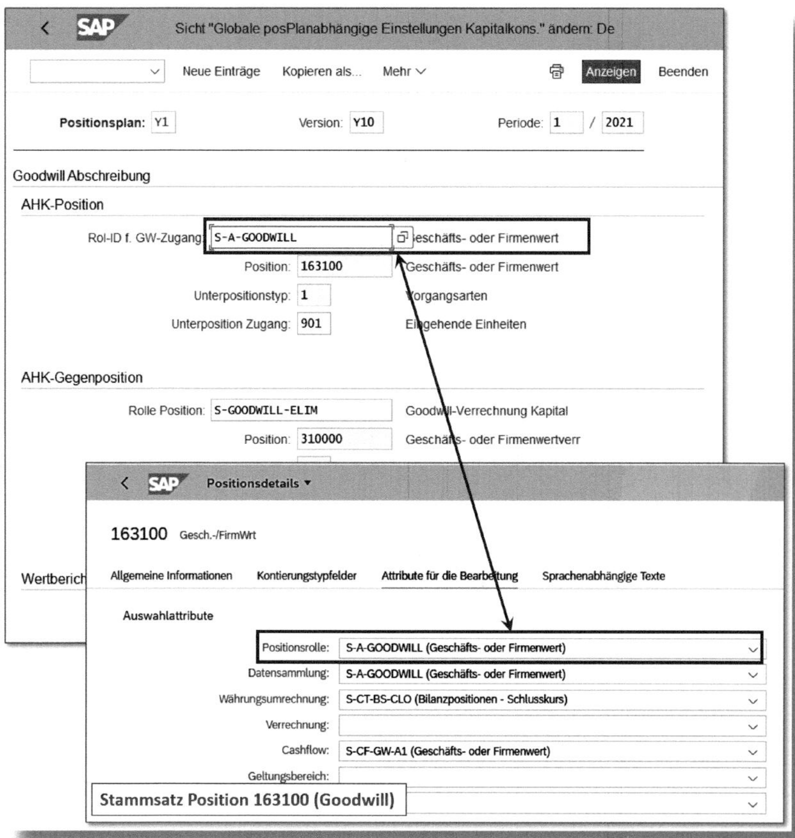

Abbildung 16.9: Globale Goodwill-Positionen definieren

Wie in Abschnitt 16.3.1 erläutert, unterstützt das Group Reporting die außerplanmäßige Abschreibung, die direkte Abschreibung und eine Verrechnung des Goodwills mit den Rücklagen. Unabhängig davon, wofür Sie sich bei Ihrer Kapitalkonsolidierungsmethode entscheiden, ist es erforderlich, in dieser Customizing-Transaktion für alle drei Optionen die notwendigen Einstellungen vorzunehmen.

Abbildung 16.10 verdeutlicht noch einmal das Zusammenspiel zwischen den unterschiedlichen Möglichkeiten der bilanziellen Behandlung eines Goodwills, den globalen Einstellungen zu den Goodwill-

Positionen und den Positionsrollen, die in den Positionsstammsätzen verwendet werden.

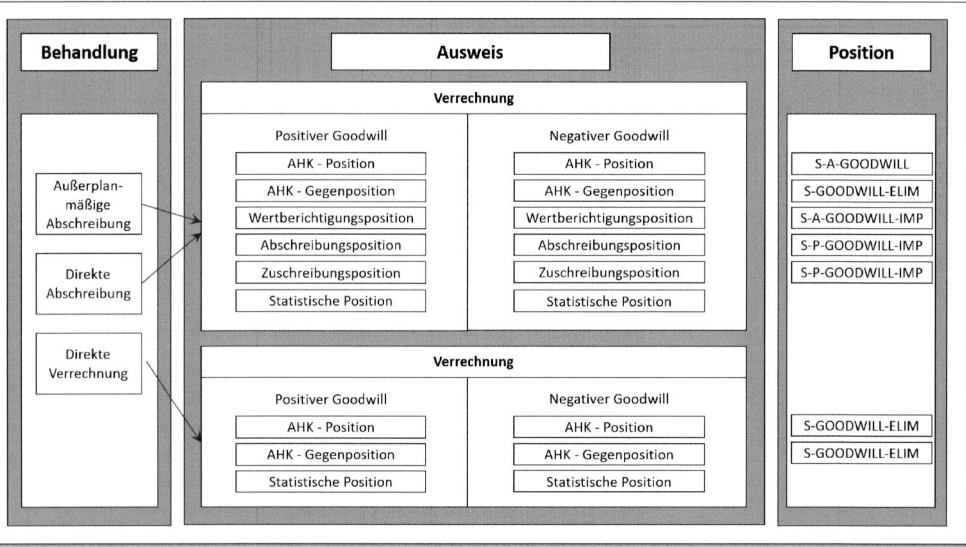

Abbildung 16.10: Zusammenhang zwischen der Goodwill-Behandlung, dem Goodwill-Ausweis und den Buchungspositionen

16.3.3 Kapitalkonsolidierungsmethoden

Die Kapitalkonsolidierungsmethode ist für die Kapitalkonsolidierung von zentraler Bedeutung. Bei der Pflege der Konsolidierungskreisstruktur (siehe Abschnitt 4.2.3) ordnen Sie jeder Konsolidierungseinheit eine Kapitalkonsolidierungsmethode zu. Diese bestimmt, wie die jeweilige Konsolidierungseinheit in den Konzernabschluss einbezogen werden soll. Sie müssen daher für jede verwendete Einbeziehungsart mindestens eine Kapitalkonsolidierungsmethode anlegen. Im SAP Best Practices Content gibt es sechs Methoden für die drei EINBEZIEHUNGSARTEN *Muttereinheit*, *Vollkonsolidierung* und *Equitykonsolidierung* (siehe Abbildung 16.11).

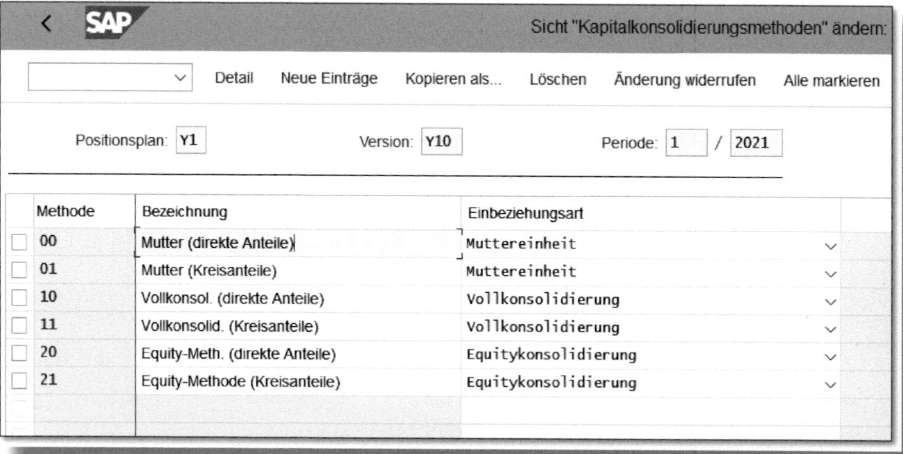

Abbildung 16.11: Kapitalkonsolidierungsmethoden

Die obere Hälfte der Abbildung 16.12 zeigt die Einstellungen der Kapitalkonsolidierungsmethode 01 MUTTER (KREISANTEILE) mit der Einbeziehungsart MUTTEREINHEIT. Wie Sie im unteren Teil der Abbildung sehen, haben wir diese Methode der KONSOLIDIERUNGSEINHEIT DE01 zugeordnet, da diese Einheit die Konzernmutter unseres KONSOLIDIERUNGSKREISES WELT repräsentiert.

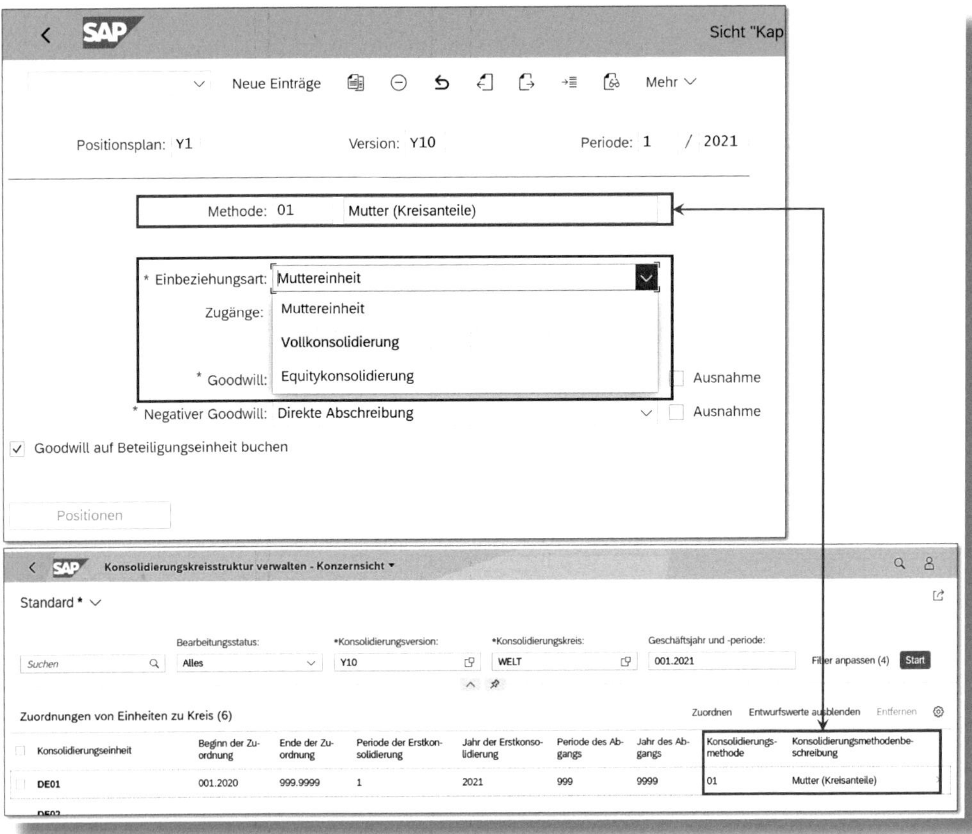

Abbildung 16.12: Pflege der Kapitalkonsolidierungsmethode und Zuordnung zur Konsolidierungseinheit

Neben der Einbeziehungsart gibt es weitere Einstellungen, die Sie in der Kapitalkonsolidierungsmethode festlegen. Sie bestimmen hier auch, ob bei der Berechnung des Konzernanteils an einer Tochtergesellschaft der Kreisanteil oder der direkte Anteil verwendet werden soll. Der Kreisanteil ermittelt sich in einem mehrstufigen Konzern über alle Beteiligungsstufen hinweg. Der direkte Anteil zeigt immer den unmittelbaren Anteilsbesitz an der jeweiligen Tochter. Die beiden Berechnungslogiken werden in Abbildung 16.13 anhand eines Beispiels bei einem zweistufigen Konzern verdeutlicht.

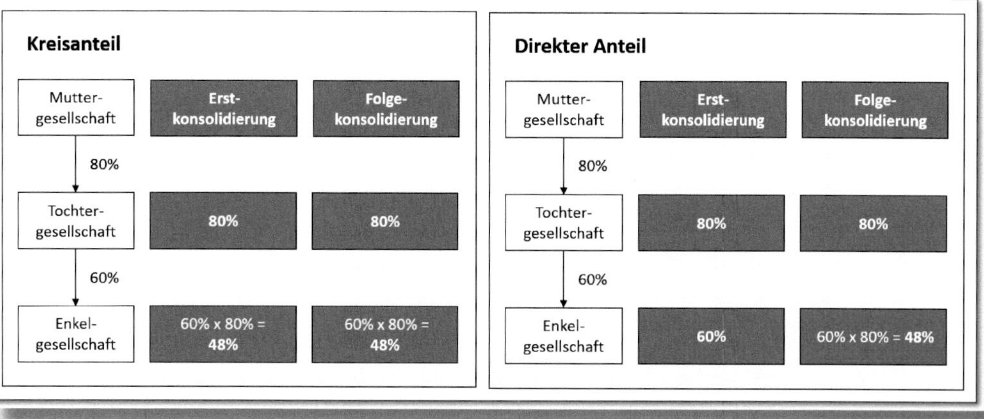

Abbildung 16.13: Berechnungslogiken für den Konzernanteil

Darüber hinaus legen Sie in der Kapitalkonsolidierungsmethode fest, wie ein Goodwill bzw. negativer Goodwill behandelt werden soll. Sie sehen in Abbildung 16.14, dass im SAP Best Practices Content in beiden Fällen eine direkte Verrechnung mit den Rücklagen vorgenommen wird. Die meisten Konzerne bevorzugen allerdings eine Aktivierung und später eine ergebniswirksame Abschreibung des Goodwills, wenn das Ergebnis eines Impairment-Tests eine Goodwill-Korrektur erfordert.

Wenn Sie in Ihrer Kapitalkonsolidierungsmethode bei der Goodwill-Behandlung besondere Positionen nutzen möchten, müssen Sie das Selektionsfeld AUSNAHME auswählen. Anschließend können Sie über das Auswahlfeld POSITIONEN die methodenspezifischen Positionen festlegen. Mit dem Selektionsfeld GOODWILL AUF BETEILIGUNGSEINHEIT BUCHEN bestimmen Sie, bei welcher Konsolidierungseinheit die Goodwill-Vorgänge gebucht werden. Ist das Feld aktiviert, erfolgt die Buchung bei der Tochtergesellschaft, ansonsten werden die Transaktionen bei der Muttergesellschaft gezeigt.

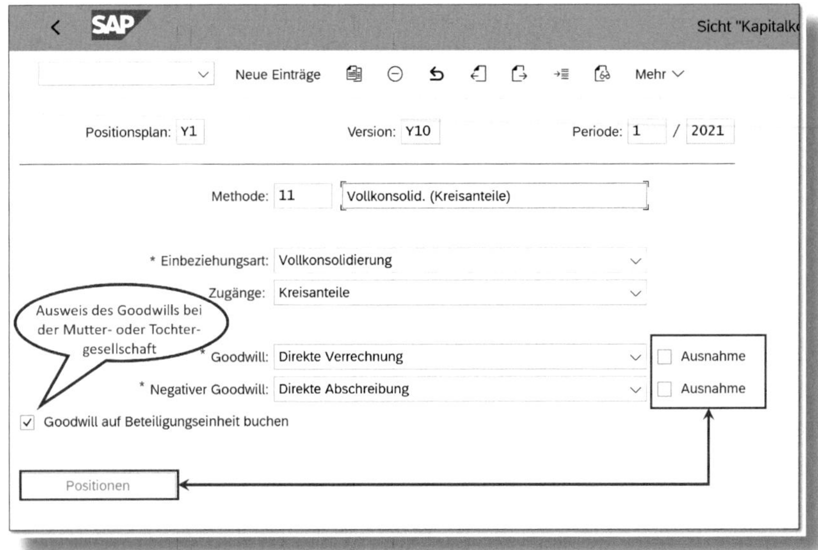

Abbildung 16.14: Ausweis und Behandlung des Goodwills

16.3.4 Sonstige spezielle Positionen

Mit der Customizing-Transaktion *CXI9* legen Sie für verschiedene Vorgänge die zu verwendenden Positionen fest. Sie erreichen diese Transaktion auch über den IMG-Eintrag SAP S/4HANA FÜR KONZERNBERICHTSWESEN • KAPITALKONSOLIDIERUNG • SONSTIGE SPEZIELLE POSITIONEN FESTLEGEN. Hier bestimmen Sie insbesondere die Positionen der Gewinnverwendung und welche Positionen für die Buchung des Minderheitenanteils am Jahresüberschuss sowie für den Abgang einer Tochtereinheit einzusetzen sind.

Sie definieren in dieser Customizing-Transaktion außerdem, auf welchen Positionen die Beteiligungsbuchwerte und das hiermit zu verrechnende Eigenkapital zu finden sind. Für alle Zuordnungen existieren wieder spezielle Positionsrollen, die Sie dann in Positionsstammsätzen hinterlegen müssen (siehe Abbildung 16.15).

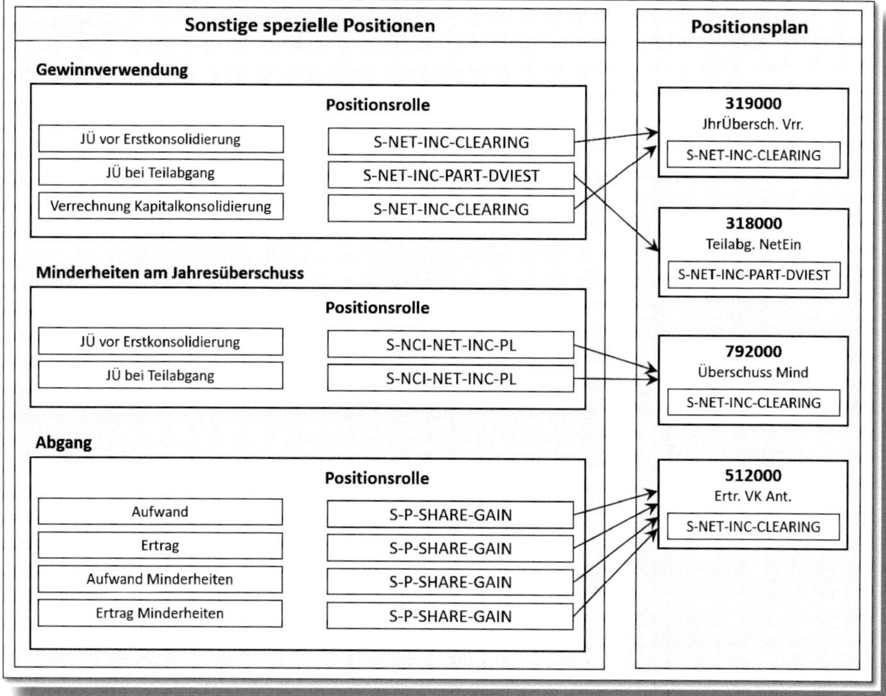

Abbildung 16.15: Zusammenhang zwischen sonstigen speziellen Positionen und dem Positionsplan

16.3.5 Goodwillbehandlung bei Zugängen

Den Customizing-Punkt GOODWILLBEHANDLUNG FÜR ZUGÄNGE DEFINIEREN können Sie über die Transaktion *CXI6* bzw. über den IMG-Eintrag SAP S/4HANA FÜR KONZERNBERICHTSWESEN aufrufen.

Hierüber können Sie die Behandlung des neu entstehenden positiven oder negativen Goodwills bei den Vorgängen SUKZESSIVER ERWERB, Kapitalerhöhung und -herabsetzung sowie bei einer INDIREKTEN ANTEILSERHÖHUNG abweichend von der Vorgehensweise in der jeweiligen Methode der Kapitalkonsolidierung festlegen (siehe Abbildung 16.16).

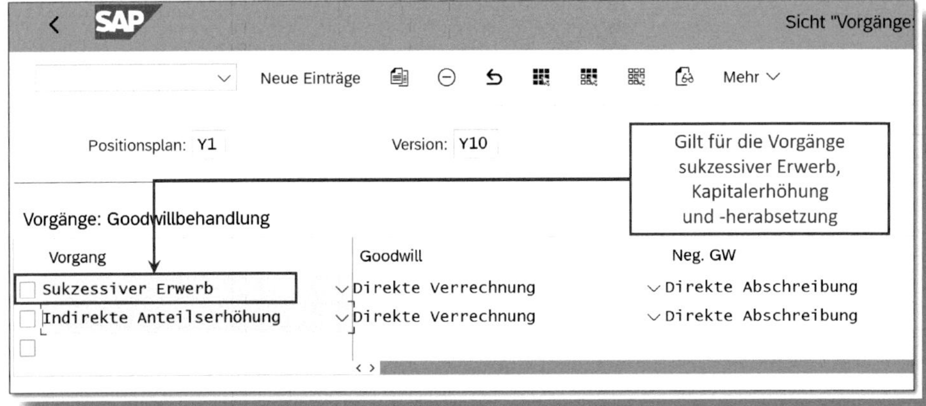

Abbildung 16.16: Goodwill-Behandlung bei Zugängen

16.3.6 Defaultreihenfolge

Die Ergebnisse der Kapitalkonsolidierung hängen wesentlich von der Reihenfolge ab, in der Sie die einzelnen Vorgänge buchen. So muss zum Beispiel bei einer Erstkonsolidierung einer mehrstufigen Beteiligungshierarchie für die Berechnung des Anteilsbesitzes die Hierarchie von der obersten bis zur untersten Stufe durchlaufen werden. Dementsprechend muss dann die Beteiligungshierarchie bei einem Vollabgang in umgekehrter Reihenfolge von unten nach oben abgearbeitet werden (siehe Abbildung 16.17).

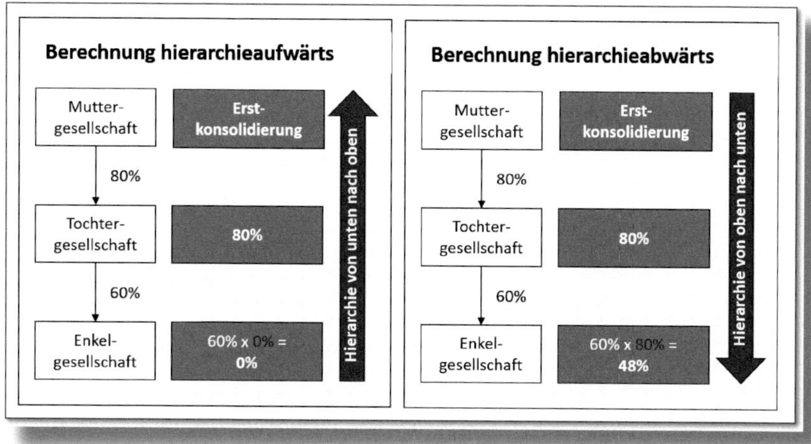

Abbildung 16.17: Durchlauf der Beteiligungshierarchie

Die zu verwendende Vorgangsreihenfolge legen Sie über die Customizing-Transaktion *CXI3* bzw. über den IMG-Eintrag SAP S/4HANA FÜR KONZERNBERICHTSWESEN • KAPITALKONSOLIDIERUNG • DEFAULTREIHENFOLGE FÜR VORGÄNGE FESTLEGEN fest. Die hier vorgenommenen Einstellungen bestimmen zudem, in welcher Reihenfolge Vorgänge, die die gleiche Beteiligungseinheit betreffen, abgearbeitet werden.

Wie Sie in Abbildung 16.18 sehen, enthält die Defaultreihenfolge auch Vorgänge, die im Group Reporting (noch) nicht unterstützt werden.

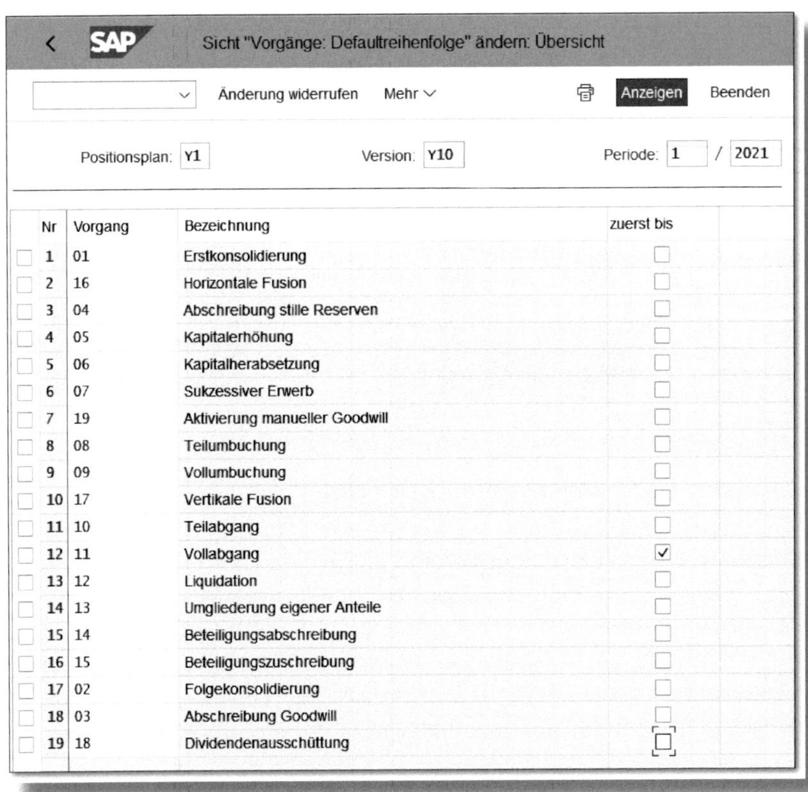

Nr	Vorgang	Bezeichnung	zuerst bis
1	01	Erstkonsolidierung	☐
2	16	Horizontale Fusion	☐
3	04	Abschreibung stille Reserven	☐
4	05	Kapitalerhöhung	☐
5	06	Kapitalherabsetzung	☐
6	07	Sukzessiver Erwerb	☐
7	19	Aktivierung manueller Goodwill	☐
8	08	Teilumbuchung	☐
9	09	Vollumbuchung	☐
10	17	Vertikale Fusion	☐
11	10	Teilabgang	☐
12	11	Vollabgang	☑
13	12	Liquidation	☐
14	13	Umgliederung eigener Anteile	☐
15	14	Beteiligungsabschreibung	☐
16	15	Beteiligungszuschreibung	☐
17	02	Folgekonsolidierung	☐
18	03	Abschreibung Goodwill	☐
19	18	Dividendenausschüttung	☐

Abbildung 16.18: Defaultreihenfolge für Vorgänge festlegen

16.3.7 Maßnahme und Belegart

Der SAP-Best-Practices-Ansatz sieht vor, dass Sie alle Vorgänge der Kapitalkonsolidierung mit einer Maßnahme buchen. Sie weisen die Vorgänge über die Customizing-Transaktion *CXIA* bzw. den IMG-Eintrag SAP S/4HANA für Konzernberichtswesen • Kapitalkonsolidierung • Maßnahmen einer Maßnahme im Konsolidierungsmonitor zu. Zusätzlich definieren Sie eine Belegart auf Kontierungsebene 30, mit der die Kapitalkonsolidierung gebucht wird.

16.3.8 Konsistenzprüfung und Customizing-Anlistung

Mit der Transaktion *CX6C3* bzw. mit dem IMG-Eintrag SAP S/4HANA für Konzernberichtswesen • Kapitalkonsolidierung • Konsistenzprüfung Customizing Kapitalkonsolidierung überprüfen Sie die Einstellungen, die Sie zur vorgangsbezogenen Kapitalkonsolidierung vorgenommen haben. Hierbei wird eine Konsistenzprüfung aller zuvor beschriebenen Customizing-Transaktionen vorgenommen. Eine mögliche Fehlerursache könnten beispielsweise fehlende Zuordnungen von Positionen bzw. Positionsrollen sein.

Mit der Transaktion *CX6C1* bzw. dem IMG-Eintrag SAP S/4HANA für Konzernberichtswesen • Kapitalkonsolidierung • Anlistung Customizing Kapitalkonsolidierung können Sie sich schließlich alle Einstellungen, die die Kapitalkonsolidierung betreffen, in einem Bericht anzeigen lassen (siehe Abbildung 16.19).

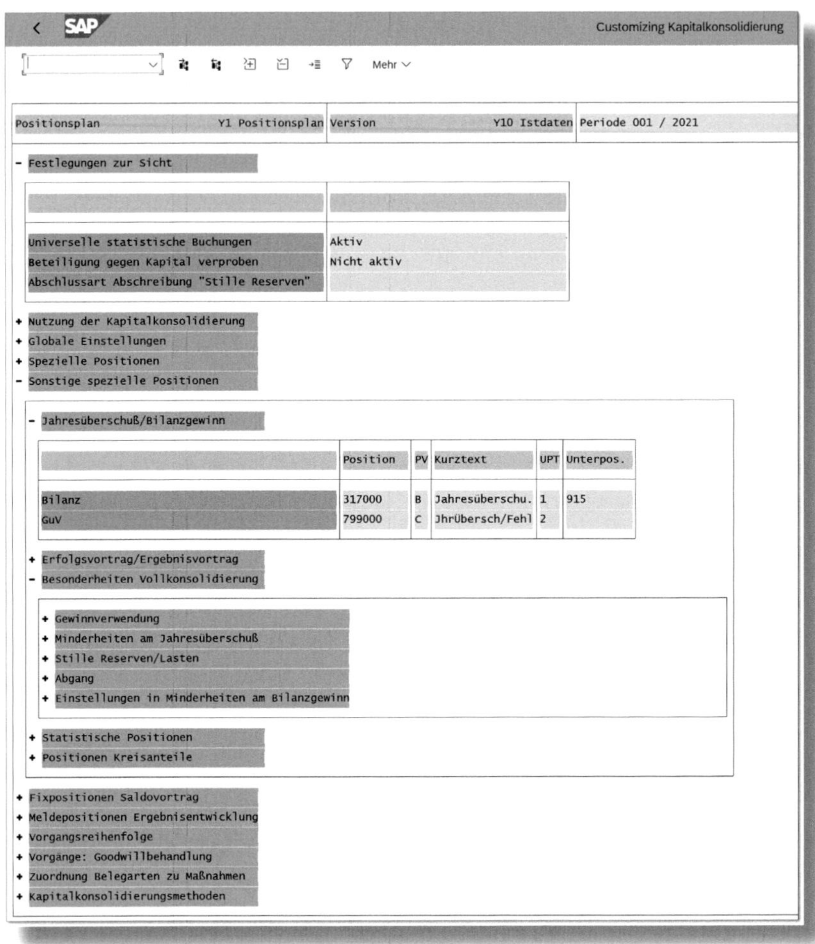

Abbildung 16.19: Anlistung Customizing Kapitalkonsolidierung

16.4 Anwendungsbeispiel

Unser Anwendungsbeispiel zur Kapitalkonsolidierung bezieht sich auf die in Abschnitt 16.3 beschriebene vorgangsbasierte Kapitalkonsolidierung. Am Beispiel der beiden Tochtergesellschaften UK01 und UK02 erklären wir schrittweise, wie eine Erst- und eine Folgekonsolidierung im Group Reporting funktionieren. Zuerst beschreiben wir, welche zusätzlichen Informationen in den Meldedaten für die automatische Kapitalkonsolidierung benötigt werden. Anschließend gehen wir auf die Buchungslogik ein, führen die Maßnahme für die beiden Vorgänge durch und erläutern detailliert die erzeugten Maßnahmenprotokolle.

16.4.1 Erstkonsolidierung

Die Gesellschaften UK01 und UK02 werden zu Beginn der Periode 01.2021 in den Konsolidierungskreis WELT einbezogen (siehe Abschnitt 4.2.4). Konzernmutter des Konsolidierungskreises ist die Konsolidierungseinheit DE01. Zu diesem Zeitpunkt liegen die in Abbildung 16.20 skizzierten Bilanzen vor.

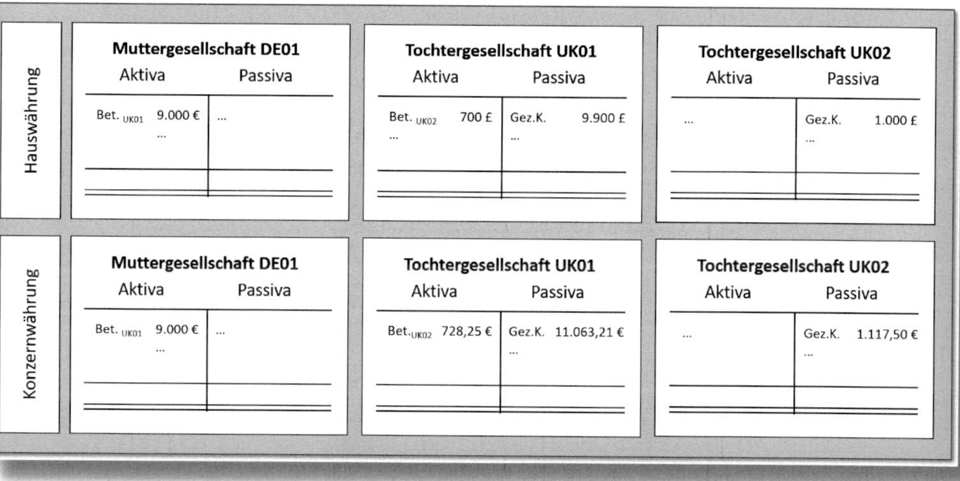

Abbildung 16.20: Beispieldaten für Erstkonsolidierung zum Periodenbeginn 01.2021

Die Konzernmutter DE01 hält an der Tochtergesellschaft UK01 einen Anteilsbesitz von 80 Prozent. UK01 hat wiederum selbst eine Tochtergesellschaft. Sie besitzt 60 Prozent der Anteile an der Tochtergesellschaft UK02.

Bevor Sie die Kapitalkonsolidierung durchführen, müssen Sie sicherstellen, dass die Meldedaten der Konzerngesellschaften alle hierfür notwendigen Zusatzinformationen enthalten:

- Für die Beteiligungspositionen müssen zusätzlich die für die Kapitalkonsolidierung relevanten Beteiligungseinheiten und die Beteiligungsprozentsätze gemeldet werden.
- Wenn es kapitalkonsolidierungsrelevante Vorgänge gibt, müssen bei den Meldedaten der Beteiligungs- und der Eigenkapitalpositionen die entsprechenden Vorgangsnummern (siehe Abschnitt 16.3.6) angegeben werden.

In Abbildung 16.21 sehen Sie einen Auszug der Datenmeldung für die drei KONSOLIDIERUNGSEINHEITEN DE01, UK01 und UK02, die wir über den flexiblen Upload in das Group Reporting geladen haben (siehe Kapitel 6). Die zusätzlichen Angaben zu den Beteiligungseinheiten (BET.EINHEIT), zu den Beteiligungsprozentsätzen (MENGE) und zu den Vorgangsummern (VORGANG KAPKO) haben wir mit den Nummern ❶ bis ❸ markiert.

*Leger	Version	G.-jahr	Periode	Posplan							
Y1	Y10	2021	1	Y1							
*Kons.Einheit	Position	Unterpos.	Partner	Bet.Einheit	TW Schlüssel	TW Wert	HW Schlüssel	HW Wert	KW Wert	Menge	Vorgang Kapko
DE01	...	...	...	...	...	...	...	...			
DE01	172100	915	UK01	UK01 ❶	EUR	9000	EUR	9000		❷ 80	01 ❸
DE01	...	...	...	..	...	...	...	...			
*											
UK01	...	...	...	...	...	...	...	...			
UK01	172100	915	UK02	UK02 ❶	GBP	700	GBP	700		❷ 60	01 ❸
UK01	...	...	...	...	...	...	...	...			
UK01	311000	915			GBP	-9900	GBP	-9900			01 ❸
UK01	...	...	...	...	...	...	...	...			
*											
UK02	...	...	...	...	...	...	...	...			
UK02	311000	915			GBP	-1000	GBP	-1000			01 ❸
UK02	...	...	...	...	...	...	...	...			

❶ Beteiligungseinheit zur eindeutigen Identifikation der Tochtergesellschaft
❷ Beteiligungsprozentsatz als direkter Anteil
❸ Vorgang für die Kapitalkonsolidierung

Abbildung 16.21: Erweiterte Datenmeldung für die Erstkonsolidierung

Die Maßnahme für die Kapitalkonsolidierung starten Sie aus dem Konsolidierungsmonitor heraus (siehe Abbildung 16.22).

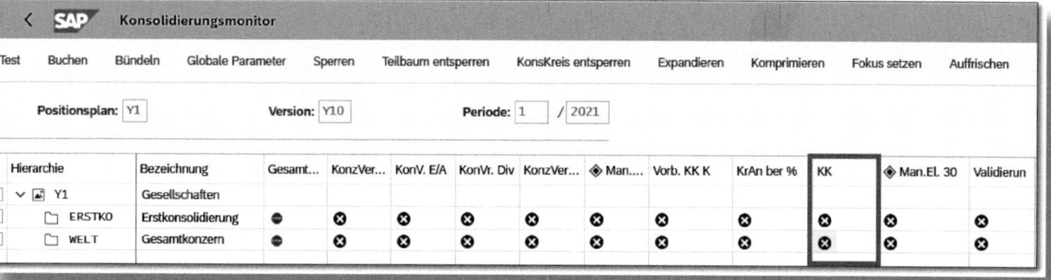

Abbildung 16.22: Maßnahme »Kapitalkonsolidierung im Konsolidierungsmonitor«

Nach der Durchführung der Maßnahmen wird ein Protokoll erzeugt, das wir nun ausführlich besprechen. Abbildung 16.23 zeigt einen Ausschnitt des Maßnahmenprotokolls, in dem die Konzernanteile für die beiden Konsolidierungseinheiten UK01 und UK02 berechnet werden. In der Kapitalkonsolidierungsmethode ist festgelegt, dass die Anteilsbesitze auf der Basis von Kreisanteilen berechnet werden (siehe Abschnitt 16.3.3). Bei einem mehrstufigen Konzern müssen die Anteilswerte daher entlang der Beteiligungshierarchie durchgerechnet werden. Der Anteil des Konsolidierungskreises WELT an der Gesellschaft UK02 beträgt daher 80 % * 60 % = 48 %.

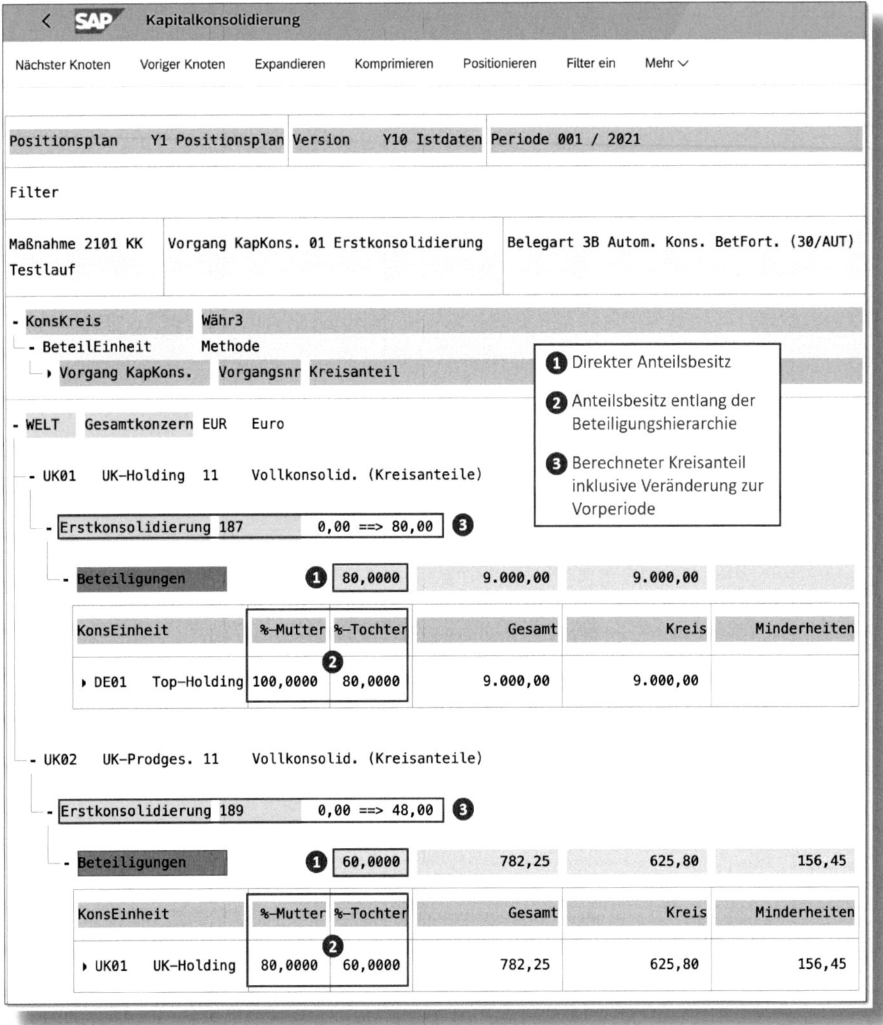

Abbildung 16.23: Berechnung der Kreisanteile

In Abbildung 16.24 zeigen wir Ihnen den Protokollausschnitt zur Erstkonsolidierung der Konsolidierungseinheit UK01. Sie sehen, dass die Konzernmutter DE01 *80* Prozent an dieser Gesellschaft hält und der Beteiligungsbuchwert *9.000* € beträgt. Dieser Beteiligung steht ein Kapitalwert in Höhe von *11.063,21 €* gegenüber, wovon *2.212,64 €* auf MINDERHEITEN entfallen. Wird der Beteiligungsbuchwert mit dem anteiligen Eigenkapital verrechnet, ergibt sich hieraus ein Unterschiedsbetrag in Höhe von *149,43 €*.

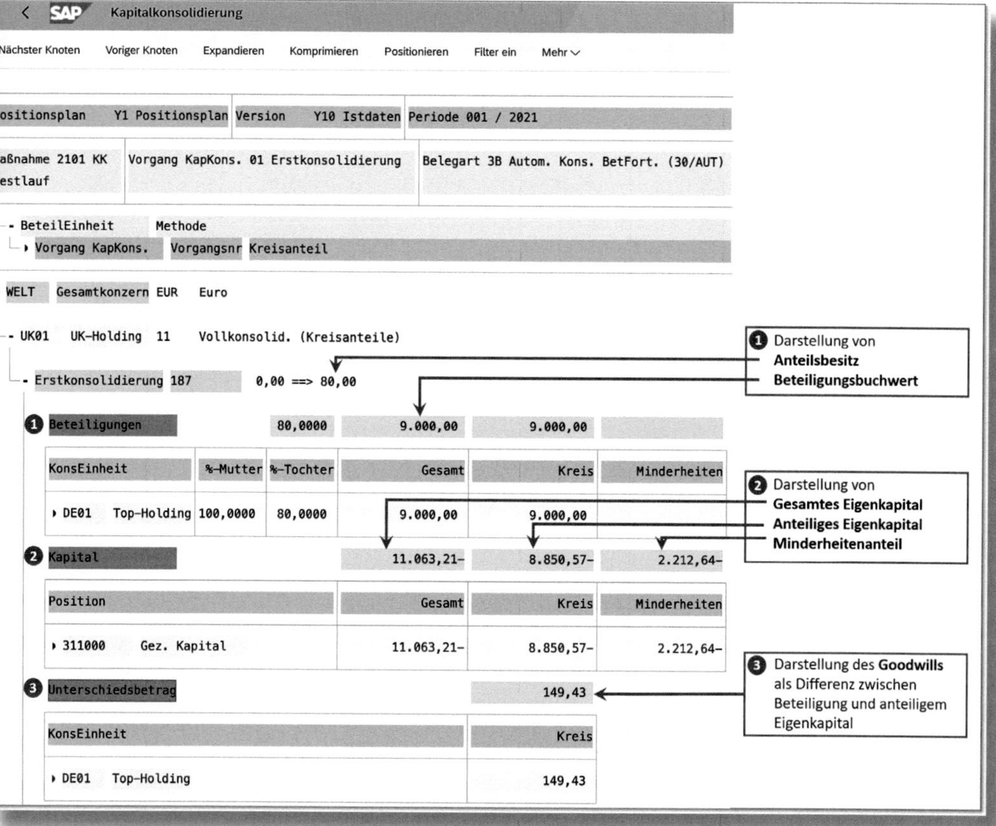

Abbildung 16.24: Kapitalkonsolidierungsprotokoll für die Erstkonsolidierung der Gesellschaft UK01

Den Buchungsbeleg, den die maschinelle Kapitalkonsolidierung für die Erstkonsolidierung der Tochtergesellschaft UK01 bucht, sehen Sie in Abbildung 16.25.

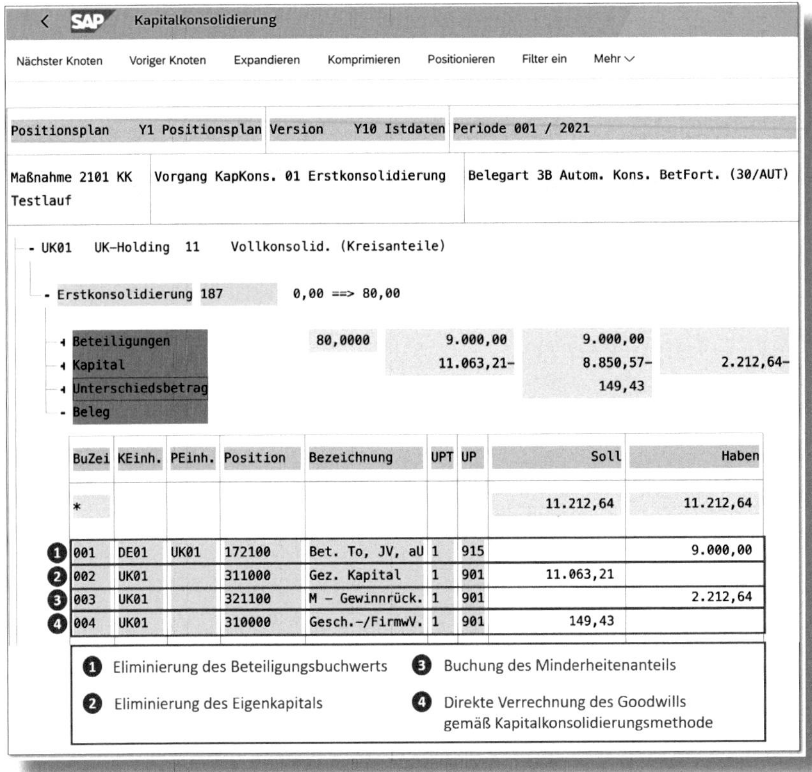

Abbildung 16.25: Buchungsbeleg für die Erstkonsolidierung

Im weiteren Verlauf des Maßnahmenprotokolls wird die Erstkonsolidierung der Gesellschaft UK02 gezeigt. Anhand von Abbildung 16.26 sehen Sie, dass hier zusätzlich die Kreisanteilsberechnung greift. Es werden daher auch die Minderheitenanteile am Beteiligungsbuchwert ausgewiesen.

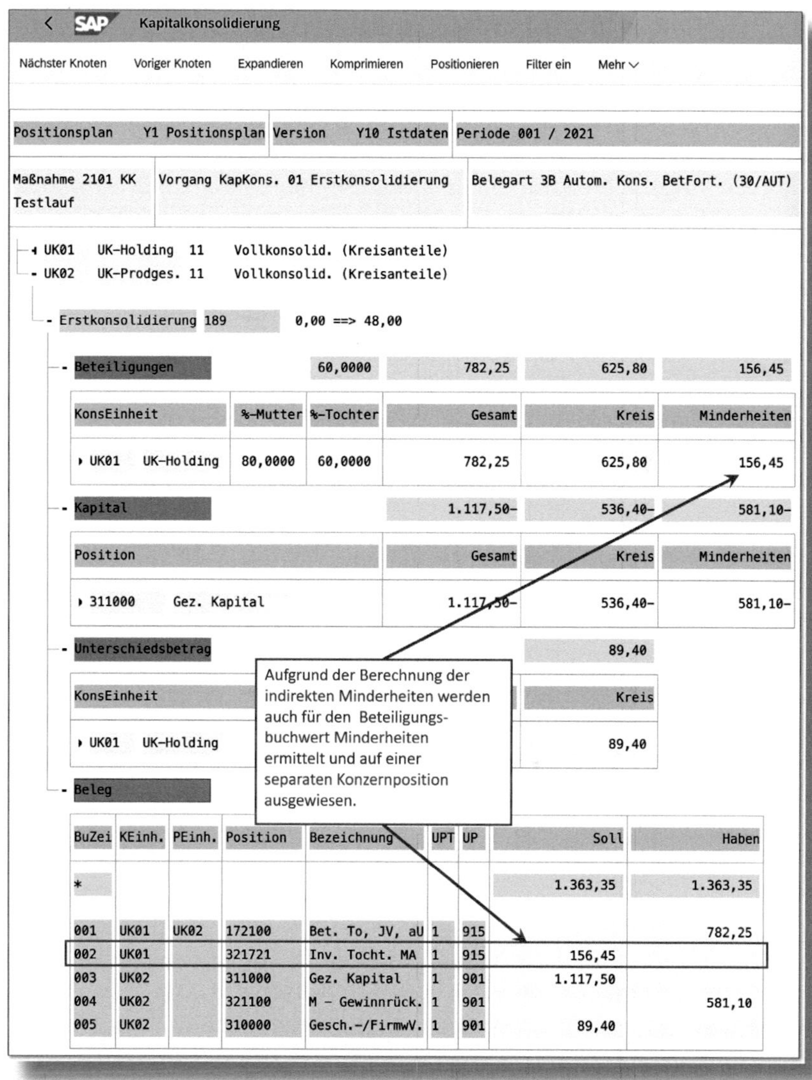

Abbildung 16.26: Erstkonsolidierung bei einer mehrstufigen Beteiligungshierarchie

16.4.2 Folgekonsolidierung

Abschließend zeigen wir noch, wie im Group Reporting eine Folgekonsolidierung gebucht wird. Im Laufe der Periode 01.2021 sind bei beiden englischen Gesellschaften ein Jahresüberschuss und Währungsumrechnungsdifferenzen entstanden. Die Jahresüberschüsse wurden mit der Maßnahme Berechnung Jahresüberschuss ermittelt (siehe Kapitel 9). Die Währungsumrechnungsdifferenzen sind ein Ergebnis der automatischen Währungsumrechnung (siehe Kapitel 11). Da diese Werte erst im Group Reporting kalkuliert wurden, sind hierfür keine vorgangsbezogenen Datenmeldungen notwendig. Für alle anderen Veränderungen im Eigenkapital, beispielsweise für erfolgsneutrale Veränderungen in den sonstigen Rücklagen, müssen die Meldedaten dieser Eigenkapitalpositionen um die entsprechenden Vorgangsangaben angereichert werden (siehe Abschnitt 16.4.1).

Das Ergebnis der Folgekonsolidierung für die Gesellschaft UK01 sehen Sie in Abbildung 16.27. Da beide Gesellschaften einen Konzernanteilsbesitz von weniger als 100 Prozent aufweisen, werden im oberen Teil des Protokolls für die Veränderungen im Eigenkapital zusätzlich Minderheitenanteile ermittelt.

Die Gesellschaft UK01 wird mit 80 Prozent in den Konzernabschluss einbezogen. Daher müssen 20 Prozent des Jahresüberschusses und 20 Prozent der Währungsumrechnungsdifferenz auf separaten Positionen im Eigenkapital ausgewiesen werden.

Für die Gesellschaft UK02 erfolgen die Ermittlung der Eigenkapitalveränderung sowie die Berechnung und die Buchung der Minderheiten nach der gleichen Logik wie bei der Gesellschaft UK01. Die einzige Besonderheit besteht darin, dass ein durchgerechneter Konzernanteil in Höhe von 48 Prozent verwendet wird.

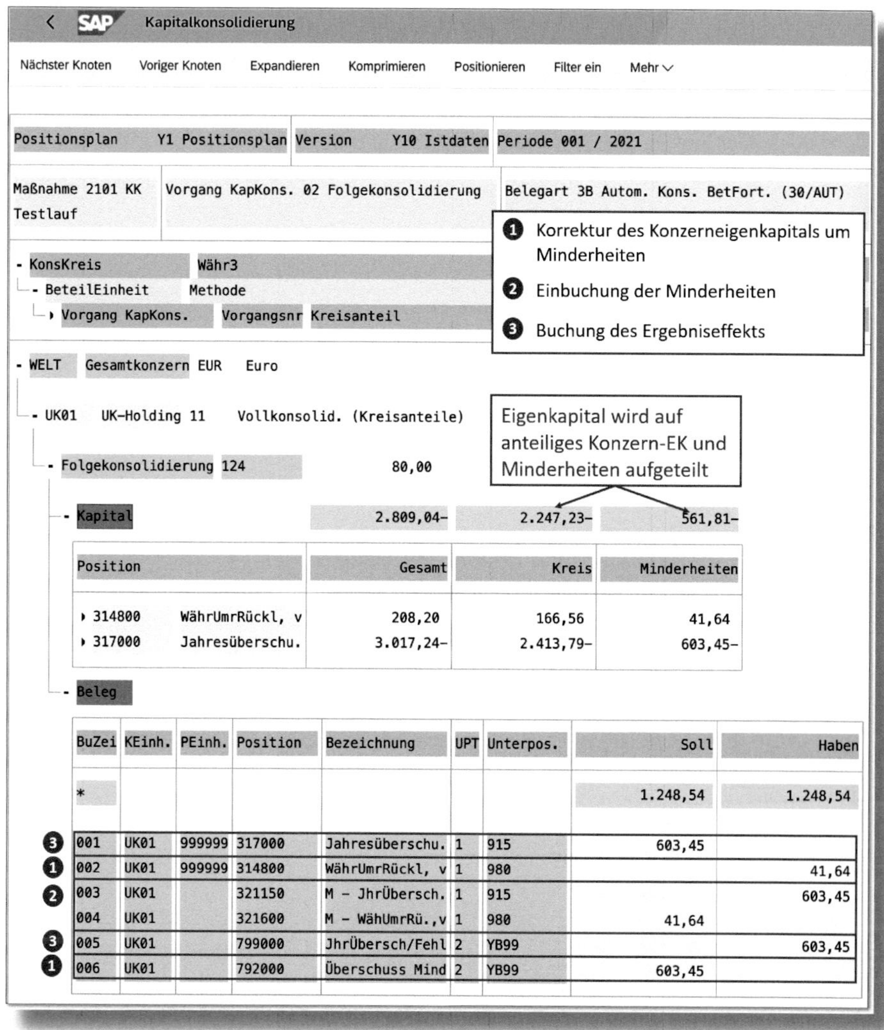

Abbildung 16.27: Folgekonsolidierung mit Minderheitenanteilen

17 Reporting mit Fiori Analytical Apps

Mit analytischen Berichten können Sie die Daten des Konzernabschlusses auswerten. In diesem Kapitel erklären wir, wie der Konsolidierungsdatenbestand im Reporting interpretiert wird und wie Sie in den Analysereport navigieren.

17.1 Neue Reporting-Logik

Bevor wir die Funktionsweise der Fiori Analytical Apps erläutern, erklären wir die Reporting-Logik, die für das Verständnis der Apps wichtig ist.

Wenn Sie im Group Reporting einen Beleg buchen, wird in den Belegzeilen entweder die Konsolidierungseinheit hinterlegt, für die der Beleg erfasst wurde, oder es wird die Kombination aus Konsolidierungseinheit und Konsolidierungskreis gespeichert. Die Speicherlogik wird aus der Kontierungsebene (siehe Abschnitt 4.4) der Belegart abgeleitet. Wie Sie in Abbildung 17.1 sehen, sind die Kontierungsebenen 02, 12, 22 und 30 kreisabhängig. Bei Buchungen auf diesen Kontierungsebenen wird also zusätzlich neben der Konsolidierungseinheit auch der Konsolidierungskreis in den Belegzeilen vermerkt.

KE	Beschreibung	Kons-Einheit	Kons-Kreis
<Leer>	Datenübernahme aus Tabelle ACDOCA	●	
00	Meldedatenerfassung (Upload, API, manuelle Eingabe)	●	
0C	Korrektur der übernommen Daten aus Tabelle ACDOCA	●	
01	Korrektur der Meldedaten	●	
10	Anpassung der Meldedaten	●	
20	Konzerneliminierungen	●	
30	Kapitalkonsolidierung	●	●
02	Vorbereitung Konsolidierungskreisänderung für die Kontierungsebenen 00, 0C, 01, 10	●	●
12	Vorbereitung Konsolidierungskreisänderung für die Kontierungsebene 10	●	●
22	Vorbereitung Konsolidierungskreisänderung für die Kontierungsebene 20	●	●

KE	Kontierungsebene
KonsEinheit	Konsolidierungseinheit
KonsKreis	Konsolidierungskreis

Abbildung 17.1: Kreisabhängige Kontierungsebenen

Mit dem SAP-S/4HANA-Release 1909 wurde eine neue *Reporting-Logik* eingeführt, die im Berichtswesen drei unterschiedliche Sichten auf den konsolidierten Datenbestand ermöglicht:

- Konzernsicht (Kreiskonsolidierungssicht)
- Hierarchiesicht (hierarchische Konsolidierungssicht)
- kombinierte Sichtweise

Bei der *Konzernsicht* wird die Konsolidierungskreisstruktur interpretiert, die Sie über die in Abschnitt 4.2.2 beschriebene App »Konzernstruktur verwalten – Konzernsicht« pflegen. Wenn Sie in einem Bericht die Konzernsicht nutzen und den Konsolidierungskreis *WELT* selektieren, wird der Datenbestand aller Konsolidierungseinheiten berücksichtigt, die diesem Konsolidierungskreis zugeordnet sind. Hierbei wird auch einbezogen welche *Konsolidierungsmethode* für diese Konsolidierungseinheiten verwendet wird und wie die *Erst- und Entkonsolidierungszeitpunkte* gesetzt sind.

Bei der Interpretation dieser Buchungsdaten spielt es zudem eine Rolle, auf welchen Kontierungsebenen die Belege gebucht wurden. Das System bezieht Belege der Kontierungsebenen <Leer>, 00, 01, 10 und 0C ein, wenn die Konsolidierungseinheiten dem selektierten Konsolidierungskreis zugeordnet sind. Die kreisabhängigen Buchungen der Ebenen 02, 12 und 22 finden Berücksichtigung, sofern sich die Buchungen ebenfalls auf diesen Konsolidierungskreis beziehen. Bei Belegen der Kontierungsebene 20 müssen die Konsolidierungseinheiten und die Partnereinheiten dem Konsolidierungskreis zugeordnet sein. In Abbildung 17.2 wird diese Logik der Kontierungsebenen bei der Konzernsicht anhand eines Beispiels verdeutlicht.

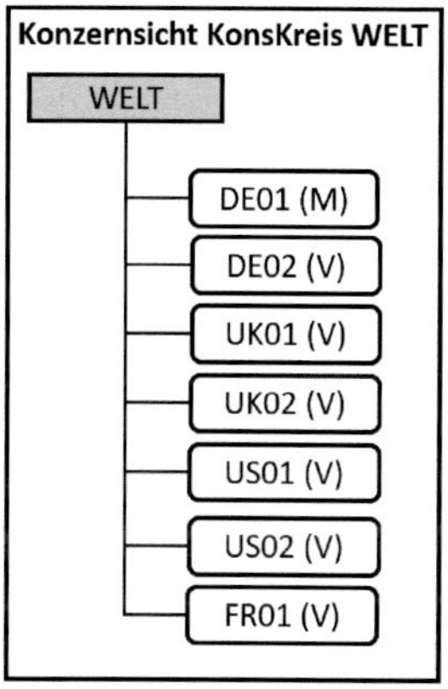

Konzernsicht KonsKreis WELT

WELT
- DE01 (M)
- DE02 (V)
- UK01 (V)
- UK02 (V)
- US01 (V)
- US02 (V)
- FR01 (V)

Kons-Kreis	Kons-Einheit	Partner-Einheit	Kontierungs-ebene	Im Reporting selektiert
	DE01		00	●
	DE01		01	●
	UK01		10	●
	ES01		10	
	DE01	DE02	20	●
	DE01	ES01	20	
WELT	DE01		30	●
WELT	FR01		02	●
WELT	ES01		12	
WELT	DE01	DE02	22	●

Abbildung 17.2: Interpretation der Kontierungsebenen mit der Konzernsicht

Wenn Sie im Berichtswesen die *Hierarchiesicht* verwenden, ist die Konsolidierungskreisstruktur, die Sie über die App »Konzernstruktur verwalten – Konzernsicht« gepflegt haben, nicht relevant. Stattdessen müssen Sie mit der in Abschnitt 4.7 beschriebenen App »Globale Hierarchien verwalten« eine Hierarchie für Ihre Konsolidierungseinheiten anlegen.

In den Berichten werden dann die Daten der Kontierungsebenen <Leer>, 00, 01, 10, und CT einbezogen, sofern sich deren Konsolidierungseinheiten unterhalb des Hierarchieknotens befinden, den Sie in Ihrem Bericht selektieren. Die kreisbezogenen Buchungen der Kontierungsebenen 02, 12, 22 und 30 werden allerdings nicht berücksichtigt.

Eine weitere Besonderheit gibt es für die Belege der Kontierungsebene 20. Diese werden in den Berichten angezeigt, sofern deren Konsolidierungseinheiten dem selektierten Hierarchieknoten zugeordnet sind. Zusätzlich wird dann aber noch der niedrigste Hierarchieknoten identifiziert, der die Konsolidierungseinheit und die Partnereinheit beinhaltet. Hierfür wird dann eine *virtuelle Konsolidierungseinheit* generiert, deren Namen aus dem ersten gemeinsamen Hierarchieknoten der beiden Einheiten und dem Suffix _ELIM besteht.

Die Interpretation der Kontierungsebenen bei der Hierarchiesicht wird nochmals in Abbildung 17.3 verdeutlicht. In diesem Beispiel wurde die Konsolidierungseinheitenhierarchie REGIONEN angelegt und in der Berichtselektion wird der gleichnamige Hierarchieknoten ausgewählt.

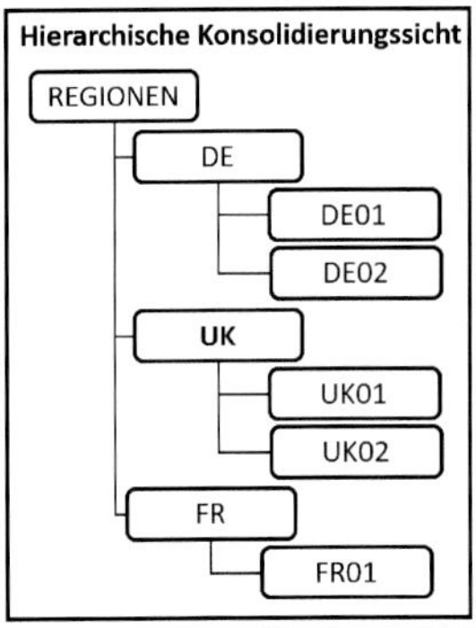

Hierarchische Konsolidierungssicht

- REGIONEN
  - DE
    - DE01
    - DE02
  - **UK**
    - UK01
    - UK02
  - FR
    - FR01

Kons-Kreis	Kons-Einheit	Partner-Einheit	Kontierungs-ebene	Im Reporting selektiert	Virtuelle KonsEinheit
	DE01		00	●	DE01
	DE01		01	●	DE01
	UK01		10	●	UK01
	ES01		10		
	UK01	UK02	20	●	**UK**_ELIM
	DE01	ES01	20		
WELT	DE01		30		
WELT	FR01		02		
WELT	ES01		12		
WELT	DE01	DE02	22		

Abbildung 17.3: Interpretation der Kontierungsebenen mit der Hierarchiesicht

Schließlich ist es noch möglich, beide Ansätze gleichzeitig zu verwenden. Bei dieser *kombinierten Sichtweise* müssen Sie im Berichtswesen einen Konsolidierungskreis und den Hierarchieknoten einer Konsolidierungseinheitenhierarchie selektieren.

17.2 Überblick zu den Fiori Analytical Apps

Im Group Reporting stehen Ihnen für das Berichtswesen unterschiedliche Tools zur Verfügung, mit denen Sie den Konsolidierungsdatenbestand auswerten können. In diesem Buch gehen wir auf die Auswertungsmöglichkeiten der S/4HANA Fiori Analytical Apps ein. Für unsere Erläuterungen verwenden wir die beiden Berichts-Apps »Konzerndatenanalyse (Neu)« und »Konzerndatenanalyse – Mit Berichtsregeln (Neu)«, die mit dem Release 1909 ausgeliefert wurden. Mit beiden Berichten können Sie die Group-Reporting-Daten nach den in Abschnitt 17.1 beschriebenen drei Sichtweisen auswerten.

Diese Analytical Apps basieren auf den Core-Data-Services-(CDS-) Views I_MatrixConsolidationReportC (Konzerndatenanalyse-Cube) und I_MatrixConsolidationRptEnhcdC (regelbasierter Konzerndatenanalyse-Cube). Die beiden CDS-Views können Sie auch verwenden, um mit der App »Benutzerdefinierte analytische Abfragen« eigene Auswertungen zu erstellen.

In diesem Abschnitt behandeln wir die Funktionalität der App »Konzerndatenanalyse (Neu)«. Die zweite Berichts-App wird im nachfolgenden Abschnitt beschrieben. Zusätzlich wird die App »Konzernbuchungsbelege anzeigen – Mit Reportinglogik« verwendet, um die Drill-through-Funktionalität von den Analytical Apps zu den Konzernbuchhaltungsbelegen zu zeigen.

In Abbildung 17.4 sehen Sie alle vier genannten Reporting-Apps.

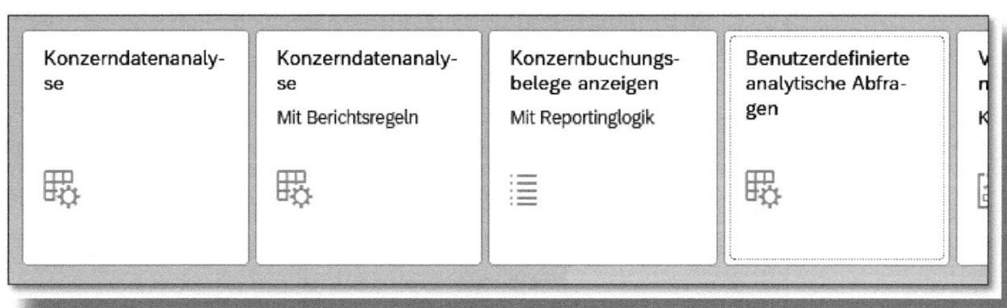

Abbildung 17.4: Fiori Analytical Apps mit Reporting-Logik

17.3 Konzerndatenanalyse

Wenn Sie die App »Konzerndatenanalyse« starten, müssen Sie die Kriterien festlegen, mit denen der Datenbestand eingeschränkt werden soll. Zwingend notwendig ist, dass Sie die relevanten globalen Parameter Version, Ledger und Positionsplan (siehe Abschnitt 3.1) festlegen. Über den Periodenmodus stellen Sie ein, ob der Datenbestand periodisch (PER) oder kumuliert (YTD) für die selektierte Geschäftsjahresperiode (Periode/Jahr) gezeigt werden soll. Möchten Sie die kumulierten Daten sehen, können Sie auch den Periodenmodus PER verwenden und als Periode/Jahr ein Intervall, beginnend mit der Periode 00, auswählen.

Damit die Daten mit der **Konzernsicht** selektiert werden, müssen Sie den entsprechenden Konsolidierungskreis auswählen und die Hierarchiesicht deaktivieren. Für die Deaktivierung muss die Konsolidierungseinheitshierarchie auf den Wert *$* eingeschränkt werden.

Abbildung 17.5 zeigt die Kriterien, mit denen auf die kumulierten Ist-Daten (Version Y10) der Periode 002.2021 für den Konsolidierungskreis Welt gefiltert wird.

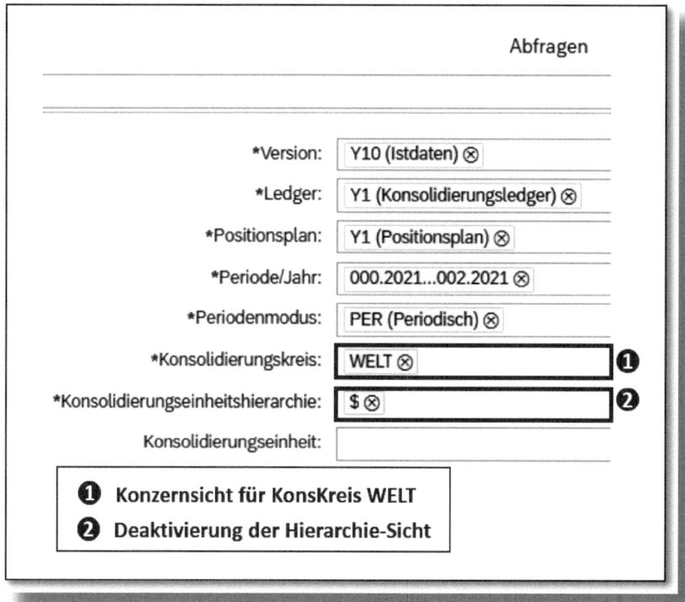

Abbildung 17.5: Datenselektion bei der Konzernsicht

Bei dieser Datenselektion bekommen Sie das in Abbildung 17.6 gezeigte Berichtsergebnis. Wie Sie erkennen können, enthält die Ergebnisliste auch die Datensätze der kreisabhängigen Kontierungsebenen, in diesem Beispiel die Kontierungsebenen 02 und 30.

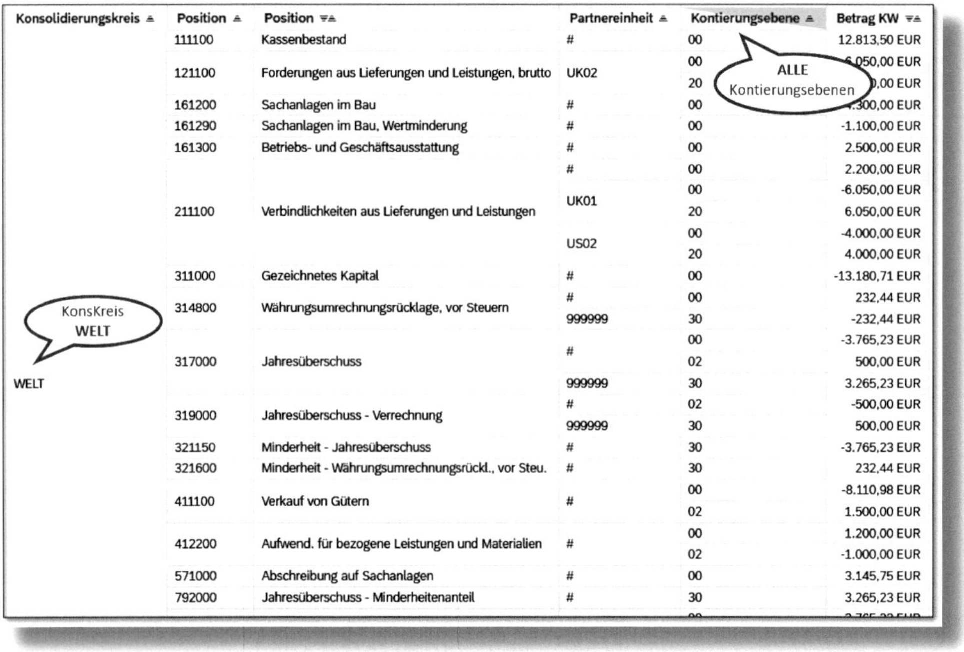

Konsolidierungskreis	Position	Position	Partnereinheit	Kontierungsebene	Betrag KW
WELT	111100	Kassenbestand	#	00	12.813,50 EUR
	121100	Forderungen aus Lieferungen und Leistungen, brutto	UK02	00	6.050,00 EUR
				20	[illegible],00 EUR
	161200	Sachanlagen im Bau	#	00	[illegible].300,00 EUR
	161290	Sachanlagen im Bau, Wertminderung	#	00	-1.100,00 EUR
	161300	Betriebs- und Geschäftsausstattung	#	00	2.500,00 EUR
	211100	Verbindlichkeiten aus Lieferungen und Leistungen	#	00	2.200,00 EUR
			UK01	00	-6.050,00 EUR
				20	6.050,00 EUR
			US02	00	-4.000,00 EUR
				20	4.000,00 EUR
	311000	Gezeichnetes Kapital	#	00	-13.180,71 EUR
	314800	Währungsumrechnungsrücklage, vor Steuern	#	00	232,44 EUR
			999999	30	-232,44 EUR
	317000	Jahresüberschuss	#	00	-3.765,23 EUR
				02	500,00 EUR
			999999	30	3.265,23 EUR
	319000	Jahresüberschuss - Verrechnung	#	02	-500,00 EUR
			999999	30	500,00 EUR
	321150	Minderheit - Jahresüberschuss	#	30	-3.765,23 EUR
	321600	Minderheit - Währungsumrechnungsrückl., vor Steu.	#	30	232,44 EUR
	411100	Verkauf von Gütern	#	00	-8.110,98 EUR
				02	1.500,00 EUR
	412200	Aufwend. für bezogene Leistungen und Materialien	#	00	1.200,00 EUR
				02	-1.000,00 EUR
	571000	Abschreibung auf Sachanlagen	#	00	3.145,75 EUR
	792000	Jahresüberschuss - Minderheitenanteil	#	30	3.265,23 EUR

Abbildung 17.6: Berichtsergebnis bei der Konzernsicht

Wenn Sie nicht die Konzernsicht, sondern die **Hierarchiesicht** verwenden möchten, müssen Sie auf dem Selektionsbildschirm die entsprechende Konsolidierungseinheitenhierarchie auswählen und die Konzernsicht deaktivieren, indem Sie auf den Konsolidierungskreis »#« einschränken.

Abbildung 17.7 zeigt erneut einen Ausschnitt des Selektionsbildschirms der Analytical App »Konzerndatenanalyse«. Wie im vorherigen Beispiel werden erneut die kumulierten Ist-Daten der Periode 002.2021 abgerufen. Anstatt der Konzernsicht wird jetzt aber die Hierarchiesicht verwendet, da die Konsolidierungseinheitshierarchie *REGIONEN* und der Konsolidierungskreis »#« selektiert sind. Weil die Hierarchie zeitabhängig ist, muss zusätzlich noch das Gültigkeitsdatum der Hierarchie festgelegt werden (Hierarchie gültig auf).

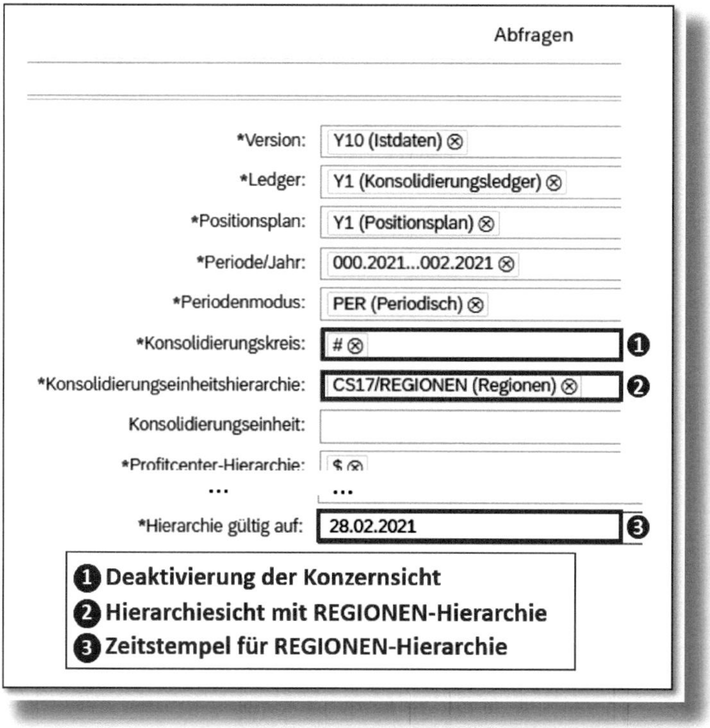

Abfragen

*Version:	Y10 (Istdaten) ⊗
*Ledger:	Y1 (Konsolidierungsledger) ⊗
*Positionsplan:	Y1 (Positionsplan) ⊗
*Periode/Jahr:	000.2021...002.2021 ⊗
*Periodenmodus:	PER (Periodisch) ⊗
*Konsolidierungskreis:	# ⊗ ❶
*Konsolidierungseinheitshierarchie:	CS17/REGIONEN (Regionen) ⊗ ❷
Konsolidierungseinheit:	
*Profitcenter-Hierarchie:	$ ⊗
...	...
*Hierarchie gültig auf:	28.02.2021 ❸

❶ **Deaktivierung der Konzernsicht**
❷ **Hierarchiesicht mit REGIONEN-Hierarchie**
❸ **Zeitstempel für REGIONEN-Hierarchie**

Abbildung 17.7: Datenselektion bei der Hierarchiesicht

Abbildung 17.8 zeigt das Berichtsergebnis, das sich bei dieser Datenselektion ergibt. Die erste Berichtsspalte enthält das virtuelle Berichtsmerkmal Konsolidierungseinheit eliminiert, das die »echten« und die im vorherigen Abschnitt beschriebenen »virtuellen Konsolidierungseinheiten« zeigt. Für dieses Merkmal haben wir für die Ansicht die Hierarchie REGIONEN ausgewählt. Wie Sie erkennen können, enthält die Ergebnisliste in diesem Fall keine kreisbezogenen Buchungen.

KEINE kreisabhängigen Kontierungsebenen

KonsEinheiten-Hierarchie REGIONEN

Konsolidierungseinheit eliminiert	Position	Position	Partnereinheit	Kontierungsebene	Betrag KW
	111100	Kassenbestand	#	00	23.313,50 EUR
	121100	Forderungen aus Lieferungen und Leistungen, brutto	UK02		6.050,00 EUR
					-6.050,00 EUR
	161200	Sachanlagen im Bau	#		4.300,00 EUR
	161290	Sachanlagen im Bau, Wertminderung	#	00	-1.100,00 EUR
	161300	Betriebs- und Geschäftsausstattung	#	00	2.500,00 EUR
	211100	Verbindlichkeiten aus Lieferungen und Leistungen	#	00	2.200,00 EUR
			DE01	00	-1.000,00 EUR
				20	1.000,00 EUR
			UK01	00	-6.050,00 EUR
				20	6.050,00 EUR
˅ REGIONEN			US02	00	-4.000,00 EUR
	311000	Gezeichnetes Kapital	#	00	-20.680,71 EUR
	314800	Währungsumrechnungsrücklage, vor Steuern	#	00	232,44 EUR
	317000	Jahresüberschuss	#	00	-5.765,23 EUR
	411100	Verkauf von Gütern	#	00	-18.110,98 EUR
	412200	Aufwend. für bezogene Leistungen und Materialien	#	00	1.200,00 EUR
	571000	Abschreibung auf Sachanlagen	#	00	11.145,75 EUR
	799000	Jahresüberschuss/Jahresfehlbetrag	#	00	5.765,23 EUR
	21110D	VerrechnKonto - Forder./Verbindl. LuL, kurzfristig	DE01	20	-1.000,00 EUR
			UK01	20	-6.050,00 EUR
			UK02	20	6.050,00 EUR
	111100	Kassenbestand	#	00	10.500,00 EUR
	211100	Verbindlichkeiten aus Lieferungen und Leistungen	DE01	00	-1.000,00 EUR
				20	1.000,00 EUR
	311000	Gezeichnetes Kapital	#	00	-7.500,00 EUR
› DE	317000	Jahresüberschuss	#	00	-2.000,00 EUR
	411100	Verkauf von Gütern	#	00	-10.000,00 EUR

Abbildung 17.8: Berichtsergebnis bei der Hierarchiesicht

Belege der Kontierungsebene 20 werden bei der Hierarchiesicht »virtuellen Konsolidierungseinheiten« zugeordnet. So werden die Eliminierungsbuchungen der Schuldenkonsolidierung zwischen den Konsolidierungseinheiten UK01 und UK02 mit der Konsolidierungseinheit UK_ELIM gezeigt, da UK der erste Hierarchieknoten der Regionen-Hierarchie ist, den diese beiden Konsolidierungseinheiten gemeinsam haben (siehe Abbildung 17.9).

17.4 Konzerndatenanalyse mit Berichtsregeln

Häufig haben wir es mit Berichtsanforderungen zu tun, die nicht mit einer einfachen Positionshierarchie abgebildet werden können. Hierzu gehören insbesondere die Erstellung von Spiegelberichten (Anlagen-, Eigenkapital-, und Rückstellungsspiegel) und abweichenden

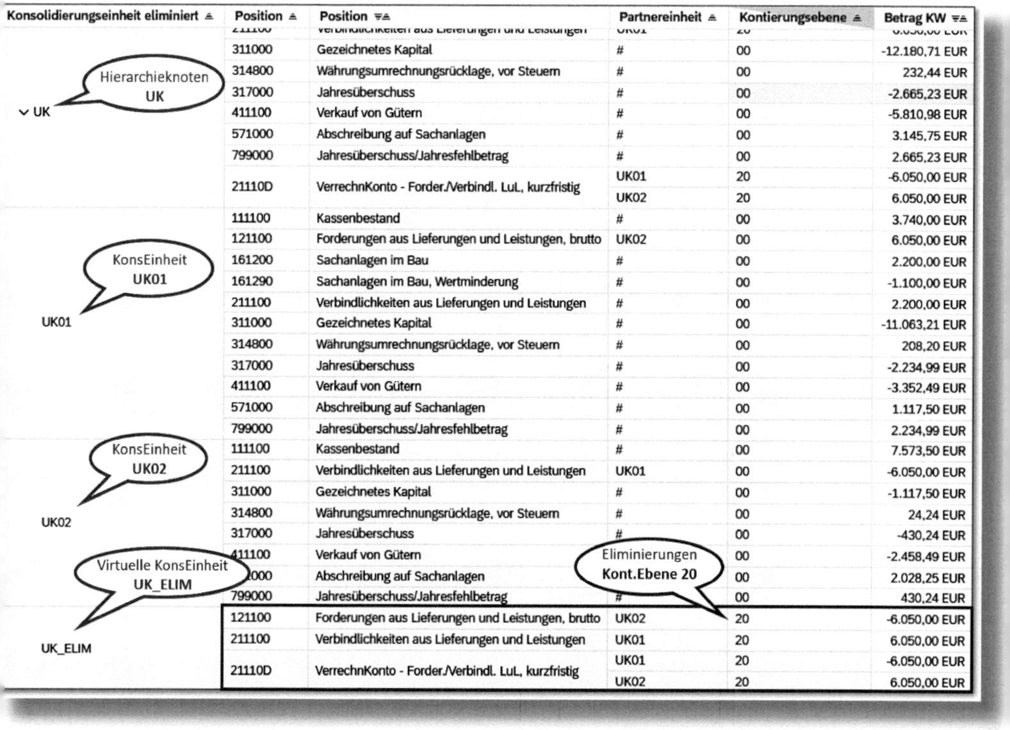

Konsolidierungseinheit eliminiert	Position	Position	Partnereinheit	Kontierungsebene	Betrag KW
∨ UK	311000	Gezeichnetes Kapital	#	00	-12.180,71 EUR
	314800	Währungsumrechnungsrücklage, vor Steuern	#	00	232,44 EUR
	317000	Jahresüberschuss	#	00	-2.665,23 EUR
	411100	Verkauf von Gütern	#	00	-5.810,98 EUR
	571000	Abschreibung auf Sachanlagen	#	00	3.145,75 EUR
	799000	Jahresüberschuss/Jahresfehlbetrag	#	00	2.665,23 EUR
	21110D	VerrechnKonto - Forder./Verbindl. LuL, kurzfristig	UK01	20	-6.050,00 EUR
			UK02	20	6.050,00 EUR
UK01	111100	Kassenbestand	#	00	3.740,00 EUR
	121100	Forderungen aus Lieferungen und Leistungen, brutto	UK02	00	6.050,00 EUR
	161200	Sachanlagen im Bau	#	00	2.200,00 EUR
	161290	Sachanlagen im Bau, Wertminderung	#	00	-1.100,00 EUR
	211100	Verbindlichkeiten aus Lieferungen und Leistungen	#	00	2.200,00 EUR
	311000	Gezeichnetes Kapital	#	00	-11.063,21 EUR
	314800	Währungsumrechnungsrücklage, vor Steuern	#	00	208,20 EUR
	317000	Jahresüberschuss	#	00	-2.234,99 EUR
	411100	Verkauf von Gütern	#	00	-3.352,49 EUR
	571000	Abschreibung auf Sachanlagen	#	00	1.117,50 EUR
	799000	Jahresüberschuss/Jahresfehlbetrag	#	00	2.234,99 EUR
UK02	111100	Kassenbestand	#	00	7.573,50 EUR
	211100	Verbindlichkeiten aus Lieferungen und Leistungen	UK01	00	-6.050,00 EUR
	311000	Gezeichnetes Kapital	#	00	-1.117,50 EUR
	314800	Währungsumrechnungsrücklage, vor Steuern	#	00	24,24 EUR
	317000	Jahresüberschuss	#	00	-430,24 EUR
	411100	Verkauf von Gütern		00	-2.458,49 EUR
	[illegible]000	Abschreibung auf Sachanlagen		00	2.028,25 EUR
	799000	Jahresüberschuss/Jahresfehlbetrag	#	00	430,24 EUR
UK_ELIM	121100	Forderungen aus Lieferungen und Leistungen, brutto	UK02	20	-6.050,00 EUR
	211100	Verbindlichkeiten aus Lieferungen und Leistungen	UK01	20	6.050,00 EUR
	21110D	VerrechnKonto - Forder./Verbindl. LuL, kurzfristig	UK01	20	-6.050,00 EUR
			UK02	20	6.050,00 EUR

Abbildung 17.9: Berichtsergebnis bei der Hierarchiesicht für Hierarchieknoten UK

GuV-Darstellungen (Umsatzkostenverfahren) oder die Abbildung der Kapitalflussrechnung. Für diese komplexeren Anforderungen bietet das Group Reporting die Möglichkeit, Berichte mit genau definierten Berichtszeilen (sogenannten Berichtsregeln) anzulegen.

Bei der Erstellung regelbasierter Berichte müssen Sie verschiedene Einstellungen im System vornehmen. Zuerst definieren Sie für jede Berichtszeile eine Meldeposition. Diese wird mit der gleichen App »Positionen definieren« angelegt, die Sie auch für die Anlage von Bilanz- und GuV-Positionen verwenden (siehe Abschnitt 4.3.1). Sie müssen nur darauf achten, dass Sie in den Grunddaten des Positionsstammsatzes die Positionsart *Meldeposition* auswählen.

Abbildung 17.10 zeigt die Meldeposition SI1140 (Vertriebskosten). Diese Position wird beispielsweise in einer Berichtspositionshierarchie verwendet, mit der die Gewinn- und Verlustrechnung (GuV) nach dem Umsatzkostenverfahren gezeigt wird.

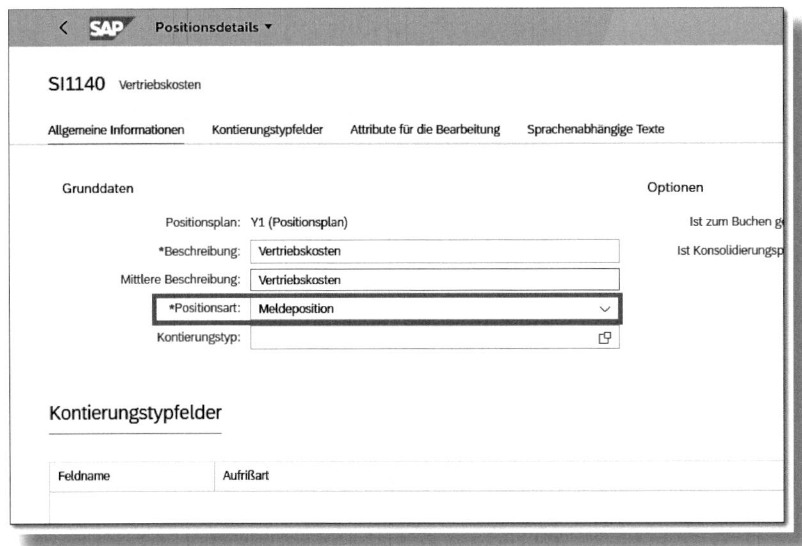

Abbildung 17.10: Meldeposition SI1140 (Vertriebskosten)

Nachdem Sie für alle Berichtszeilen die notwendigen Meldepositionen angelegt haben, müssen Sie diese in Form einer Berichtspositionshierarchie anordnen und für jede Zeile festlegen, welcher Datenbestand dort gezeigt werden soll. Hierfür steht Ihnen die App »Melderegeln definieren« zur Verfügung.

Sie können für Ihre Berichtspositionshierarchie auch unterschiedliche Varianten anlegen. In Abbildung 17.11 sehen Sie die Melderegelvariante X1 der Berichtspositionshierarchie UKV. In der ersten Spalte legen Sie den Zeilenaufbau Ihrer Berichtspositionshierarchie fest, indem Sie die Meldepositionen in der gewünschten Reihenfolge anordnen. Anschließend müssen Sie den Zeilen die relevanten Wertpositionen zuweisen – und zwar über Positionsattribute, über die Hierarchieknoten (Knot.) einer Positionshierarchie (PosHier.) oder durch die explizite Angabe von Positionsintervallen (PosQuelle/AbPos Ziel). Zusätzlich können Sie Ihre Berichtszeilen noch auf bestimmte Unterpositionen (UPos) oder Belegarten (BelArt) einschränken. Sie haben auch die Möglichkeit, in einzelne Berichtszeilen auf bestimmte Konsolidierungseinheiten (KonEinh vn/bs) zu filtern. Schließlich können Sie für jede Berichtszeile entscheiden, ob die Werte mit invertiertem Vorzeichen (VorzUmkehr) gezeigt werden sollen.

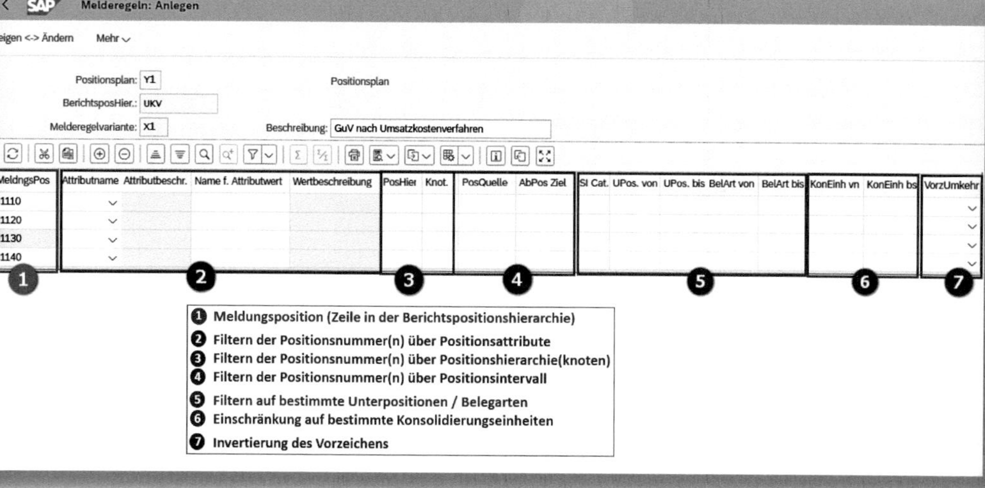

Abbildung 17.11: Melderegeln definieren

In Abbildung 17.12 sehen Sie eine Berichtspositionshierarchie, mit der die GuV nach dem Umsatzkostenverfahren angezeigt wird. Die Meldepositionen in der ersten Spalte entsprechen hierbei den GuV-Zeilen:

- SI1110: Umsatzerlöse
- SI1120: Herstellungskosten
- SI1130: sonstige Erträge
- SI1140: Vertriebskosten
- …

Die GuV-Positionen des Gesamtkostenverfahrens werden mithilfe von Positionsintervallen den einzelnen Meldepositionen zugeordnet und die Funktionsbereiche aus den Unterpositionen der GuV-Positionen (siehe Abschnitt 4.3.2) abgeleitet. Die in der Abbildung mit einem Pfeil markierte Unterposition YB30 repräsentiert beispielsweise den Funktionsbereich »Vertrieb«.

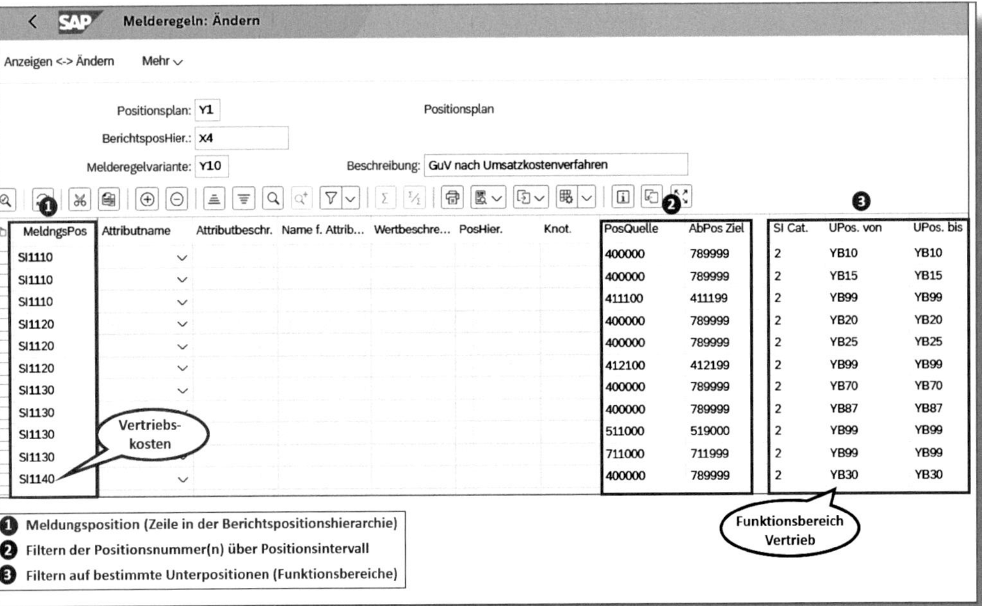

MeldngsPos	Attributname	Attributbeschr.	Name f. Attrib...	Wertbeschre...	PosHier.	Knot.	PosQuelle	AbPos Ziel	SI Cat.	UPos. von	UPos. bis
SI1110							400000	789999	2	YB10	YB10
SI1110							400000	789999	2	YB15	YB15
SI1110							411100	411199	2	YB99	YB99
SI1120							400000	789999	2	YB20	YB20
SI1120							400000	789999	2	YB25	YB25
SI1120							412100	412199	2	YB99	YB99
SI1130							400000	789999	2	YB70	YB70
SI1130							400000	789999	2	YB87	YB87
SI1130							511000	519000	2	YB99	YB99
SI1130							711000	711999	2	YB99	YB99
SI1140							400000	789999	2	YB30	YB30

Abbildung 17.12: Berichtspositionshierarchie für die Darstellung der GuV nach dem Umsatzkostenverfahren

Die Berichtsdefinition wird sehr flexibel, wenn man die Positionen nicht anhand fester Intervalle auswählt, sondern stattdessen Positionsattribute verwendet. Dieses Vorgehen wird beispielsweise bei der Erstellung der Kapitalflussrechnung eingesetzt. Wie bei dem GuV-Bericht müssen Sie hierbei zuerst für jede Berichtszeile der Kapitalflussrechnung eine Meldeposition anlegen und diese in der gewünschten Reihenfolge in Ihrer Berichtspositionshierarchie anordnen.

Die in Abbildung 17.13 gezeigten Meldepositionen haben beispielsweise folgende Bezeichnungen:

- SCF100: Jahresüberschuss/-fehlbetrag
- SCF201: Anpassungen für Ertragsteueraufwand
- SCF202: Anpassungen für Finanzierungsaufwand
- SCF211: Zu-/Abnahme von Vorräten
- SCF212: Zu-/Abnahme von Forderungen aus LuL
- …

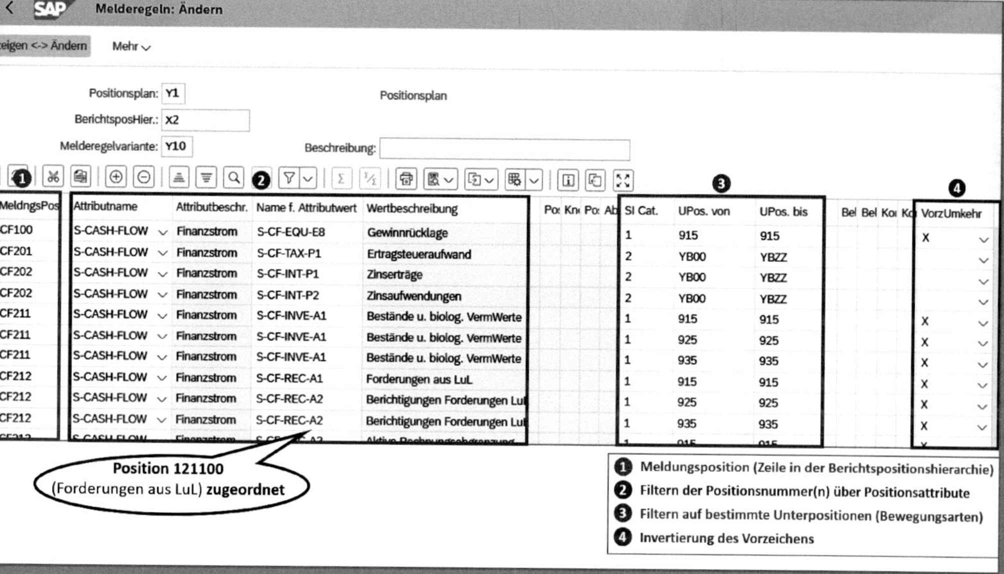

MeldngsPos	Attributname	Attributbeschr.	Name f. Attributwert	Wertbeschreibung	Po	Kn	Po	Ab	SI Cat.	UPos. von	UPos. bis	Bel	Bel	Ko	Ko	VorzUmkehr
SCF100	S-CASH-FLOW	Finanzstrom	S-CF-EQU-E8	Gewinnrücklage					1	915	915					X
SCF201	S-CASH-FLOW	Finanzstrom	S-CF-TAX-P1	Ertragsteueraufwand					2	YB00	YBZZ					
SCF202	S-CASH-FLOW	Finanzstrom	S-CF-INT-P1	Zinserträge					2	YB00	YBZZ					
SCF202	S-CASH-FLOW	Finanzstrom	S-CF-INT-P2	Zinsaufwendungen					2	YB00	YBZZ					
SCF211	S-CASH-FLOW	Finanzstrom	S-CF-INVE-A1	Bestände u. biolog. VermWerte					1	915	915					X
SCF211	S-CASH-FLOW	Finanzstrom	S-CF-INVE-A1	Bestände u. biolog. VermWerte					1	925	925					X
SCF211	S-CASH-FLOW	Finanzstrom	S-CF-INVE-A1	Bestände u. biolog. VermWerte					1	935	935					X
SCF212	S-CASH-FLOW	Finanzstrom	S-CF-REC-A1	Forderungen aus LuL					1	915	915					X
SCF212	S-CASH-FLOW	Finanzstrom	S-CF-REC-A2	Berichtigungen Forderungen Lul					1	925	925					X
SCF212	S-CASH-FLOW	Finanzstrom	S-CF-REC-A2	Berichtigungen Forderungen Lul					1	935	935					X

Abbildung 17.13: Berichtspositionshierarchie für die Darstellung der Kapitalflussrechnung

Zusätzlich müssen Sie für die Berichtszeilen Ihrer Kapitalflussrechnung Attributwerte für das Auswahlattribut S-CASHFLOW (CASHFLOW) anlegen (siehe hierzu auch Abschnitt 4.3.3). Diese Attributwerte weisen Sie den Positionen Ihres Positionsplans zu. Abbildung 17.14

zeigt beispielsweise den Positionsstammsatz der Position 121100 (FORDERUNGEN AUS LUL) mit dem CASHFLOW-Attributwert S-CF-REC-A1 (FORDERUNGEN AUS LUL).

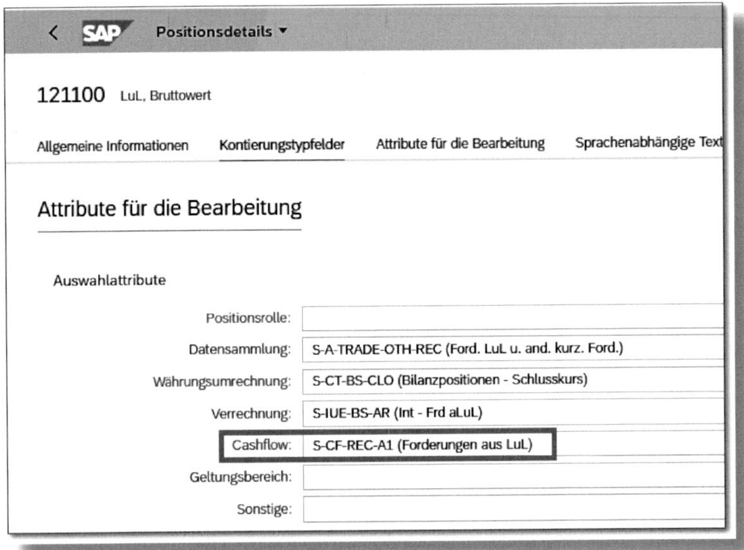

Abbildung 17.14: Cashflow-Attribut der Position 121100 (Forderungen aus LuL)

Anschließend pflegen Sie für die Meldepositionen die passenden Attributwerte. In Abbildung 17.13 sehen Sie, dass der Meldeposition SCF212 (Zu-/Abnahme von Forderungen aus LuL) der Cashflow-Attributwert S-CF-REC-A2 zugeordnet wurde. Zusätzlich müssen Sie noch die Unterpositionen einschränken. Bei der Meldeposition SCF212 wird auf die Unterposition UPos 915 gefiltert, der auf der Unterposition 900 gezeigte Anfangsbestand wird also ausgeschlossen.

Mit der Analytical App »Konzerndatenanalyse – Mit Berichtsregeln« können Sie die Berichtspositionshierarchien in Ihren Auswertungen verwenden. Auf dem Selektionsbildschirm müssen Sie eine Berichtspositionshierarchie (BERICHTSPOSHIER.) und eine MELDEREGELVARIANTE auswählen. Zusätzlich können Sie die Berichtsanzeige noch auf einzelne MELDEPOSITIONEN einschränken. Wie bei der App »Konzerndatenanalyse« haben Sie die Möglichkeit, den Datenbestand nach drei Sichten auszuwerten.

Abbildung 17.15 zeigt die unterschiedlichen Selektionsmöglichkeiten der beiden Konzerndatenanalyseberichte.

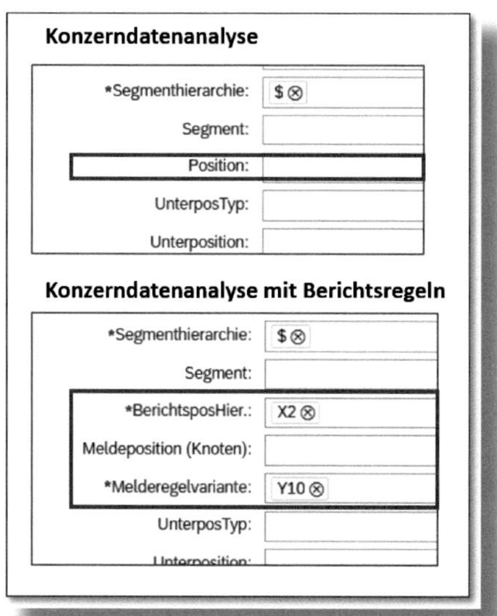

Abbildung 17.15: Ausgewählte Selektionsfelder der Konzerndatenanalyseberichte

17.5 Navigation in den Fiori Analytical Apps

Sie haben in beiden Konzerndatenanalyseberichten die Möglichkeit, flexibel zu navigieren und so die Berichtsdarstellung an Ihre persönlichen Anforderungen anzupassen. Abbildung 17.16 zeigt den Konzerndatenanalysebericht ohne Berichtsregeln. Auf der linken Seite des Berichts (DIMENSIONEN) finden Sie den Vorrat aller Merkmale, nach denen der Bericht grundsätzlich aufgerissen werden kann.

In dem Feldvorrat SPALTEN werden alle Merkmale gezeigt, die aktuell in den Berichtsspalten enthalten sind. Die Merkmale, die in den Berichtszeilen verwendet werden, finden Sie in dem Feldvorrat ZEILEN. Es gibt unterschiedliche Möglichkeiten, den Spalten- und Zeilenaufbau des Berichts zu ändern. Der einfachste Weg ist über die Drag-and-drop-Funktionalitäten des Berichts. Außerdem lässt sich in der Kopfzeile des Berichts eine FILTERLEISTE EIN- bzw. AUSBLENDEN. Die Merkmale, die in dieser Leiste angezeigt werden sollen, legen Sie über die FILTER-Schaltfläche fest.

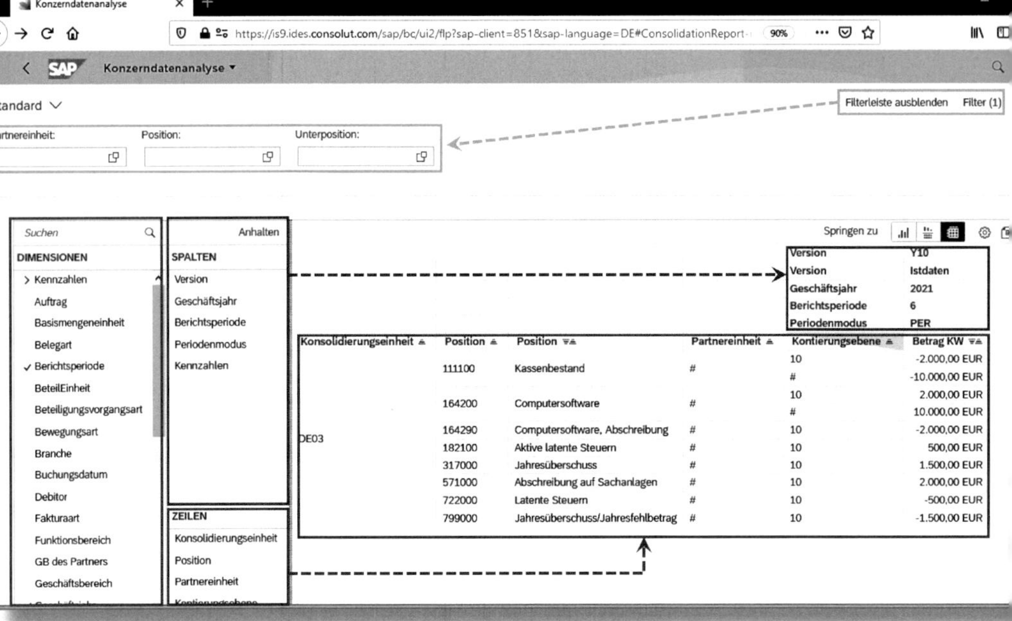

Abbildung 17.16: Navigation in den Analyseberichten

Die Konzerndatenanalyseberichte bieten auch die Möglichkeit, einen Drill-through auf die Konzernbuchungsbelege vorzunehmen. Hierzu müssen Sie einfach über das Kontextmenü der rechten Maustaste den Eintrag SPRINGEN ZU • KONZERNBUCHUNGSBELEGE MIT REPORTINGLOGIK ANZEIGEN auswählen. Dies startet die gleichnamige Fiori-App, und es werden die Einzelposten aus dem Group Reporting gezeigt. Wurden diese Belege von der Datenübernahmemethode »Lesen aus universellem Beleg« generiert (siehe Kapitel 7), dann können Sie sich sogar mit einem weiteren Drill-through in die operative Finanzbuchhaltung die originären Hauptbuchbelege anzeigen lassen. Abbildung 17.17 zeigt diesen Durchgriff vom Konzerndatenanalysebericht zu einem Finanzbuchhaltungsbeleg.

Abbildung 17.17: Drill-through in den Analyseberichten

Wenn Sie einen bestimmten Berichtsaufbau regelmäßig verwenden, bietet es sich an, diese Ansicht als eigenständige Kachel in Ihrem Fiori

Launchpad zu speichern. Den Menüpunkt hierfür finden Sie im Dropdown der Aktionen-Schaltfläche (siehe Abbildung 17.18).

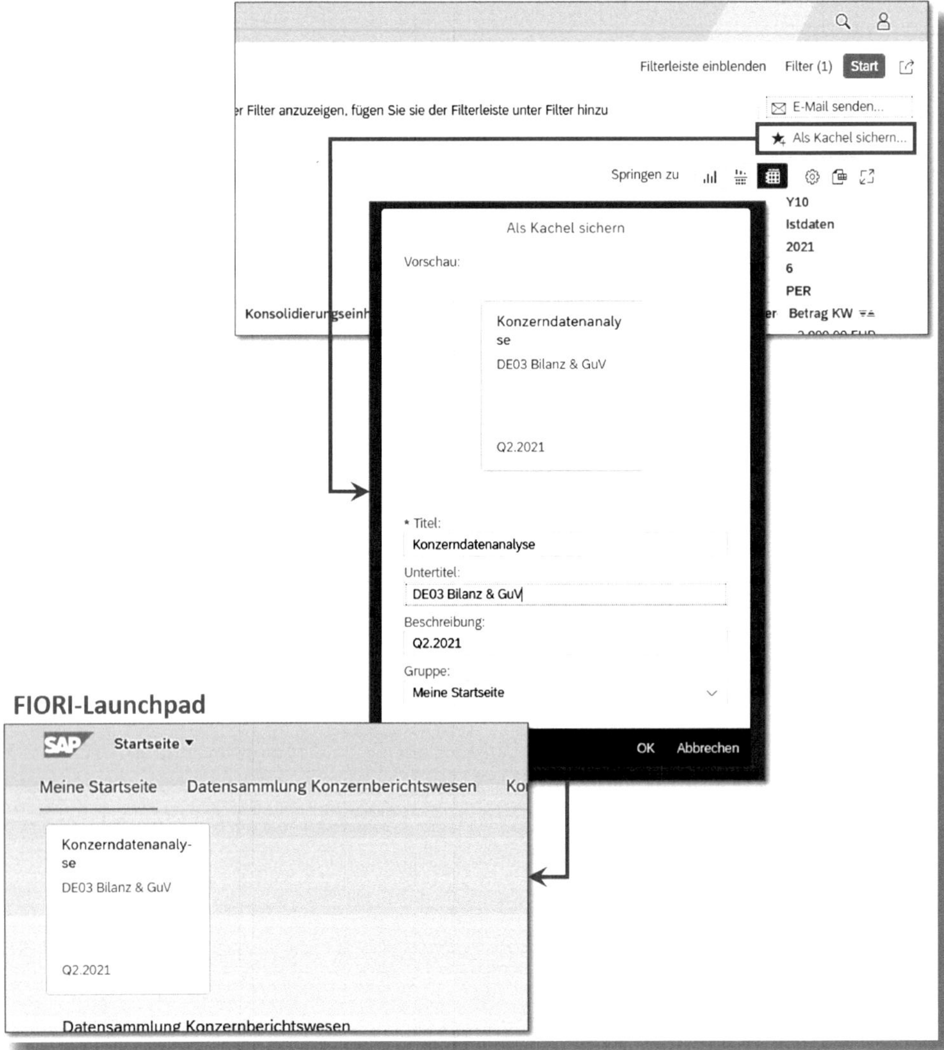

Abbildung 17.18: Berichtsansicht als Fiori-Kachel speichern

18 Matrixkonsolidierung

Das Group Reporting bietet Ihnen die Möglichkeit, eine Matrixkonsolidierung abzubilden. Das bedeutet, dass Sie gleichzeitig einen legalen Konzernabschluss und einen Abschluss, der die internen Berichtsanforderungen erfüllt, erstellen. In diesem Kapitel zeigen wir Ihnen, welche Systemeinstellungen Sie hierfür vornehmen müssen und wie Sie die unterschiedlichen Abschlüsse auswerten.

18.1 Grundlagen und Systemeinstellungen

Konsolidierungssysteme werden häufig dazu verwendet, um neben der legalen Konsolidierung das Management-Reporting abzubilden. Die Managementsichtweise benötigt häufig andere Organisationselemente, um die Berichtsanforderungen des Managements erfüllen zu können.

Für das externe Berichtswesen verwenden Sie die Konsolidierungseinheiten, während das interne Reporting meistens auf Organisationseinheiten wie Segmenten, Profitcentern oder Produkten basiert. Werden beide Berichtsanforderungen in einem gemeinsamen Konsolidierungsprozess bedient, spricht man von einer *Matrixkonsolidierung*. Diese stellt allerdings höhere Ansprüche an die Datenqualität der operativen Buchhaltungssysteme, da in den Meldedaten beide Sichtweisen enthalten sein müssen.

Um die Matrixkonsolidierung im Group Reporting nutzen zu können, müssen Sie nicht viele Customizing-Einstellungen vornehmen. Als Erstes entscheiden Sie, ob das PROFITCENTER und das SEGMENT als Organisationsmerkmale für die interne Unternehmenssteuerung verwendet werden sollen (andere Merkmale können nicht für die Matrixkonsolidierung genutzt werden).

Über die Customizing-Transaktion *Felder der Konsolidierungsstammdaten* (siehe Abschnitt 4.5) müssen Sie das gewünschte Organisationselement aktivieren und hierfür die HIERARCHIE-ELIMINIERUNG AKTIVIEREN. Zusätzlich müssen Sie das korrespondierende Partnerelement (PARTNERPROFITCENTER bzw. PARTNERSEGMENT) markieren.

Wie Sie in Abbildung 18.1 sehen, haben wir uns für das SEGMENT entschieden und hierfür die Hierarchie-Eliminierung aktiviert, worauf wir uns in den nachfolgenden Ausführungen beziehen. Alle Aussagen gelten aber analog für die Profitcenter-Sichtweise.

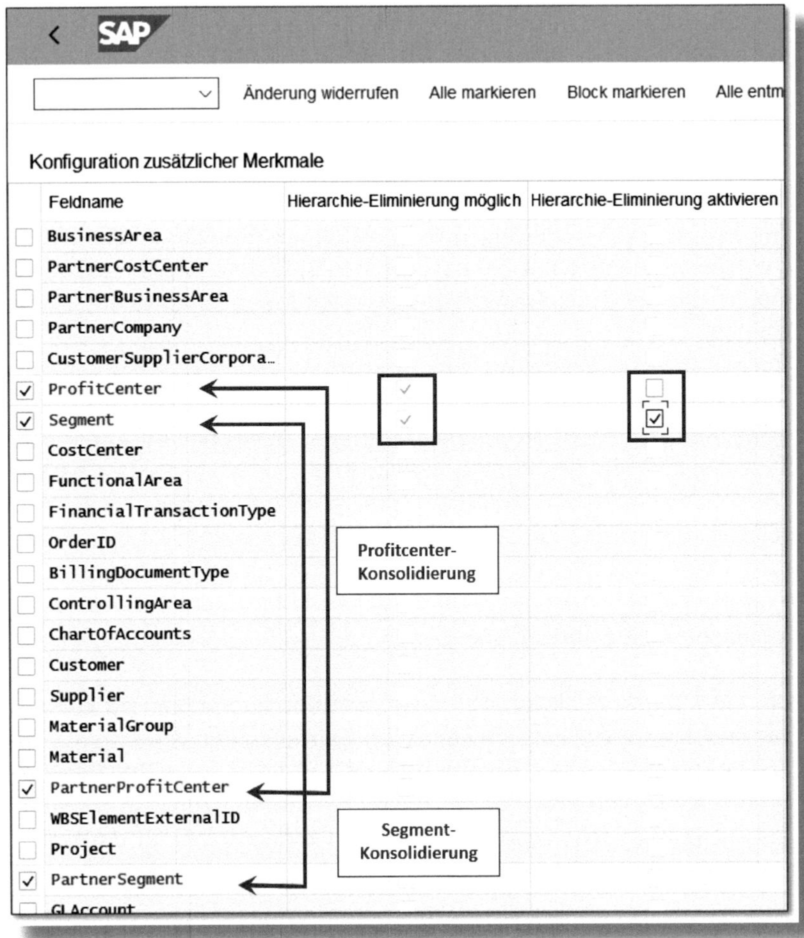

Abbildung 18.1: Konfiguration der Matrixmerkmale

Als Nächstes müssen Sie die benötigte(n) Hierarchie(n) für das zusätzliche Organisationsmerkmal anlegen. Hierfür verwenden Sie die in Abschnitt 4.7 beschriebene Fiori-App »Globale Hierarchien verwalten«.

Abbildung 18.2 zeigt eine einfache Segmenthierarchie (H1), die mit dieser App angelegt wurde. In diesem Beispiel gibt es die drei Segmente SEG_A, SEG_B und SEG_C. Diese sind wiederum den zwei Hierarchieknoten AREA_1 und AREA_2 zugeordnet.

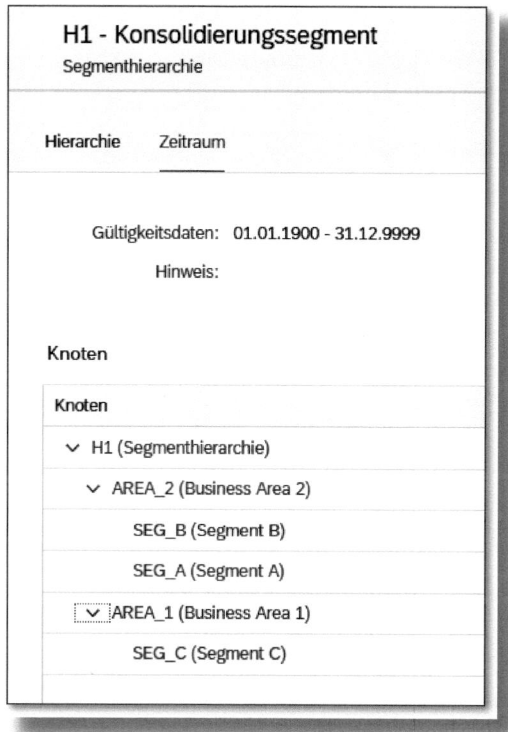

Abbildung 18.2: Segmenthierarchie

Wichtig ist nun, dass die Einzelabschlussdaten der Konzerngesellschaften zusätzlich nach Segmenten und Partnersegmenten aufgerissen gemeldet werden. Damit eine solche Datenmeldung möglich ist, haben wir eine Methode Y_UP2 für den flexiblen Upload angelegt (siehe Kapitel 6). Die Datenzeilen der Uploadmethode Y_UP2 enthalten zusätzlich zu den Feldern der Methode Y_UP1 (siehe Abschnitt 6.1) noch das Segment und das Partnersegment (siehe Abbildung 18.3).

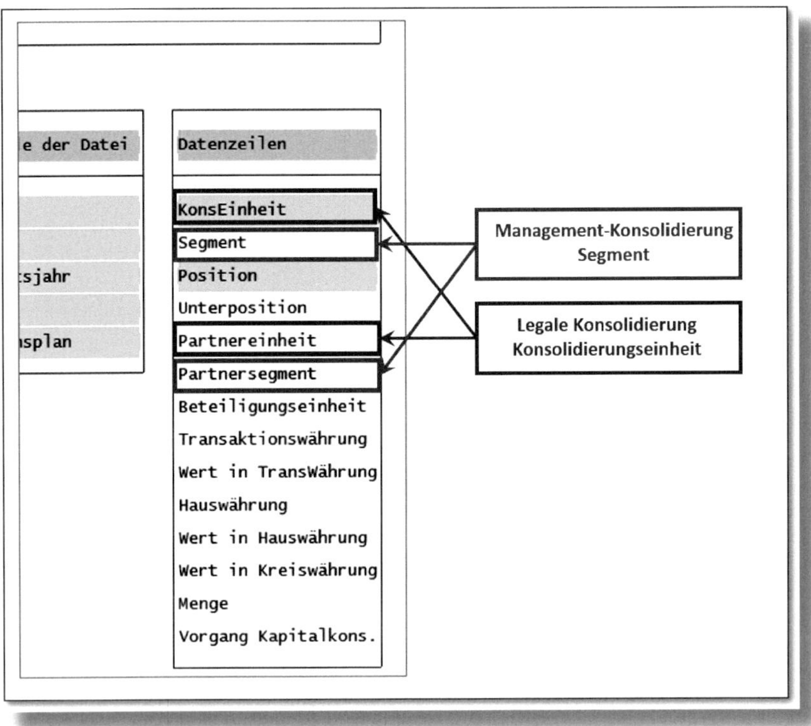

Abbildung 18.3: Datenzeilen der Uploadmethode für die Matrixkonsolidierung

Wenn Sie mit dieser Methode die Meldedaten in das Group Reporting laden und den Datenbestand anschließend konsolidieren, wird neben dem legalen Abschluss auch ein konsolidierter Managementabschluss erstellt.

18.2 Anwendungsbeispiel

Für unser Anwendungsbeispiel haben wir die in Abbildung 18.4 gezeigten Meldedaten der Konsolidierungseinheiten DE01 und DE03 mit der Uploadmethode Y_UP2 in das Group Reporting geladen und diesen Datenbestand anschließend konsolidiert.

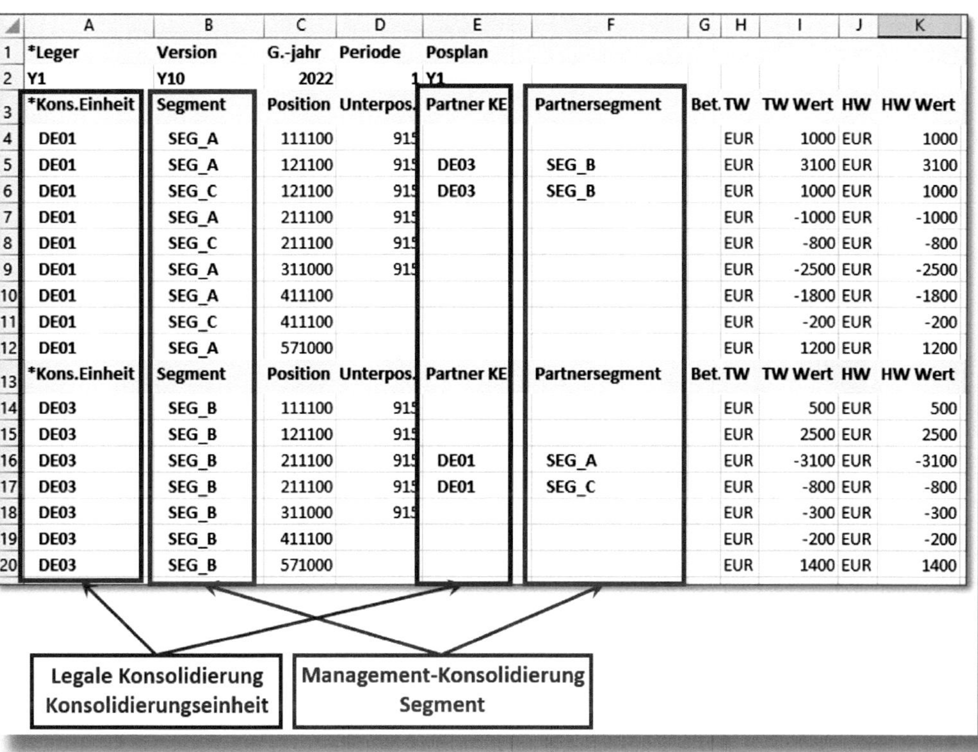

	A	B	C	D	E	F	G	H	I	J	K
1	*Leger	Version	G.-jahr	Periode	Posplan						
2	Y1	Y10	2022	1	Y1						
3	*Kons.Einheit	Segment	Position	Unterpos.	Partner KE	Partnersegment	Bet.	TW	TW Wert	HW	HW Wert
4	DE01	SEG_A	111100	91				EUR	1000	EUR	1000
5	DE01	SEG_A	121100	91	DE03	SEG_B		EUR	3100	EUR	3100
6	DE01	SEG_C	121100	91	DE03	SEG_B		EUR	1000	EUR	1000
7	DE01	SEG_A	211100	91				EUR	-1000	EUR	-1000
8	DE01	SEG_C	211100	91				EUR	-800	EUR	-800
9	DE01	SEG_A	311000	91				EUR	-2500	EUR	-2500
10	DE01	SEG_A	411100					EUR	-1800	EUR	-1800
11	DE01	SEG_C	411100					EUR	-200	EUR	-200
12	DE01	SEG_A	571000					EUR	1200	EUR	1200
13	*Kons.Einheit	Segment	Position	Unterpos.	Partner KE	Partnersegment	Bet.	TW	TW Wert	HW	HW Wert
14	DE03	SEG_B	111100	91				EUR	500	EUR	500
15	DE03	SEG_B	121100	91				EUR	2500	EUR	2500
16	DE03	SEG_B	211100	91	DE01	SEG_A		EUR	-3100	EUR	-3100
17	DE03	SEG_B	211100	91	DE01	SEG_C		EUR	-800	EUR	-800
18	DE03	SEG_B	311000	91				EUR	-300	EUR	-300
19	DE03	SEG_B	411100					EUR	-200	EUR	-200
20	DE03	SEG_B	571000					EUR	1400	EUR	1400

Abbildung 18.4: Meldedaten für die Matrixkonsolidierung

Abbildung 18.5 zeigt die Meldedaten der beiden Konsolidierungseinheiten aus der Segmentsicht. Auffallend hieran ist, dass die Jahresüberschusspositionen keine Segmentkontierung haben. Diese automatischen Buchungszeilen werden nur auf Ebene der Konsolidierungseinheiten kalkuliert. Das gilt auch für die latenten Steuern.

Konsolidierungseinheit	Segment	Position	Position	Kontierungsebene	Betrag KW
DE01	SEG_A	111100	Kassenbestand	00	1.000,00 EUR
		121100	Forderungen aus Lieferungen und Leistungen, brutto	00	3.100,00 EUR
		211100	Verbindlichkeiten aus Lieferungen und Leistungen	00	-1.000,00 EUR
		311000	Gezeichnetes Kapital	00	-2.500,00 EUR
		411100	Verkauf von Gütern	00	-1.800,00 EUR
		571000	Abschreibung auf Sachanlagen	00	1.200,00 EUR
	SEG_C	121100	Forderungen aus Lieferungen und Leistungen, brutto	00	1.000,00 EUR
		211100	Verbindlichkeiten aus Lieferungen und Leistungen	00	-800,00 EUR
		411100	Verkauf von Gütern	00	-200,00 EUR
	#	317000	Jahresüberschuss	00	-800,00 EUR
		799000	Jahresüberschuss/Jahresfehlbetrag	00	800,00 EUR

Segment #

Abbildung 18.5: Keine Segmentableitung bei den automatischen Belegzeilen für den Jahresüberschuss

Änderung mit Release 2020: Berechnung von Jahresüberschuss und latenten Steuern

Im SAP-S/4HANA-Release 1909 werden der Jahresüberschuss (siehe Kapitel 9) und die latenten Steuern (siehe Kapitel 10) nur für Konsolidierungseinheiten kalkuliert. Eine Berechnung auf Profitcenter- bzw. Segmentebene wird erst mit dem Release 2020 angeboten.

Mit den beiden Analytical Apps »Konzerndatenanalyse (Neu)« und »Konzerndatenanalyse – Mit Berichtsregeln (Neu)« können Sie den Konzerndatenbestand sowohl nach der externen als auch nach der internen Sichtweise analysieren. Abbildung 18.6 zeigt erneut einen Ausschnitt des Selektionsbildschirms der Konzerndatenanalyse-App. Hier wird nochmals verdeutlicht, welche Felder Sie in Abhängigkeit von der Sichtweise, mit der Sie die Daten sehen möchten, pflegen müssen.

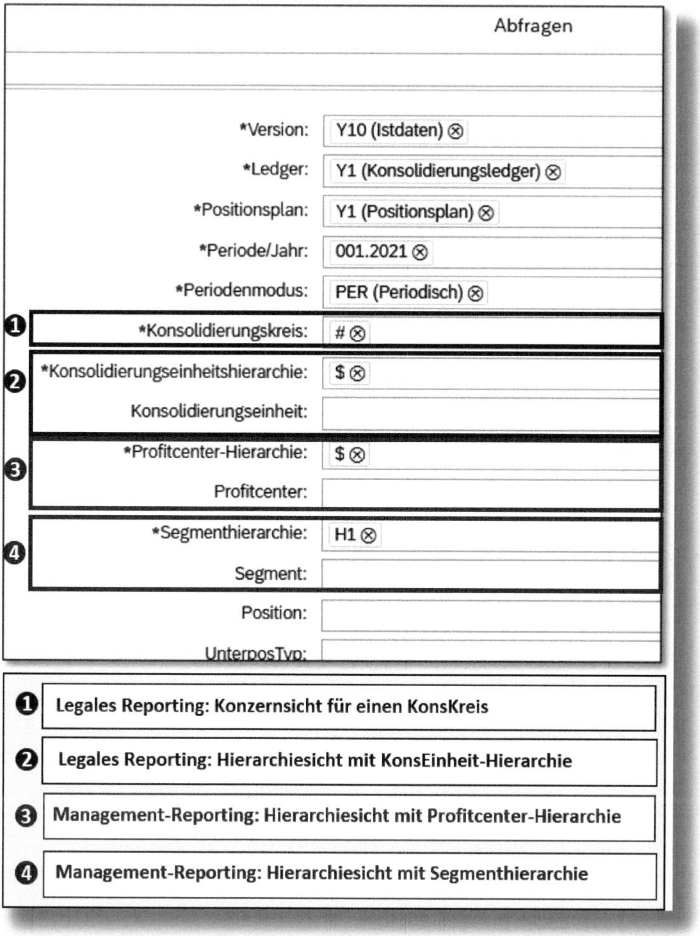

Abfragen

*Version: Y10 (Istdaten)

*Ledger: Y1 (Konsolidierungsledger)

*Positionsplan: Y1 (Positionsplan)

*Periode/Jahr: 001.2021

*Periodenmodus: PER (Periodisch)

❶ *Konsolidierungskreis: #

❷ *Konsolidierungseinheitshierarchie: $

Konsolidierungseinheit:

❸ *Profitcenter-Hierarchie: $

Profitcenter:

❹ *Segmenthierarchie: H1

Segment:

Position:

UnterposTyp:

❶ Legales Reporting: Konzernsicht für einen KonsKreis

❷ Legales Reporting: Hierarchiesicht mit KonsEinheit-Hierarchie

❸ Management-Reporting: Hierarchiesicht mit Profitcenter-Hierarchie

❹ Management-Reporting: Hierarchiesicht mit Segmenthierarchie

Abbildung 18.6: Sichtweisen in der Konzerndatenanalyse

Möchten Sie die konsolidierten Daten mit der in Abschnitt 18.1 beschriebenen Segmenthierarchie auswerten, muss der Selektionsbildschirm wie in Abbildung 18.7 gepflegt werden.

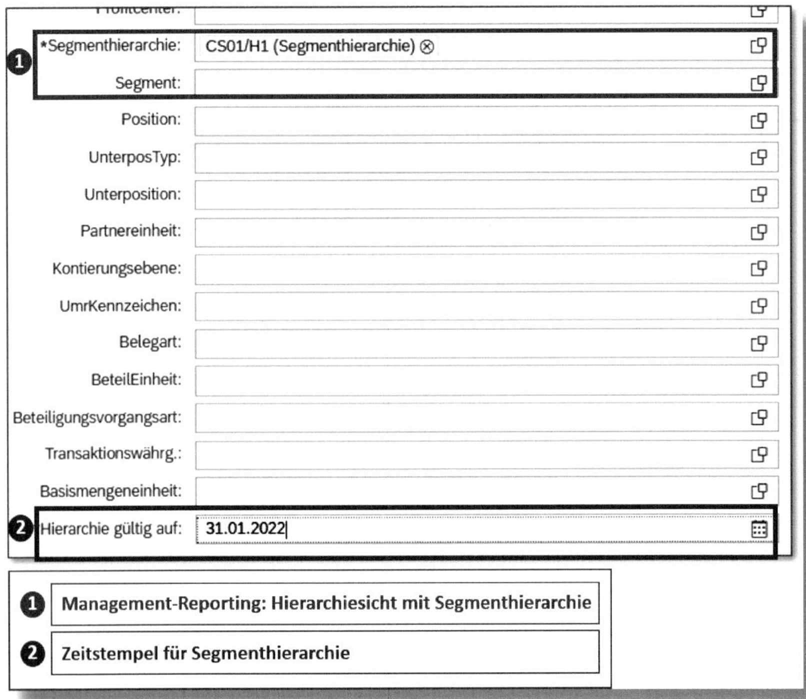

Abbildung 18.7: Selektion Segmenthierarchie

Bei der Ergebnisanzeige greift dann die gleiche Logik wie bei der Hierarchieansicht für die Konsolidierungseinheiten. Es werden »virtuelle Segmente« generiert, denen die Konsolidierungsbuchungen der Kontierungsebene 20 zugeordnet werden (siehe Abbildung 18.8).

Segment eliminiert	Position	Position	Partnersegment	Kontierungsebene	Betrag KW
CS01/H1/AREA_2	111100	Kassenbestand	#	00	1.500,00 EUR
	121100	Forderungen aus Lieferungen und Leistungen, brutto	SEG_B	00	3.100,00 EUR
				20	-3.100,00 EUR
			#	00	2.500,00 EUR
	211100	Verbindlichkeiten aus Lieferungen und Leistungen	SEG_A	00	-3.100,00 EUR
				20	3.100,00 EUR
			SEG_C	00	-800,00 EUR
			#	00	-1.000,00 EUR
	311000	Gezeichnetes Kapital	#	00	-2.800,00 EUR
	411100	Verkauf von Gütern	#	00	-2.000,00 EUR
	[illegible]	Abschreibung auf Sachanlagen	[illegible]	00	2.600,00 EUR
	[illegible]	VerrechnKonto - Forder./Verbindl. LuL, kurzfristig	[illegible]	20	-3.100,00 EUR
			SEG_B	20	3.100,00 EUR
AREA_2_ELIM	121100	Forderungen aus Lieferungen und Leistungen, brutto	SEG_B	20	-3.100,00 EUR
	211100	Verbindlichkeiten aus Lieferungen und Leistungen	SEG_A	20	3.100,00 EUR
	21110D	VerrechnKonto - Forder./Verbindl. LuL, kurzfristig	SEG_A	20	-3.100,00 EUR
			SEG_B	20	3.100,00 EUR
SEG_A	111100	Kassenbestand	#	00	1.000,00 EUR
	121100	Forderungen aus Lieferungen und Leistungen, brutto	SEG_B	00	3.100,00 EUR
	211100	Verbindlichkeiten aus Lieferungen und Leistungen	#	00	-1.000,00 EUR
	311000	Gezeichnetes Kapital	#	00	-2.500,00 EUR
	411100	Verkauf von Gütern	#	00	-1.800,00 EUR
	571000	Abschreibung auf Sachanlagen	#	00	1.200,00 EUR
SEG_B	111100	Kassenbestand	#	00	500,00 EUR
	121100	Forderungen aus Lieferungen und Leistungen, brutto	#	00	2.500,00 EUR
	211100	Verbindlichkeiten aus Lieferungen und Leistungen	SEG_A	00	-3.100,00 EUR
			SEG_C	00	-800,00 EUR
	311000	Gezeichnetes Kapital	#	00	-300,00 EUR
	411100	Verkauf von Gütern	#	00	-200,00 EUR
	571000	Abschreibung auf Sachanlagen	#	00	1.400,00 EUR

Hierarchieknoten AREA_2

Virtuelles Segment AREA_2_ELIM

Eliminierungen Kont.Ebene 20

Segment SEG_A

Segment SEG_B

Abbildung 18.8: Berichtsergebnis für die Segmentsicht beim Management-Reporting

19 Schlussbetrachtung

Wir hoffen, dass es uns gelungen ist, Ihnen mit diesem Buch die wesentlichen Funktionalitäten des Group Reporting zu vermitteln. Das Buch erhebt keinen Anspruch auf Vollständigkeit, dazu ist das Thema einfach zu komplex. Die SAP entwickelt das Konsolidierungsprodukt zudem kontinuierlich weiter. Während wir dieses Buch geschrieben haben, wurden zusätzliche Funktionalitäten ergänzt.

Es bleibt daher spannend zu beobachten, um welche zusätzlichen Bausteine die Konsolidierungslösung in den kommenden Jahren erweitert wird und inwieweit es zu einer Verschmelzung mit der operativen Buchhaltung und den Reporting-Möglichkeiten der SAP Analytics Cloud kommt.

Die in diesem Buch beschriebene Logik der Konsolidierungs-Engine wird aber sicherlich auch in der Zukunft Bestand haben.

A Fiori- und Transaktionsübersichten

Funktionalität	Fiori	SAP GUI Transaktion
Kapitel 2: Architektur und Systemumgebung		
Solution Builder		Transaktion **/N/SMB/BBI**
Systemeinstellung initialisieren		Transaktion **CX8INI**
Kapitel 3: Einstieg in das Group Reporting		
Globale Parameter setzen	●	Transaktion **CXGP**
Konsolidierungsledger anlegen, ändern, anzeigen		Transaktionen **CXL1**, **CXL2**, **CXL3**
Datenmonitor	●	Transaktion **CXCD**
Konsolidierungsmonitor	●	Transaktion **CX20**
Maßnahmenprotokolle	●	
Protokollarchivierung für Maßnahmen pflegen		Transaktion **CXEOP**
Datenbankanlistung	●	

Abbildung 19.1: Fiori- und Transaktionsübersicht für Kapitel 2–3

Funktionalität	Fiori	SAP GUI Transaktion
Kapitel 4.1: Konsolidierungsversionen		
Konsolidierungsversionen anlegen		Transaktion **CXB1**
Konsolidierungsversion mit Vorlage anlegen		Transaktion **CX8CPV**
Kapitel 4.2: Organisationseinheiten		
Konsolidierungseinheiten anlegen, ändern	●	Transaktion **CX1N**
Konsolidierungseinheiten anzeigen	●	Transaktion **CX1O**
Konsolidierungskreise anlegen, ändern	●	Transaktion **CX1P**
Konsolidierungskreise anzeigen	●	Transaktion **CX1Q**
Konzernstruktur verwalten – Einheitensicht	●	
Konzernstruktur verwalten – Konzernsicht	●	
Kapitel 4.3: Positionsplan und Unterkontierungen		
Positionsplan anlegen, ändern, anzeigen		Transaktionen **CX10**, **CX11**, **CX12**
Positionen definieren	●	
Positionsattribute definieren		Transaktion **CX8ITAVC**
Kontierungstypen pflegen		Transaktion **CX1I4**
Unterpositionstypen und Unterpositionen pflegen		Transaktion **CX1S4**
Standardwerte für Unterkontierungen definieren		Transaktion **CX0AA**

Abbildung 19.2: Fiori- und Transaktionsübersicht für Abschnitt 4.1–4.3

Funktionalität	Fiori	SAP GUI Transaktion
Kapitel 4.4: Kontierungsebenen und Belegarten		
Belegarten für Kontierungsebene <Leer>		Transaktion **CXEO**
Belegarten für Kontierungsebene 00		Transaktion **CXER**
Belegarten manuell für Kontierungsebenen 01, 10		Transaktion **CXEG**
Belegarten maschinell für Kontierungsebenen 01, 10		Transaktion **CXEH**
Belegarten für Kontierungsebenen 02, 12		Transaktion **CXEI**
Belegarten manuell für Kontierungsebenen 20, 30		Transaktion **CXEJ**
Belegarten maschinell für Kontierungsebenen 20, 30		Transaktion **CXEK**
Belegarten für Kontierungsebene 22		Transaktion **CXEL**
Belegart für Kapitalkonsolidierung, Kontierungsebene 30		Transaktion **CXEN**
Kapitel 4.5: Konfiguration zusätzlicher Merkmale (Konsolidierungsfelder)		
Konfiguration der zusätzlichen Merkmale		Transaktion **FINCS_ADDLFLD_SEL_U**
Stammdaten für Konsolidierungsfelder definieren	●	
Konsolidierungsstammdaten importieren	●	
Kapitel 4.6: Selektionen		
Selektionen definieren	●	
Kapitel 4.7: Stammdaten-Hierarchien		
Globale Buchungshierarchien verwalten	●	

Abbildung 19.3: Fiori- und Transaktionsübersicht für Abschnitt 4.4–4.7

Funktionalität	Fiori	SAP GUI Transaktion
Kapitel 5: Konfiguration Daten- und Konsolidierungsmonitor		
Konsolidierungsmaßnahmen: Einfache Maßnahmen		Transaktion **CT5TB**
Maßnahmengruppe definieren		Transaktion **CXE0**
Maßnahmengruppe der Sicht zuordnen		Transaktion **CXP1**
Kapitel 6: Datenübernahme mit flexiblem Upload		
Uploadmethode für Meldedaten definieren		Transaktion **CXCC**
Flexibler Upload von Meldedaten	●	Transaktion **CX25**
Kapitel 7: Lesen aus universellem Beleg		
Positionen zu Sachkonten zuordnen	●	
Positionszuordnung importieren	●	
Positionszuordnung zuordnen	●	
Kapitel 8: Manuelle Buchungen		
Maßnahmen für manuelle Buchung definieren		Transaktion **CX5P**
Konzernbelege buchen	●	
Konzernbelege importieren	●	
Konzernbelege anzeigen	●	
Massenstorno	●	

Abbildung 19.4: Fiori- und Transaktionsübersicht für Kapitel 5–8

Funktionalität	Fiori	SAP GUI Transaktion
Kapitel 9: Berechnung des Jahresüberschusses		
Spezielle Position (Jahresüberschuss, latente Steuern)		Transaktion **CXE5**
Kapitel 11: Währungsumrechnung		
Umrechnungsfaktoren festlegen		Transaktion **GCRF**
Kurse pflegen		Transaktion **OC41**
Kursarten definieren		Transaktion **CXD2**
Währungsumrechnungsmethoden definieren		Transaktion **CXD1**
Kapitel 12: Validierungen		
Prüfregeln definieren	●	
Validierungsmethoden definieren	●	
Validierungsmethoden zuordnen	●	
Validierungseinstellungen importieren/exportieren	●	
Datenvalidierungsmaßnahmen verwalten – Meldedaten	●	
Datenvalidierungsmaßnahmen verwalten – Angepasste Meldedaten	●	
Datenvalidierungsmaßnahmen verwalten – Konsolidierte Meldedaten	●	

Abbildung 19.5: Fiori- und Transaktionsübersicht für Kapitel 9–12

Funktionalität	Fiori	SAP GUI Transaktion
Kapitel 13: Reklassifikation		
Umgliederungsmethoden definieren		Transaktion **CXEB**
Umgliederungsmaßnahme definieren		Transaktion **CXEA**
Kapitel 14: Saldovortrag		
Vorzutragende Positionen festlegen		Transaktion **CXS3**
Vorzutragende Kontonummern angeben		Transaktion **CX8BCF_RACCT**
Kapitel 15: Vorbereitung der Konsolidierungskreisänderungen		
Maßnahme definieren		Transaktion **CXED**

Abbildung 19.6: Fiori- und Transaktionsübersicht für Kapitel 13–15

Funktionalität	Fiori	SAP GUI Transaktion
Kapitel 16: Kapitalkonsolidierung		
Nutzung der Kapitalkonsolidierung bestimmen		Transaktion **CXI2**
Globale Einstellungen vornehmen		Transaktion **CXI0**
Globale Goodwill-Positionen definieren		Transaktion **CXI7**
Methoden definieren		Transaktion **CXI4**
Maßnahmen definieren		Transaktion **CXIA**
Belegarten für Kapitalkonsolidierung definieren		Transaktion **CXEN**
Belegarten den Maßnahmen zuordnen		Transaktion **CXIB**
Kapitalpositionen und Positionen für stat. Kapitalbuchungen festlegen		Transaktion **CXH4**
Positionen für Minderheitenanteile festlegen		Transaktion **CXH1**
Sonstige spezielle Positionen festlegen		Transaktion **CXI9**
Meldeumfang für die Equity-Konsolidierung festlegen		Transaktion **CXJ1**
Meldepositionen für die Ergebnisentwicklung festlegen		Transaktion **CXJ2**
Positionen für Equity-Buchungen festlegen		Transaktion **CXJ3**
Defaultreihenfolge für Vorgänge festlegen		Transaktion **CXI3**
Goodwillbehandlung für Zugänge definieren		Transaktion **CXI6**
Konsistenzprüfung für Customizing Kapitalkonsolidierung		Transaktion **CX6C3**
Customizing-Anlistung Kapitalkonsolidierung		Transaktion **CX6C1**

Abbildung 19.7: Fiori- und Transaktionsübersicht für Kapitel 16

Funktionalität	Fiori	SAP GUI Transaktion
Kapitel 17: Reporting mit Fiori Analytical Apps		
Konzerndatenanalyse	●	
Konzerndatenanalyse – mit Berichtsregeln	●	
Konzernbuchungsbelege anzeigen	●	
Benutzerdefinierte analytische Abfragen	●	
Melderegeln definieren	●	
Melderegeln zu Versionen zuordnen	●	

Abbildung 19.8: Fiori- und Transaktionsübersicht für Kapitel 17

Sie haben das Buch gelesen und sind mit unserem Werk zufrieden? Bitte schreiben Sie uns eine Rezension!

Unser Newsletter

Bleiben Sie stets informiert!

Aktuelle Neuerscheinungen und exklusive Rabattaktionen einmal im Monat per Mail direkt an Sie:

Melden Sie sich noch heute an unter *http://newsletter.espresso-tutorials.de*.

B Die Autoren

Prof. Dr. Peter Preuss lehrt Wirtschaftsinformatik an der FOM Hochschule für Oekonomie & Management in Stuttgart. Er ist zertifizierter Project Management Professional (PMP) nach PMI und Professional Scrum Master. Parallel zu seiner Lehrtätigkeit ist Peter Preuss geschäftsführender Gesellschafter der Unternehmensberatung People Consolidated GmbH, die sich auf die Einführung von SAP-Produkten für das Konzernrechnungswesen und -controlling spezialisiert hat.

Martin Schmidt studierte Betriebswirtschaftslehre mit dem Schwerpunkt Wirtschaftsprüfung an der Universität des Saarlandes und ist seit 1998 als Berater für Konzernrechnungswesen und -controlling sowie im Projektmanagement tätig. Seit 20 Jahren ist er geschäftsführender Gesellschafter der Unternehmensberatung People Consolidated GmbH.

C Index

T

U

V

W

Z

D Disclaimer

Die in diesem Werk wiedergegebenen Gebrauchsnamen, Handelsnamen, Warenbezeichnungen usw. können auch ohne besondere Kennzeichnung Marken sein und als solche den gesetzlichen Bestimmungen unterliegen. Sämtliche in diesem Werk abgedruckten Bildschirmabzüge unterliegen dem Urheberrecht der SAP SE, Dietmar-Hopp-Allee 16, 69190 Walldorf.

In dieser Publikation wird auf Produkte der SAP SE Bezug genommen. SAP, R/3, SAP NetWeaver, Duet, PartnerEdge, ByDesign, SAP BusinessObjects Explorer, StreamWork und weitere im Text erwähnte SAP-Produkte und -Dienstleistungen sowie die entsprechenden Logos sind Marken oder eingetragene Marken der SAP SE in Deutschland und anderen Ländern. Business Objects und das Business-Objects-Logo, BusinessObjects, Crystal Reports, Crystal Decisions, Web Intelligence, Xcelsius und andere im Text erwähnte Business-Objects-Produkte und -Dienstleistungen sowie die entsprechenden Logos sind Marken oder eingetragene Marken der Business Objects Software Ltd. Business Objects ist ein Unternehmen der SAP SE. Sybase und Adaptive Server, iAnywhere, Sybase 365, SQL Anywhere und weitere im Text erwähnte Sybase-Produkte und -Dienstleistungen sowie die entsprechenden Logos sind Marken oder eingetragene Marken der Sybase Inc. Sybase ist ein Unternehmen der SAP SE. Alle anderen Namen von Produkten und Dienstleistungen sind Marken der jeweiligen Firmen. Die Angaben im Text sind unverbindlich und dienen lediglich zu Informationszwecken. Produkte können länderspezifische Unterschiede aufweisen.

Der SAP-Konzern übernimmt keinerlei Haftung oder Garantie für Fehler oder Unvollständigkeiten in dieser Publikation. Der SAP-Konzern steht lediglich für SAP-Produkte und -Dienstleistungen nach der Maßgabe ein, die in der Vereinbarung über die jeweiligen Produkte und Dienstleistungen ausdrücklich geregelt ist. Aus den in dieser Publikation enthaltenen Informationen ergibt sich keine weiterführende Haftung.

Weitere Bücher von Espresso Tutorials

Marc Müller:

Praxishandbuch SAP®-Zahllauf – 2., erweiterte Auflage

- Payment Medium Workbench (PMW) und Data Medium Exchange Engine (DMEE) verständlich erklärt
- Praxisbeispiele und Tipps für den Zahlungsverkehr im In- und Ausland
- Customizing für Kontenfindung, Zahlwegzusätze, Avisversand und Formularsteuerung
- Was ändert sich mit der Einführung von SAP S/4HANA?

http://5249.espresso-tutorials.com

Claus Wild:

Praxishandbuch Cash Management in SAP® S/4HANA Finance

- Grundlagen der neuen Bankkontenverwaltung (BAM)
- Funktionsmerkmale von Cash Operations, ELKO und Liquiditätssteuerung
- One Exposure from Operations als zentraler Datenspeicherort
- inkl. grundlegender Einstellungen im SAP S/4HANA-Customizing

http://5250.espresso-tutorials.de